KB130690

내 차로 가는 아프리카 여행

내 차로 가는
아프리카 여행

Prologue

세계 자동차 여행, 누구는 대단하다고 말하고 어떤 사람은 왜 고생을 사서 하느냐 한다. 자신도 해보고 싶다 했고 무모한 짓은 않겠노라 하는 사람도 있었다. 역시 세상이란 것이 여러 사람들이 서로 다른 생각을 가지고 부대끼며 살아가는 것 아니겠는가? 자동차 여행을 떠나기까지 오래 준비하지 않았고 깊게 생각하지 않았다. 길을 나서는 것 자체가 여행이니 우리는 평생을 여행하며 살아온 것이다. 단지 일상을 외국에서 보내야 하고 그 기간이 다소 오래 걸리는 것일 뿐이라는 가벼운 마음으로 여정에 올랐다.

여행을 통해 무엇을 채우고 돌아와야 하는가? 눈으로 보고 즐기는 것에 더해 무엇을 얻어야 할 것인가에 대해 고심했다. 진정한 여행이란 새로운 풍경을 보러 가는 것이 아니라 세상을 바라보는 또 하나의 눈을 얻어오는 것이다. 지구 저편에 사는 이웃들의 이야기를 듣고 싶었다. 우리는 실시간으로 제공되는 다양한 정보를 통해 국가와 국가, 사람과 사람 사이의 물리적 경계가 허물어지는 세상에 살아가고 있다. 달리 보면 인간의 한계를 지우고 영혼을 가두는 정보가 밀려드는 세상 속에 갇혀 있는 것이다. 남이 전달해 주는 지식과 정보의 노예가 아니라 스스로 선택하고 판단할 수 있는 주인의 위치를 찾고 싶었다. 역사라는 승자의 노트가 우월적인 힘의 논리에 점유되고, 불리한 역사를 조작한 사람들에 의해 이것이 사실로 굳어지는 어리석음을 세상의 여러 곳에서 보았다. 근현대사를 통해 승자와 강대국의 시각으로 평가된 왜곡된 역사관은 패자와 약소국에 대한 잘못된 정보를 양산했다. 강한 나라의 강요와 시각으로 역사를 재단함으로써 그들이 나쁘다고 하면 나쁜 것이 되었고 좋다고 하면 좋은 것이었던 시절이 있었다. 20세기 이후 미국을 비롯한 서유럽 블록과 소련 사이에 형성된 동서 냉전으로 인해 한국은 독립적으로는 어떤 일을 할 수 없는 고장난명(孤掌難鳴)의 시대를 관통해왔다.

현대인들은 자신이 유럽과 미국 중심의 이데올로기에 감염되어 있다는 사실을 의식하지 못한다. 자신의 믿음이 사회 보편적이지 않음에도 진실을 밝히지 않는 사이비 종교인과 같이, 멀쩡한 지식인들이 식민주의와 연결되는 유럽중심주의에 대해 아무런 의심조차 하지 않는다. 로버트 B. 마르크스는《어떻게 세계는 서양이 주도하게 되었는가》를 집필했다. 세계 경제를 장악했던 동양이 불과 2백 년 사이에 어떻게 서양에 역전당했는지를 흥미롭고 도전적으로 써 내려간 책이다. 저자는 서양은 선진국이고 동양은 후진국이라는 도식을 보기 좋게 파기하고, 미국을 포함한 유럽중심주의를 정면으로 반박한다. 여행하며 돌아본 세계는 여섯 개의 대륙이 아니라 '백(白)'과 '비백(非白)'의 두 대륙으로 이루어져 있었다. 유럽 식민지를 거쳐 독립한 아프리카와 라틴아메리카, 유럽 이민자들이 이주하여 건국한 북아메리카와 오세아니아에 이르기까지 세상은 백인들에 의해 지배되고 있었다.

우리가 배운 세계사는 미국과 서양 백인에 의해 쓰인 역사다. 세상의 모든 역사는 길 위에서 이루어졌다. 그 길 위에는 천여 년을 지키며 살아온 사람들의 시간과 공간이 있었고, 그들의 발자국이 고스란히 묻어있었다. 길을 따라가다 보면 살아온 조상의 역사가 보이고, 살아가는 사람의 삶의 궤적이 보인다. 만남과 헤어짐이 일어나고 번영과 쇠퇴를 가져온 것도 모두 길 위에서 일어난 일이다. 낯선 땅이란 없는 법이다. 단지 우리가 낯설어하기 때문이다. 우리는 길 위에서 세계의 역사를 다시 써 보기로 했다.

Contents

동부 아프리카
종단

남부 아프리카
종단

중부 아프리카
종단

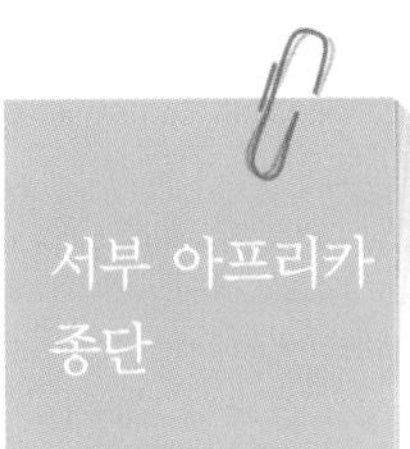
서부 아프리카
종단

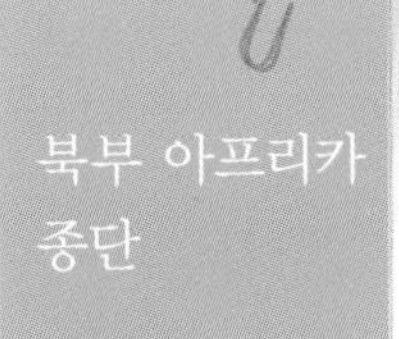
북부 아프리카
종단

내 차로 가는 세계 일주 사전 준비

| 내 차로 가는 아프리카 여행 |

여행 기간은 길고 여유 있게 잡아라?

세계 일주를 처음으로 한 사람은 누구일까? 1519년 9월 20일, 마젤란이 이끄는 5척의 선단은 에스파니아 산루카르항을 출항해 대서양을 횡단했다. 그리고 칠레령 케이프 혼을 돌아 태평양을 건너 필리핀 세부에 도착했다. 마젤란은 원주민과 싸우다 전사하고 그의 부하 엘카노는 남은 대원과 함께 1522년 9월 8일 에스파냐로 돌아왔다. 마젤란은 항해 도중에 죽었어도 세계를 일주한 최초의 지구인으로 공인되었다. 포르투갈 함대에 있을 당시 나머지 구간을 항해한 적이 있었던 이유로 마젤란에게 세계 최초라는 타이틀을 주어 그의 위대한 성과와 노고를 기린다.

세계 자동차 여행을 위한 기간으로 얼마가 적당한가에 대한 답변을 내리기는 어렵다. 전적으로 여행자의 스타일, 패턴, 루트에 의해 결정되는 여행이기에 그렇다. 1년이 조금 넘은 기간에 세계 여행을 마치거나, 아니면 그 이상의 기간이 걸릴 수도 있는 것이다.

유럽인에 의해 주도되는 자동차 여행은 충분한 시간과 여유로운 휴식을 두고 장기간에 걸쳐 이루어진다. 그러나 한국 여행자는 목표를 향해 오로지 달려가는 마라토너와 같이 빠르다. 자동차 여행이란 것이 두 번 세 번 떠날 수 없는 인생의 마지막 여행이 될 가능성이 크기에 충분한 기간을 할애해 여행을 떠나야 한다. 자기 주도적으로 세계를 둘러보기 위해 자동차를 가지고 떠나는 여행에서 제일 중요한 것은 충분한 여행 기간을 설정하는 것이다.

애초 우리는 1년 6개월의 기간과 누적 거리 10만㎞를 예상하고 한국을 떠났다. 북부 유럽을 돌아 영국을 거쳐 독일에 도착하니 차량 계기판의 주행거리는 55,000㎞에 도달했고 1년이란 기간이 훌쩍 넘었다. 여행 1주년을 유럽에서 맞이한 후에야 세계 자동차 여행을 1년 조금 넘어 끝낸다는 것은 오로지 신의 영역이라는 사실을 알게 되었다. 여행 일정의 대폭 수정이 필요했는데, 구체적으로 다시 세운 계획이 5년이었다. 러시아. 중앙아시아. 유럽, 중동, 아프리카, 아메리카 대륙의 여행을 4년에 걸쳐 마치고 일본 요코하마로 자동차를 탁송했다. 일본에서 코로나바이러스를 만나 나머지 일정을 취소하고 4년 만에 한국으로 돌아왔다.

여행 국가와 루트는 대략적으로, 디테일은 여행 중에!

세계 자동차 여행이란 수없이 많은 나라를 들러야 하는 방대한 여행이다. 수년에 걸쳐 이루어지는 여행으로 구체적으로 여행계획을 수립하는 것은 시간만 허비할 뿐이고 그다지 도움이 되지 않는다. '가급적 다시 올 마음이 들지 않을 정도로 보고 가자.'라는 나름의 풍성하고 포괄적인 계획을 세우는 것이면 족하다. 노트북에 유네스코 세계 문화유산, 베스트 드라이브 코스, 카페리와 숙박을 위한 웹사이트를 구축했다. 그리고 많은 일정이 소요되는 러시아, 유럽, 남 · 북미의 여행용 책자를 갖추는 것으로 여행 국가와 루트에 대한 구체적인 계획을 마쳤다.

모든 국가는 홈페이지를 통해 상세하고 방대한 여행 정보를 제공한다. 도시, 숙소, 길거리에는 여행 정보가 차고 넘쳐나 사전계획을 굳이 세우지 않아도 아무런 차질 없이 여행할 수 있다. 장기 여행은 차량 고장, 여행자의 건강문제, 경비조달의 차질, 개인적 사정으로 중도 귀국하거나 일정과 루트가 대폭 수정되는 등 변수가 많다. 세계 일주를 계획하고 떠난 사람이 유럽에서 돌아오기도 하고, 2년을 기약하고 떠난 사람이 1년 만에 돌아오는 일이 다반사다. 여행지의 계절과 날씨로 인해 일정이 틀어지는 등 여행계획을 가로막는 많은 난관이 여행자 앞에 놓여 있다.

차량 선정 시 고려 사항

차량을 선정하기 위해서는 인원, 루트, 숙박, 식사 등을 두루 고려해야 하며, 특히 다음 사항에 유의할 필요가 있다.

첫째 여행하고자 하는 대륙, 국가, 루트에 대한 사전계획을 세워보자. 아프리카를 종단한다면 동부로 할 것인지 서부로 할 것인지, 몽골의 고비Gobi사막이나 노던Northern루트, 중앙아시아를 들러 파미르 고원을 오를 것인지, 포장도로만 달릴 것인지 비포장도로도 불사할 것인지 등을 종합적으로 고려해야 한다. 자동차 여행에 최적화된 차량은 지구상에 존재하지 않는다. 번듯한 도시와 한적한 시골, 혹한의 북극과 극한의 열대, 아스팔트 포장과 험한 비포장, 푹푹 빠지는 모래와 수렁으로 변한 진흙, 깊은 하천과 험한 산악도로, 울창한 밀림과 척박한 사막을 달려야 하는 세계 자동차 여행에서 모든 환경, 지형, 도로 조건을 완벽하게 충족시켜 주는 차량은 없다. 도시 위주로 여행하며 비포장도로를 피한다면 승용차도 가능할 것이다.

둘째 자동차를 차박 용도로 사용할 것인지, 아니면 숙박업소를 혼용할 것인지를 고려해야 한다. 대부분의 숙박을 차에서 해결하고자 한다면 그만한 공간이 필요할 것이다.

셋째 평소 몰던 차량을 가지고 떠나는 경우와 새로운 차량을 마련하여 떠나는 경우로 구분할 수 있을 것이다. 차량을 새로 마련하여 여행을 출발한다면 휘발유 차량이 권장된다. 많은 저개발국가에서는 디젤유가 무연이 아니라 유연이라 차량에 무리가 크다.

세계 자동차 여행은 많은 주행거리를 이동해야 한다. 차량이 클수록 추가로 감당해야 하는 유류비용이 작지 않다. 그리고 전적으로 차박에 의존하고 싶어도 외부 숙소를 이용하는 경우가 많다는 것을 유념해야 한다.

자동차로 여행하며 내린 결론은 원하는 조건을 충족하는 전제하에서 차량은 작을수록 좋다는 점이다. 특히 다음 몇 가지 사항을 고려하자.

첫째 캠핑카는 기동성과 순발력이 취약하고 험로와 비포장에서 주행성이 떨어진다. 도심지에서는 차량 운행과 주차가 어려우며, 고가의 해상 운송비용을 감수해야 한다. 반면에 넓은 공간을 확보하여 다수의 동반자들이 함께 여행할 수 있으며, 숙박 비용을 절감시킬 수 있고, 취사가 용이한 장점이 있다.

둘째 스포츠 유틸리티 차량SUV은 온로드와 오프로드를 겸용할 수 있는 차량이다. 험로주행에 유리하여 중앙아시아와 아프리카, 남미의 산악 지형을 두루 섭렵하기에는 최적의 선택이다. 도심의 진입과 주차가 용이하고, 목적지까지의 접근성을 고려하면 이보다 좋은 차종은 없다. 그러나 다수가 이동하기에는 공간이 비좁아 취사가 불편하고, 차박에 제한이 있는 것이 단점이다.

셋째 세단형의 승용차다. 온로드를 지향하고, 유럽을 중심으로 도시 여행을 하며, 숙박과 식사를 자동차와 굳이 연계하지 않으면 2인의 여행자에게 적합하다. 차량 안전과 도난 방지에 유리하고, 도심 주행이나 주차, 편의시설의 이용에 있어 이보다 더 좋은 선택은 없다. 그러나 낮은 지상고로 인해 험한 도로를 달리기에 적합하지 않아 여행지가 제한되며, 짐을 많이 싣지 못하는 단점이 있다.

우리는 2인 여행이었고, 중앙아시아와 아프리카, 남미의 험지를 피하지 않아야 할 코스로 염두에 두고 있어 캠핑카는 고려 대상이 아니었고, 승용차도 생각할 여지가 없었다. 그렇게 결정된 차종이 스포츠 유틸리티 차량이다. 기아 모하비를 새로 산 것은 차량 수리와 고장을 줄이려면 아무래도 새 차가 유리하다고 판단했기 때문이다. 지인들이 한국산 SUV로 갈 수 있겠냐며 의문을 제기했다. 랜드로바로 가야 하느니 랜드크루저로 가야 하느니 설왕설래했지만, 국산 SUV로 한 번도 세계 자동차 여행을 시도하지 않은 것에 대한 우려일 뿐이었다.

모하비는 우려와 다르게 만족스럽게 잘 달렸고, 별다른 이상 없이 여행을 마쳤다. 해외에 나오면 애국자가 된다는 말이 있듯, 자동차 여행자들이 세계를 두루 돌아다니기에 '메이드 인코리아' 차량만큼 좋은 선택도 없다는 것을 알았으면 좋겠다.

여행 준비물은 무엇이 필요할까?

여행을 떠나기 전에 누구나 무엇을 준비해야 할지를 고심한다. 하지만 언제 쓸지도 모르는 물품을 싣고 다니며 연비를 저하시키거나, 상시 적재 하중으로 인해 차량에 무리를 주는 일은 금기이다. 가뜩이나 좁은 공간을 물품으로 가득 채우는 어리석음을 범해서는 안 된다는 것을 명심하자.

우리 역시 무엇을 준비해 가야 할지 고심했지만, 완벽한 출발 준비라는 것은 애당초 존재하지 않았다.
역시나 바다 건너 도착한 러시아 블라디보스토크의 시청사 근처에 있는 아웃도어용품점에는 많은 종류의 여행용품이 한국보다 더 저렴한 가격으로 진열되어 있었다.

준비물의 원칙은 얼마나 적게 준비해 나가느냐에 있다. 우리가 꼭 필요했다고 판단한 준비물은 아래와 같다.

침낭

자동차 여행자는 장기간에 걸쳐 기후와 환경 변화가 일어나는 상이한 위도를 따라 위와 아래를 오르내린다. 8월 1일에 찾은 유럽 최북단 노르카프는 칼바람과 내리는 눈으로 뼛속까지 으스스했다. 모로코의 6월 기온은 섭씨 35도로 무더웠지만, 밤에는 영하 5도까지 내려가는 등 일교차가 컸다. 기온의 변화에 능동적으로 대처하려면 침낭은 필수다. 또 침구의 세탁이나 소독상태가 불량한 나라는 선진국과 후진국의 구별이 없다. 여행에서 가장 신경 써야 하는 피부병은 선진국이라고 예외일 수 없다. 우리는 영국 홀리헤드에 있는 펜션과 가봉의 수도 리브리빌의 호텔에서 원인 미상의 피부병을 얻어 오래오래 고생했다. 습도가 높거나 침구의 청결 상태가 미심쩍다면 침낭을 펴야 한다는 것을 명심하자.

텐트

캠핑장에서 숙박을 해결하거나 오지 여행 중 차량의 고장이나 숙소가 없는 경우를 대비해야 한다. 텐트는 가급적 소형으로 무게가 가볍고 설치가 간단해야 한다. 또 철수가 수월하고 습기나 우천에도 실내를 잘 보전하는 방수제품을 골라야 한다.

모기장

모기는 말라리아, 상피병, 황열병, 뎅기열 등의 질병을 매개한다. 말라리아는 연 40만 명의 사망자를 내고 있어 인류의 공적 No.1의 전염병이다. 동남아시아, 중동, 아프리카, 남아메리카의 전 지역에서 발생한다. 황열병은 독성기로 접어든 환자의 절반이 사망에 이른다는 WHO의 보고가 있다. 뎅기열은 바이러스를 죽이거나 억제하는 특이한 치료법이 없는 것으로 알려져 있다. 아프리카와 남미 여행자는 모기에게 물리지 않도록 각별히 유의해야 한다. 모기 기피제를 바르거나 퇴치제를 설치하지만, 그 효과는 모기장을 따라갈 수 없다. 우리는 남대문 시장에서 원터치 모기장을 구입해 너덜너덜해질 때까지 요긴하게 사용했다.

코펠 및 버너

숙박 형태를 고려한 조리 기구를 준비해야 한다. 만약 호스텔이나 게스트하우스를 중심으로 숙박을 할 경우라면 일반 가구용 조리 기구 중에서 작은 것을 고르면 된다. 1~2인용 전기밥솥이나 프라이팬, 냄비의 소지도 가능하다. 집에서 사용하던 것을 가지고 나가도 좋다. 야외 취사의 경우라면 전기 공급에 차질이 있을 수 있으므로 작은 석유 버너나 가스 버너를 준비해야 한다.

차량용 냉장고

식자재를 청결하고, 위생적이며, 장기보관하기 위해서는 차량용 냉장고가 요구된다. 가전제품은 온라인을 지양하고, 오프라인 매장에서 육안으로 확인하고 구매해야 한다. 가급적 큰 용량이 좋으며, 전원은 시거잭과 220V 겸용으로 하여 자동차와 숙소에서 사용해야 한다. 우리도 온라인으로 구매한 냉장고를 몽골에서 버리고 다른 제품을 구매하여 나머지 기간 내내 사용했다.

차량 숙박을 위한 준비사항

캠핑카로 떠난 여행자가 모든 숙박을 차 안에서 해결했다는 이야기는 들어보지 못했다. 캠핑장이 없는 나라와 지역이 많으며, 정박지의 안전, 우천, 강설 등의 지리·환경적 요인 등으로 차박을 할 수 없는 경우가 많다. 또 급수공급이 원활치 않아 세탁물 등의 처리가 곤란한 경우가 생기며, 도심으로 들어가야 하는 어쩔 수 없는 경우도 빈번하게 일어난다. 여행자들은 마치 모든 숙박이 자동차를 통해 이루어질 것으로 예상하고 여행을 떠난다. 차량 내부를 평탄화하고, 무시동 히터를 매립하며, 인산철 파워뱅크를 장착한다. 지구상에 한국과 같이 난방시설을 갖춘 나라는 그리 많지 않다. 특히 북위 35도 아래에 있는 국가에서 거주 시설에 난방설비를 갖추고 사는 나라는 보기 힘들다. 차박과 외박을 현지 지역별 상황에 맞춰 적절히 병행해야 한다는 것을 명심하자.

차량용품

펑크를 수리하기 위한 유압자키와 수리용 키트가 있어야 한다. 공기압 주입기Inflator는 다목적을 피하고 단일 기능의 제품을 구입하는 것이 좋다. 견인로프는 충분한 인장력을 가진 제품으로 선택해야 하며, 필히 오프라인 매장에서 육안으로 확인한 후 구입해야 한다. 아프리카 나미비아 사막에 빠져 현지 차량의 도움을 받았으나 온라인으로 구매한 견인로프의 버클이 빠져 개망신을 당했다. 예비 타이어는 가능하면 2착을 준비하는 것이 좋다. 실제 몽골에서 하루에 2번 펑크 난 경우가 있었다. 세계 오지의 어느 곳이든 펑크 수리점이 있기에 신속하게 예비 타이어로 교체하고 펑크 수리점에서 수리하는 것이 좋다. 오일필터, 에어필터, 에어컨필터, 브레이크패드는 점검, 교체 주기에 맞추어 준비하자. 디젤 차량은 경유 불량으로 인해 연료필터를 자주 교체해야 한다는 것을 명심하자. 다른 여행자가 준비해서 떠난 것을 참고할 수는 있지만, 반드시 따라서 갖춰야 하는 것은 아니다. 우리도 앞길을 달려간 여행자들의 블로그와 책자를 읽고 젤리캔 20리터 2개와 10리터 1개를 구입해 차량 루프에 장착했다. 그러나 러시아로부터 중앙아시아를 거쳐 유럽을 마칠 때까지 한 번도 사용하지 않았다. 몽골의 노던 루트, 타지키스탄의 파미르 고원, 카자흐스탄의 그 넓은 대평원에도 사람이 살고 있었고, 이들의 주된 교통수단이 자동차가 된 것은 우리와 크게 다르지 않았다. 열악한 조건을 가진 아프리카에도 차가 있으면 주유소가 있게 마련이다. 연비가 좋지 않아 리터당 5~6㎞를 달리거나 주유소를 지나치는 실수가 없다면 젤리캔은 필요한 물품이 아니었다. 한 번도 사용하지 않고 6만㎞를 싣고 다니다 핀란드와 스페인에서 각 1개씩을 버렸고, 나머지 한 개는 터키의 노상에서 잃어버렸다. 러시아와 유럽의 주유소, 마켓에서 쉽게 살 수 있는 젤리캔을 한국에서부터 준비하는 것은 불필요한 일이다.

자동차 고장과 수리를 걱정하지 마라

자동차 연식이 오래되고 주행거리가 늘수록 고장 날 가능성이 커진다. 자동차 제작사의 정기검사와 수시점검이 해외에서는 유효하지 않다. 외국의 정비업소에 들러 점검을 받거나 부품을 조달하여 수리하는 환경도 한국과 같이 기대할 수 없다. 러시아에서는 러시아산 차를 타고 독일에서는 독일산 차로 여행한다면 더할 나위 없이 좋겠지만, 현실은 그렇지 못하다. 세계 전역에서 생산된 수천 종류의 차들이 달리는 도로에서 차량고장으로 인해 운행 차질이 생기거나 안전에 문제가 발생하면 자동차 여행의 순조로운 진행은 치명적인 어려움에 봉착할 것이다.

러시아, 유럽, 아프리카, 아메리카 대륙의 어느 도시나 현대와 기아 매장이 있다. 이들 매장은 국내에서 판매되는 차종을 모두 취급하는 것이 아니라 현지인들이 선호하는 경쟁력 있는 차종을 선별하여 판매한다. 차량이 현지에서 판매되는 차종이라면 점검, 수리, 부품 조달이 수월할 것이다. 기아 모하비의 경우 러시아, 요르단, 아프리카 이집트, 수단, 세네갈에서 판매하지만, 유럽에서는 스포티지와 쏘렌토까지 취급했다. 맞은편 트럭에서 튄 돌에 맞아 깨진 앞 유리는 모스크바에 있는 기아 서비스에서 교체했다. 만약 유럽에서 깨졌다면 테이프를 붙이고 다니거나 심하면 한국에서 유리를 공수해 와야 했을 것이다.

자동차의 정상적인 작동과 운행이야말로 여행을 성공적으로 끝내기 위한 가장 중요한 요소다. 정기 및 수시점검을 통해 최적의 상태로 차량을 유지 · 관리해야 한다. 그리고 거친 환경에 노출된 채로 쉴 새 없이 달려야 하는 최악의 조건이므로 자주 정비센터에 들러 차량 상태를 점검해야 한다.

유럽, 북미, 러시아의 일부 정비센터는 철저하게 예약제로 운영된다. 국가와 도시를 쉼 없이 이동하는 여행자가 원하는 일자와 시간에 차량을 점검하거나 수리하는 것은 어려운 일이다. 대도시에 도착하면 정비업소를 찾아 예약하고, 여행과 휴식을 취하며 차량 점검과 수리를 받아야 한다. 만일 자동차 부품이 없다면 한국으로부터 조달해야 한다. 우리도 이집트에서 SGR Assembly 부품을 한국으로부터 DHL로 공수했다.

신용카드를 잘 준비해야 한다

많은 나라를 오랜 기간에 걸쳐 여행해야 하므로 방문 국가의 지불통화에 대한 정보를 알아야 한다. 유럽에서도 카드가 통용되지 않는 나라가 있다. 또 중앙아시아, 아프리카의 일부 국가는 현금으로 지불수단이 한정되어 있다. 여행을 출발하기 전에 신용카드를 준비해야 한다. 어떤 책자에서는 시티은행의 카드를 준비하라고 하는데 근거가 없는 말이다. 발행하는 카드사나 은행이 중요한 것이 아니라 서비스를 제공하는 브랜드가 필요한 것이다. 즉 마스터카드Master Card, 비자카드Visa Card와 제휴한 카드를 발급받아야 한다. 두 브랜드를 동시에 소지해야 하는 이유는 하나의 브랜드만 취급하는 제휴업체가 있기 때문이다.

카드를 발급받으면 IC칩 비밀번호Pin을 등록해야 한다. 일부 해외가맹점의 거래 시 Pin을 요구하는 경우가 있으므로 출국 전 반드시 IC칩 비밀번호의 등록 여부를 확인해야 한다. IC카드의 IC칩 비밀번호는 ARS나 인터넷 홈페이지를 통한 등록 및 변경이 불가하다. 또 해외가맹점에서 원화로 카드 결제하면 추가 수수료가 부과되므로 현지 통화로 결제해야 한다. 일부 가맹점에서는 수수료를 받기 위해 원화 결제를 요구한다. 원화로 결제하면 현지 통화가 원화로 전환되는 과정에서 수수료가 부과되고, 마스터나 비자 카드사를 통해 미화로 재차 결제되며 청구금액이 상승한다. 어떤 여행자는 어느 카드가 수수료가 작다고 하지만, 이 또한 근거가 약하다. 신용카드는 세계 어느 나라에서 사용하든 미 달러화로 환산되며, 청구금액에는 각 브랜드의 국제거래 처리 수수료 1%가 포함된다. 이는 전 세계 공통이다. 해외여행 중에 카드를 분실하거나 도난당했다면 즉시 카드사에 신고하고 교체카드를 받을 수 있도록 장소와 일정을 조율해야 한다. 장기 여행 중에 카드사용이 반복되면 신용정보가 노출된다. 우리도 여행 도중에 아프리카에서는 KB, 남미에서는 하나은행으로부터 카드의 해외사용을 일시 제한한다는 메시지를 수신했다. 국제전화로 확인해 보니 신원미상의 사람이 우리의 카드번호를 이용해 온라인으로 6회 이상 결제를 시도했다는 것이다. 사용된 카드번호를 입수하거나, 거래처에 대한 해킹 또는 의도적 노출 등을 통해 현금 인출을 시도한 것으로 보였다.

그럼 어떤 방법이 좋을까? 체크카드를 사용하는 것이다. 예금 잔액 안에서 인출이 가능하므로 카드 정보를 이용한 현금 인출과 물품구입 등의 범죄에도 손실을 최소화할 수 있다.

카드로 현금을 인출하려면 MasterCard는 MasterCard 또는 Cirrus 로고, VisaCard는 Visa 또는 Plus 로고가 부착된 전 세계 ATM에서 사용이 가능하다. 해외 ATM 예금인출이 등록된 카드는 예금인출이 가능하고 등록이 되지 않은 카드는 현금서비스만 가능하다는 것을 알아야 한다. 해외 ATM의 1회 인출 한도는 국가별, 은행별, ATM 단위로 다르다. 일부 지역의 비표준화된 ATM은 비밀번호가 6자리일 수 있으므로 카드 비밀번호의 뒷자리에 0을 두 개 포함해 6자리를 입력해야 한다. 그리고 여러 차례 비밀번호 입력 오류 시에는 카드사용에 제한이 있을 수 있다. 예금 잔액 조회 시에도 수수료가 부과되니 조심해야 한다. 또 ATM에서는 반드시 손으로 가려 신용카드의 불법 복제와 비밀번호 유출을 막아야 한다. 아울러 수시로 비밀번호를 예측 불가능한 숫자로 바꾸어 사용해야 한다.

카드는 남의 손에 들어가면 내 것이 아님을 반드시 명심하자. 한 번은 멕시코에서 주유 후 카드로 결제하고 한참을 달리니 휴대폰으로 결제내역이 떴다.

"이건 뭐야? 두 번 결제됐네."

괘씸해서 차를 되돌려 찾아가다 밤도 늦었고 오가며 쏟아야 할 연료비가 그 돈일 듯해서 포기했다. 카드를 남의 손에 넘겨줘 일어난 실수다. 누구는 카드 결제내역을 알려주는 SNS 서비스에 가입하라고 한다. 우리도 물론 가입했다. 그러나 결제와 동시에 거래내역을 바로 알려주는 국가는 그리 많지 않다.

자동차 여행이란 한두 달에 끝나는 여정이 아니다. 오랜 기간에 걸쳐 여러 국가에서 사용하는 카드 거래의 빈도와 사용금액은 일반인의 여행에 비교할 수 없다. 그러다 보니 우리에게도 듣도 보도 못한 많은 카드 문제가 발생했다. 낡은 ATM의 Slot에서 카드가 빠지지 않아 카드사에 분실 신고한 후 카드를 ATM에 두고 나오기도 했다. 또 카드의 마그네틱이 손상되어 대금지불과 현금 인출이 불가한 경우도 여러 차례 발생했다. 이런 경우의 수를 감안해 카드를 여유 있게 지참하여 여행 중의 카드 손상, 분실, 도난 등에 대비해야 한다. 서너 명의 외국인이 몰려들어 사진을 찍어 달라, 돈을 바꿔 달라는 등 시끌벅적하게 호들갑을 떨면 일단 경계하자. 신용카드나 돈이 사라질지 모른다. 또 상점이나 주유소에서 종업원이 결제를 위해 신용카드를 들고 보이지 않는 곳으로 가면 추가 결제나 복제를 시도할 가능성이 농후하기에 즉시 제지해야 한다.

여행 비용은 얼마나 들까?

여러 사람으로부터 받은 질문 중의 하나가 비용에 대한 문의다. 혹자는 저비용의 여행을 선호하고 어떤 사람은 안락한 여행을 추구한다. 차박을 하고 식사를 자급하여 해결하면 비용은 절감된다. 호스텔, 게스트하우스, 중저가의 호텔을 이용하고 매식과 직접 조리방식을 혼용하면 비용은 올라간다. 여행지를 그냥 지나치면 돈이 들지 않을 것이고 구석구석 들여다보면 입장료 등 지출하는 돈이 많아진다. 여행자는 서로 다른 조건을 가지고 여행을 한다. 앞서간 여행자의 경비를 참고할 수 있지만, 자신의 여행에는 전혀 맞지 않는 것이다.

유념할 것은 예상치 않았던 추가 비용의 지출이다. 타이어 교체, 관광지 입장료, 현지 로컬 여행비, 비자 수수료, 자동차보험, 통관 수수료, 차량 고장과 수리 등의 비용이 얼마가 들지 예측하기는 쉽지 않다. 주된 비용 항목을 좀 더 들여다보면 다음과 같다.

첫째 숙박 비용이다. 러시아와 중앙아시아는 숙박업소의 선택이 수월하지 않았다. 대도시의 경우는 대개 부킹닷컴이나 아고다의 숙박 정보를 이용해 숙소를 선택한다. 몽골의 수도인 울란바타르, 카자흐스탄 알마티, 타지키스탄의 두산베는 2인 더블룸 기준으로 대략 40불 내외로 숙박이 가능했다. 내륙으로 들어가면 인터넷 접속이 원활하지 않아 마을에 도착한 후에야 민박을 찾아야 했는데, 대략 30불 내외에서 해결되었다. 유럽에 가까워지면 숙박비가 가파르게 상승한다. 모스크바, 상트페테르부르크, 발트 3국에서부터 오르기 시작한 숙박비는 동부 유럽까지 완만한 상승세를 보이다가 북부 유럽에서 최고점을 찍고 중부와 동부 유럽에서 보합세를 보이며 영국과 아일랜드로 이어진다. 고려할 사항은 성수기다. 여행 루트와 체류 일자가 결정되면 부킹닷컴이나 호텔닷컴 등 인터넷 포털을 통해 숙박 비용을 직접 산출해 보는 것이 좋다. 관광객이 몰리는 도시는 금요일과 토요일에 숙박 비용이 폭등하기에 피하는 것이 좋다.

둘째 유류비다. 러시아와 중앙아시아는 저렴한 가격으로 주유할 수 있다. 국가별로 여행 구간에 대한 거리를 산정한 후 연비를 감안해 계산하면 대략적인 유류 금액이 숙박비보다 사실에 근접하게 산출된다. 러시아는 경유 리터당 650원, 카자흐스탄은 350원, 키르기스스탄과 타지키스탄은 800원, 서유럽은 1,200원, 나머지 유럽은 1,500원 내외로 보면 거의 근사치에 가깝다. 가장 비싼 곳은 노르웨이 노르카프로, 경유는 리터당 1,800원을 줘야 했다. 유류비 산정의 요소인 주행연비는 비포장을 제외하면 여타 국가의 일반도로는 한국에 비해 차량이 적고 교통체증이 심하지 않아 차량이 너무 노후되지 않았다면 공인연비를 확보하는 데 문제가 없다. 눈에 띄게 싼 금액으로 파는 주유소는 불량유라는 것을 명심해야 하며, 요소수 장착 차량은 특히 조심해야 한다.

셋째 식사에 대한 문제로, 여행 중에 식당을 찾아 식사하는 것은 쉬운 일이 아니다. 한국 음식으로 매끼를 해결하자면 식자재의 확보가 어렵고, 싣고 다녀야 할 부피와 내용 또한 만만치 않다. 중앙아시아를 지나 러시아 모스크바까지는 한국보다 저렴한 비용으로 식사할 수 있다. 유럽에 들어가면 식사와 식자재 구입 등으로 지출되는 금액이 급격히 상승한다. 매식의 경우 북유럽과 중서부 유럽은 최하 15유로는 주어야 하고, 음료수라도 곁들인다면 1인당 20유로까지 지출해야 한다. 유럽에서는 매식이 부담되므로 자급 식사의 방법을 찾아야 한다. 큰 도시에 가서 확인할 일은 차이나타운의 존재 여부다. 이곳에 가면 쌀, 두부, 라면, 고추장 등 한국산 식품을 구입할 수 있다.

넷째 자동차 수리와 점검에 드는 비용이다. 하루의 휴식도 없이 달리는 차량에 대한 정기점검과 예방정비는 빈번하게 시행되어야 한다.

다섯째 부대비용이다. 비자비, 대행 수수료, 통관수수료, 여행자보험, 그리고 여유자금이 여기에 해당한다. 개개 여행자의 주관적 판단이 많이 개입되는 부분으로, 여유자금을 얼마로 할지는 개인이 결정할 일이지만 많을수록 여행은 차질없이 진행된다.

자동차 여행에서 돈이란 무엇인가?

러시아 블라디보스토크로부터 몽골과 중앙아시아를 거쳐 러시아를 떠날 때에는 "이 정도였어?"라고 웃으며 유럽대륙으로 들어간다. 그리고 고물가와 경비의 급속한 증가에 직면한다. 어떤 경우는 여행을 포기하기에 이르고, 또 어떤 경우는 달리기라도 하듯 유럽대륙을 직선으로 그어 횡단한다. 그리고는 스페인에서 지척인 모로코를 스치듯 다녀오는 것으로 아프리카를 대신하고 아메리카 대륙으로 넘어간다. 경비를 줄일 수는 있어도 안 쓸 수는 없는 것이 여행이다. 세계 여행은 일 년 이상 심지어는 더 이상의 기간이 소요되는 여정이기에 많은 돈이 든다. 여행 경비의 부족을 이유로 여행 일정을 단축하고, 루트를 변경하며, 시작과 끝에만 방점을 찍는 것은 좋은 여행이 아니다. 결론적으로 여행 경비는 여유 있게 확보하여야 하고, 경비 절감에 대한 노력은 계속 고민해야 하는 게 세계일주 여행자의 숙명이다.

요소수 차량

요소수, 대륙과 국가별로 부르는 이름이 다르다. Adblue, Urea, Flua, DPF 등, 우리는 어디서나 쉽게 요소수를 구할 수 있을 것으로 보고 10ℓ들이 캔 1개를 달랑 차에 싣고 여행을 떠났다. 그러나 요소수라는 말을 아는 사람도, 요소수를 넣는 차량도 찾을 수 없었다. "한국에 가서 사 가지고 와야 하나?"를 심각하게 고려할 즈음, 러시아 치타에서 요소수를 찾아냈다. 주유소가 아니라 누구도 찾기 힘든 자동차 용품점Car Parts & Accessary에서 팔고 있었다.
모스크바와 상트페테르부르크는 하이웨이의 큰 주유소에서 요소수를 팔았고, 유럽은 요소수를 구하기가 한국보다 수월했다. 남미의 경우는 여러 주유소를 전전하면 요소수를 구할 수 있으며, 중미는 예상 주행거리에 따른 요소수를 남미에서 확보하고 들어가는 것이 좋다. 미국과 캐나다는 하이웨이의 휴게소나 대형마켓에서 판매한다. 명심할 것은 시베리아, 중앙아시아, 중동과 아프리카, 남미 일부, 중미를 여행하려면 사전에 요소수 수급계획을 세워야 한다는 점이다. 우리는 요르단에서 5통을 사서 차에 싣고 이집트로 들어갔다. 그리고도 부족해 케냐에서 5통을 추가로 구입했다. 남아프리카 공화국에서는 10통을 차에 싣고 서부 아프리카로 출발했다. 흔히들 요소수의 연비가 10ℓ 기준 8,000㎞라고들 하는데, 우리의 경험으로는 모하비 기준으로 4,000㎞면 적당하다.
알아야 할 일은 요소수가 부족하면 과속은 금물이라는 점이다. 요소수를 판매하는 곳이 꼭 주유소가 아니라는 사실과, 요소수의 연비가 좋게 나오지 않는다는 것을 염두에 두면 우리와 같은 시행착오를 겪지 않아도 된다.

여행의 출발

일시 수출입하는 차량통관에 관한 고시

한국에서 자동차를 반출하여 여러 국가를 여행하는 것은 어떤 법령과 절차에 의해 이루어지는지 궁금해하는 사람이 많다. 외국으로 자동차를 반출해 여행하고자 하는 사람들이 숙지할 관련 법령은 '일시 수출입하는 차량통관에 관한 고시'다.

1949년 9월 19일, 스위스 제네바에서 '도로교통에 관한 협약'이 체결되었다. 국가 간의 원활한 차량 이동과 사람과 차량 안전을 보장하기 위해 조인된 국제협약이다. 교통 시설물과 교통 규칙, 차량 장치와 성능 등에 대한 통일된 규칙과 국제 표준화를 제정하기 위해 조인되었으며, 한국은 1971년에 가입했다. '일시 수출입하는 차량통관에 관한 고시'는 '도로교통에 관한 협약'을 근거로 하여 여행자가 차량을 일시 외국으로 반출하고 여행의 종료와 더불어 반입하는 데에 따른 통관절차와 조치 등을 규정한 고시다.

일시 수출입하는 차량에 대한 적용 범위는 일시 수출입자가 본인이 사용하기 위한 목적으로 반출입하는 자가용 승용차, 소형 승합차(일시수출 차량에 한정), 캠핑용 자동차, 캠핑용 트레일러, 그리고 이륜차에 해당한다. 차량을 일시 수출입하는 절차는 의외로 간단하다. 자동차 등록을 관할하는 지자체 관련 부서에 자동차 일시반출신청서를 제출하고 영문으로 된 자동차등록증을 발급받는다.

신고인의 자격은 자동차를 다시 반입할 것을 조건으로 자신의 차량을 수출하는 사람을 말하며 가족 명의의 차량을 반출하고자 할 경우에는 등록명의인의 위임장을 제출해야 한다. 유의할 것은 법적으로 타인 명의의 차량에 대한 해외반출이 가능하다 해도 일부 국가에서는 차량의 소유자와 운전자가 다르다는 이유로 통관이 불허될 수 있다는 것을 염두에 두어야 한다.

그리고 자동차를 반출하는 공항이나 항만을 관할하는 세관으로 이동하여 일시 수출입 신고서를 작성하고, 영문 자동차등록증과 국제 운전 면허증 사본을 첨부하여 제출하고 일시 수출입 신고필증을 교부받는다. 이후 보세구역으로 이동해 영문으로 자체 제작한 자동차 번호판과 국가식별기호를 부착하고 통관검사를 마침으로써 해외반출에 대한 통관절차가 완료된다.

여행을 마친 후 자동차가 한국으로 돌아오면 세관에 재수입신고를 해야 한다. 신고는 수출 통관지 세관을 원칙으로 하지만 어느 곳의 세관에서도 처리가 가능하다. 자동차 수출 시 수리된 '일시 수출입 신고필증'의 제출로 재수입 절차가 마무리된다. 재수입 기간은 수출신고수리일로부터 2년 이내를 고려하여 정한다. 기간 연장도 가능하나 그 기간은 최초의 수출신고 수리일로부터 2년을 초과할 수 없도록 규정되어 있다. 2년을 초과하여 재수입 기간을 위반하게 될 경우는 무관세 적용이 아니라 정식적인 수입 통관절차를 받아야 한다는 것을 명심하자. 2년을 초과하여 자동차 여행을 한다면 2년이 경과하기 전에 차량을 한국으로 반입한 후 일시 수출입에 따른 절차를 처음부터 다시 밟아야 한다. 또 자동차의 일시 수출입 기간 중에 자동차의 정기점검 및 검사 유효기간이 도래하면 자동차 시행규칙 제 78조 및 제 108조에 따른 정기검사 또는 검사 유효기간 연장신청을 해야 한다. 그리고 일시 수출입된 차량이 일시 반출된 지역에서 사고, 도난, 화재 등의 사유로 인해 한국으로의 반입이 불가능한 경우에는 여행자는 입국한 날로부터 15일 이내에 등록관청에 자동차 말소등록 신청을 해야 한다. 필요한 서류는 해당 지역의 재외공관장이 발급한 교통사고 등의 사실증명서와 세관장이 발급한 수입 미필 증명서류다.

자동차 해상 선적

자동차를 화물선에 실어 보낼 때는 해상운송과 수출입통관에 따르는 복잡한 절차와 적지 않은 비용이 발생한다.

해상운송에는 차량 적재 방식에 따라 두 타입이 존재한다.

첫째, Ro-Ro방식으로 Roll-On Roll-Off의 약어다. 화물선의 Shore Ramp를 이용해 자동차를 자주식으로 싣고 내린다. 운송비용이 다소 저렴한 반면, 차량의 내부 도난에 취약하고 선편이 적은 것이 단점이다.

둘째, Lo-Lo방식으로 Lift-On Lift-Off의 약어다. 컨테이너 적재 방식으로 안전한 수송에는 적합하지만, RO-RO에 비해 비용이 다소 증가한다.

자동차는 FCL, 즉 Full Container Load 방식으로 통상 20피트 컨테이너에 단독 또는 40피트 컨테이너에 2대를 싣는다. 바이크는 LCL, 즉 Less than Container Load 방식으로 다른 화주의 화물과 함께 하나의 컨테이너를 구성한다.

해상운송의 비용은 어떻게 산정될까? 자동차를 운반하는 해상운송의 조건은 대부분 CFR이다. Cost and Freight의 약어로 쓰이며 한국말로는 운임포함 인도 조건을 말한다. CFR은

Vessel에 자동차를 선적하고 목적항까지의 해상 운임을 부담하는 것인데 여기에는 출발항에서의 수출 통관의 비용을 통상 포함한다. 즉, 목적항에서의 컨테이너 하역과 보관, 수입통관에 대한 비용은 포함되어 있지 않다.

Vessel이 목적지 항구에 도착하면 Ro-Ro로 운송된 자동차는 보세창고로 이동되어 차량 통관절차에 들어간다. 그리고 컨테이너는 갠트리 크레인에 의해 하역되어 컨테이너 운반 트럭으로 적치장으로 이동하게 된다. 적치장 이동 후에는 보세창고로 옮겨져 컨테이너를 개방하고 차를 꺼낸 후 통관절차에 들어간다. Ro-Ro와 Lo-Lo방식은 수출과 수입의 방법과 절차에 있어 대동소이하다.

어느 나라의 항구로 들어갈 것인가? 목적지의 항구를 선정하려면 상대국의 관세정책을 알아야 한다. 즉 일시 반입된 차량에 대한 무관세입국이 가능한지를 파악해야 한다. 육로로 국경을 통과하거나 카페리로 운전자와 함께 이동하는 자동차는 교통수단으로 간주된다. 반면에 화물선으로 운반된 자동차는 수출 수입품으로 간주되어 통관절차가 상이하게 진행된다는 것을 알아야 한다.

우선 목적지가 제네바 협약과 차량의 일시수입에 관한 관세 협약에 가입된 나라인지 여부를 확인하자. 일시 수출입을 허용하지 않는 국가에서는 입국을 거절당하거나, 중고차 관세를 부과받거나, 관세에 해당하는 금액을 세관에 납부하고 출국 시에 돌려받을 가능성이 있다.

그리고 목적항의 국가를 복수로 결정하고 어느 나라가 통관 비용이 적게 드는지를 살펴야 한다. 해당 국가에 소재하는 포워딩 회사Forwarding Company에 이메일을 보내 비교 견적을 해보자. 통상 이메일에 대한 답변에 상당히 소극적이므로 충분한 시간을 가지고 다수의 업체와 접촉해야 한다. 아메리카 대륙으로 자동차를 해상운송하려면 브라질, 칠레, 우루과이, 아르헨티나로 보내는 경우가 일반적이다. 아르헨티나와 브라질은 고액의 통관 비용이 요구되는 나라다. 그럼 남은 두 국가는 우루과이와 칠레다.

내비게이션은 어떤 것을 써야 하나?

자동차 여행에서 내비게이션의 중요성은 아무리 강조해도 지나치지 않는다. 한국은 작고 인구 밀도가 높아 어디를 가나 사람이 있고 그물망 같은 길이 깔려있다. 반면 시베리아에서는 온종일 한 사람도 마주치지 않는 날도 있다. 또 몽골 초원에서는 종일토록 차량 한두 대만 마주치는 때도 있다. 값비싼 해외 로밍서비스를 가입하고 떠나는 여행자는 극히 드물다. 통상 와이파이를 이용하거나, 유심을 구입해 사용하는 것이 일반적이다. 좁은 땅을 가진 한국과 달리 데이터 로밍이 펑펑 터지는 나라는 세계 어디서도 찾기 힘들다.

비싼 돈을 들인 데이터 로밍으로 지원되는 내비게이션 사용에는 한계가 있기에 자동차 여행자는 인공위성에 의해 제공되는 내비게이션을 선호한다. 자동차 여행자가 범용하는 내비게이션은 GPS위성에 의해 무료로 위치서비스가 제공되는 맵스미Maps.me다. 러시아를 거쳐 몽골, 카자흐스탄, 키르기스스탄, 타지키스탄을 지나 핀란드와 노르웨이, 스웨덴까지 Maps.me에 의존해 목적지를 찾아 달렸다.

유럽에서는 Maps. me로는 부족했다. 대도시의 복잡한 도로나 분기점에서 진행 차선에 대한 상세 안내가 부실해 엄청난 거리를 돌아다녀야 했다. 또 좋은 길을 두고 엉뚱한 길을 안내함으로써 많은 거리와 시간을 허비하는 등의 문제가 발생했다. 유럽에서부터는 유료서비스인 Sygic을 구입해 Maps.me와 혼용했다. Maps.me를 계속 사용한 것은 저장된 데이터의 양이 많아 숙소와 주유소를 찾는 등의 기능이 우수했기 때문이다. 내비게이션을 이용하는 자동차가 거의 없는 아프리카에서는 데이터 부족으로 인해 만족할 만한 지리정보를 얻기 힘들어 Maps.me와 Google.map을 사전에 다운로드 받아 오프라인에서 사용했다.

황열병 예방접종을 하자

황열병은 아프리카와 남아메리카 지역에서 유행하는 바이러스에 의한 출혈열이다. 모기의 침 속에 있는 아르보 바이러스Arbo Virus가 인체 내 혈액으로 침투해 황열병을 일으킨다. 증상으로는 발열, 근육통, 오한, 두통, 식욕 상실, 구역, 구토 등을 유발하며 심하면 황달, 복통, 급성신부전을 일으키고 독성기로 접어든 환자의 절반은 14일 이내에 사망하는 무서운 풍토병이다. 미국 언론사에서 인류에게 가장 위협이 되는 무서운 생물이 무엇인지 순위를 매겨 발표했는데, 몸무게가 약 3㎎에 불과한 모기가 1위를 차지했다. 1880년대 파나마 운하 굴착권을 미국에 앞서 획득한 프랑스가 운하 건설을 포기한 배경에는 말라리아에 걸려 숨진 2만여 명의 인부들이 한 몫을 차지했다.

아프리카와 남미를 여행하려면 황열병 예방접종을 하고 그 증서를 소지해야 한다. 황열병 백신의 접종으로 인해 95% 정도는 1주일 이내에 예방효과가 나타나고, 한 번의 접종으로 그 효과가 지속된다. 질병관리청 홈페이지를 검색하면 국가별 감염병 예방정보와 예방접종 기관 등에 대한 자세한 안내를 받을 수 있다.

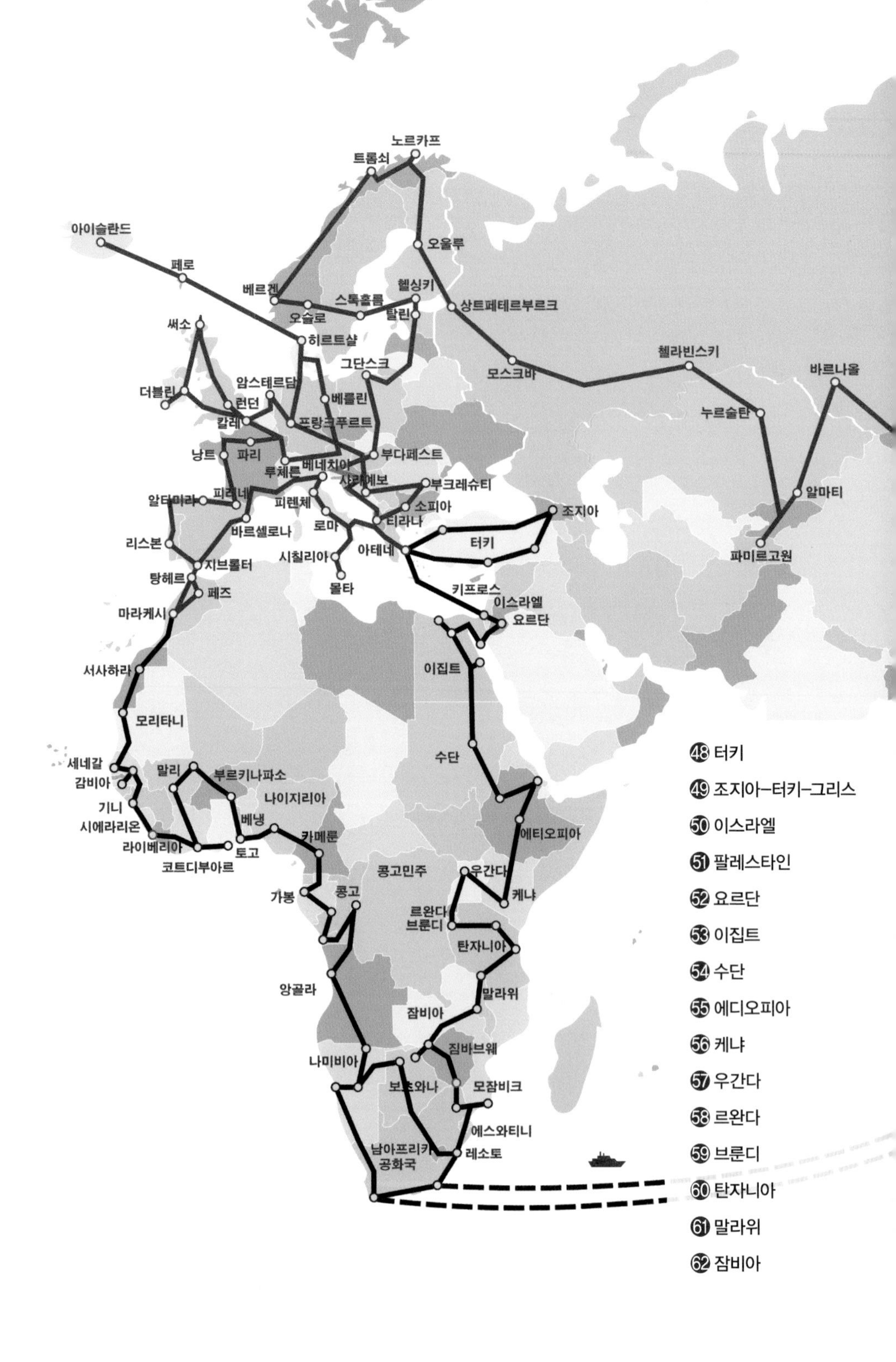

48 터키
49 조지아–터키–그리스
50 이스라엘
51 팔레스타인
52 요르단
53 이집트
54 수단
55 에디오피아
56 케냐
57 우간다
58 르완다
59 브룬디
60 탄자니아
61 말라위
62 잠비아

아프리카 여행 노선도

63 짐바브웨–보츠와나
64 남아프리카공화국
65 모잠비크
66 에스와티니–남아프리카공화국
67 레소토–남아프리카공화국
68 보츠와나
69 나미비아–남아프리카공화국
〈2년〉모하비는 한국으로 갔다 옴
70 키프로스
71 북키프로스터키공화국
〈남아공에서 다시 여행 시작〉
72 앙골라
73 콩고민주공화국–앙골라
74 콩고공화국
75 가봉
76 카메룬
77 나이지리아
78 베냉
79 토고
80 부르키나파소
81 말리
82 코트디부아르
83 가나 – 코트디부아르
84 라이베리아
85 시에라리온
86 기니
87 세네갈
88 감비아 – 세네갈
89 모리타니
90 서사하라 아랍공화국 – 모로코

아시아 서부

LION

유럽과 아시아를 잇는 관문

• 터키, 조지아 •

아시아대륙의 서쪽 끝 터키, 보스포루스 다리를 건너니 유럽이다. 동방과 서방의 관문 터키에는 묘하고 특별한 문화의 향내가 풍긴다. 코카서스 산맥의 자락에 있는 조지아, 착한 물가와 자연의 풍경에 취한 여행자는 긴 호흡을 위해 발걸음을 멈춘다.

밤 9시 아테네를 출항한 카페리는 다음날 새벽 4시 50분 키오스Chios섬에 도착했다. 터키의 코앞에 있는 섬이 어째 그리스 땅인지 알다가도 모를 일이다. 숙소는 'Ostria Seaside Studios and Apartments'라는 긴 이름을 가진 게스트하우스로 가성비가 탁월하다. 조리 시설이 있어 오랜만에 삼겹살과 파절임, 계란장조림, 된장찌개, 버섯 조림 등으로 푸짐한 저녁 식사를 했다. 물론 와인도 곁들여서다.

다음날 아침, 차량 2대를 실으면 꽉 차는 소형 카페리를 타고 45분을 항해하여 터키 쎄메스 항에 도착했다. 모하비 통관을 하려면 자동차보험인 그린 카드Green Card 가입이 필수다. 세관원이 알려준 보험회사를 찾아가니 전산망이 다운됐다. 보험료는 카드로만 결제해야 했는데 해외 결재 한도의 초과로 실패했다. 이번에는 가상계좌로 시도했으나 현지 보험사 시스템이 한글을 지원하지 않아 결재가 불발됐다. 우여곡절 끝에 일처리를 마친 시간이 저녁 6시다.

셀축Selcuk은 고대도시 에페스Efes를 가기 위해 들러야 하는 도시다. 사도 요한이 전도 활동을 했으며 주변에 고대 로마와 기독교 순례지가 있어 연중 관광객과 순례자가 찾는다. 한국인 여행자가 얼마나 많은지 레스토랑 사장은 자신의 아버지가 한국전 참전용사라는 안내판을 사진과 함께 대문짝만하게 붙여 놓았다.

▲ 성 요한 교회

성 요한 교회를 찾았다. 사도 요한은 많은 복음서와 서간문을 이곳에서 저술하고 대략 100세의 나이로 세상을 떠났다. 석재로 만든 제단의 2m 아래에 사도 요한이 묻혀 있다고 한다. 모슬렘 가이드는 제안했다. "100유로를 주면 무덤 안으로 들어가 볼 수 있게 해 주겠다." 액수가 곤두박질치며 내려갔지만, 우리는 응하지 않았다. 2000년 전의 성서 역사를 들여다보는 것이 무섭고 두려웠기 때문이다.

아르테미스 신전은 고대 세계 7대 불가사의다. 고대 그리스 문명에 이어 등장한 헬레니즘Hellenism 시대의 최고 걸작으로 평가받는다. 잘못 찾아왔나? 기원전 6세기경 지어진 신전의 잔재는 다른 건축물로 전용되어 남은 것이 거의 없었다. 그럼에도 걸작인 것은 아르테미스의 역사적 의미가 고대사의 중요한 부분이기 때문이다. 아르테미스를 처음 발견한 사람은 18세기 후반 영국의 고고학자로, 먼저 찜한 사람이 임자이던 시절이었다. 아름다운 장식과 조각은 밀반출되어 영국의 런던 박물관에서 전시된다.

▲ 가톨릭 성지, 성모 마리아의 집

성모 마리아의 집은 깊은 산속에 있다. 사도 요한을 따라 정착한 성모 마리아가 생애 마지막을 보낸 곳으로 1961년 교황 요한 23세는 가톨릭 성지로 선포했다.

▲ 원형 극장과 셀서스 도서관

셀축의 핵심은 에페소 고고유적지다. 기원후 2세기에 지은 바리우스 욕장은 찬물, 더운물, 뜨거운 물이 구분되어 나오는 시설이다. 에페소를 대표하는 건축물은 셀서스 도서관이다. 책장 뒤로는 습기를 막는 이중의 벽을 두어 책의 부패를 막았다. 마제우스의 문은 셀서스 도서관의 왼편으로 보이는 세 개의 아치다.

유곽 입구에는 발의 사이즈를 재는 돌로 만든 측정기구가 있다. 사이즈를 초과하면 성인으로 인정되어 사창가를 출입할 수 있었다. 귀족이 거주한 테라스하우스의 화려한 벽의 장식, 바닥에 깔린 모자이크 타일, 편의성을 고려한 공간

▲ 파묵칼레

은 지금의 건축 양식과 별반 다르지 않다.

하이웨이를 달려 도착한 파묵칼레Pamukkale는 다랭이논을 닮은 천연온천이다. 석회를 머금은 물이 흘러내려 층마다에 푸른빛의 물을 담았다. 푸른 물은 서서히 붉게 변하는데 해 질 녘이 절정이다. 미디어를 통해 많이 알려져 생소하지 않아서 그런지 기대만큼의 신선한 감동은 없었다. 계절적 영향 탓인지 수량이 많지 않아 일부는 건천이 되었다. 또 인공적으로 조성한 위락단지를 상류에 만들어 자연경관을 해쳤다.

카파도키아Cappadocia로 간다. '눈이 부시게 푸르른 날은 그리운 사람을 그리워하자.'가 생각나는 밤하늘이다. 카파도키아는 300만 년 전의 화산폭발과 수 차례의 홍수, 오랜 풍화작용으로 특이한 지형을 보인다. 기원전 2세기경부터 기원후 11세기까지 동로마 제국의 기독교 박해를 피해 피난길에 오른 기독교 신자들이 바위에 동굴을 뚫어 생활공간과 교회를 만들며 정착했다.

모슬렘은 술 대신 커피를 마신다

늦게 도착한 카파도키아는 영업 중인 레스토랑이 보이지 않았다. 어렵사리 찾아낸 식당에서 가지고 있는 맥주를 마시겠다고 종업원에게 양해를 구하고 입에 대던 찰나에 매니저가 오더니 나가달라고 한다. 늦은 밤에 길거리로 쫓겨났다. 레스토랑에서 쫓겨난 것은 평생 처음 겪는 일이다. 다른 식당에는 맥주는 물론 와인, 양주까지 판다. '왜 그랬을까?' 일부 레스토랑은 주류 판매업 면허를 내지 않고 이슬람 율법에 따라 손님의 음주를 허용하지 않는다.

카파도키아 여행은 뾰족하게 솟은 석회암 바위를 파내 만든 교회와 거주공간을 돌아보는 것이다.

▲ 카파도키아

모슬렘은 동굴 교회의 벽에 그린 프레스코화를 뜯어내고 성인의 눈을 파내 버리는 등으로 기독교 유적을 훼손했다. 그랬던 그들이 지금은 관광업에 종사하며 직업 얻고 돈 벌고 잘살고 있으니, 세상사 돌고 돌면 원수가 친구가 된다는 것이 맞는 말이다.

▲ 모슬렘에 의해 손상된 동굴 벽화

인근에 특별한 볼거리가 있었다. 데린큐유Derinkuyu라고 불리는 지하도시다. 종교 탄압과 외적 침입에 대비해서 건설한 도시다. 지하도시의 기원은 기원전 8~7세기의 프리지아Phrygia인이다. 이후 로마제국의 종교 박해를 피해 이주한 그리스도 교인들에 의해 본격적으로 건설됐으며, 7세기 이후 이슬람교의 침략과 박해를 피하기 위해 이용됐다. 현재 유적은 AD 5세기에서 10세기에 걸친 중기 비잔틴 시대에 만들어진 것이다. 지하 8층 규모로 지어진 지하도시는 교회, 회의실, 주방과 식당, 가축우리, 와이너리, 슬리핑 룸, 다이닝룸, 학교 등의 시설을 갖추고 있다. 80m 깊이의 지하층 환기를 위해 55m의 환기구 타워를 설치했다.

▲ 평상시에는 Open, 적들이 침입하면 Close

새벽 4시 15분, 호텔을 나선다. 애드벌룬을 타고 카파도키아를 하늘에서 내려다보며 일출을 맞기로 했다. 70여 개의 애드벌룬이 일제히 하늘로 떠올랐다. 아! 붉은 태양. 수천의 응회암 바위기둥을 붉게 물들이며 태양이 떠오른다.

애드벌룬 일출 체험

땅과 하늘에서 보는 것이 서로 달랐다. 사실 이곳에서의 애드벌룬은 위험한 비행이다. 좁은 공터에서 중구난방으로 뜨고 내렸고 정해진 항로 없이 자유롭게 날아다녔다. 2013년 5월 20일, 열기구가 부딪혀 3명의 브라질리안이 사망하고 23명이 부상했다. 2017년 3월 14일, 열기구의 착지 실패로 한국인 3명과 외국인 46명이 부상했다. 4월 9일에는 프랑스인 1명이 사망하고 외국인 20명이 다쳤다. 모르면 약이고 알면 병이다. 미흡한 안전관리에 뒤따르는 위험을 감수하는 것은 오로지 여행자의 몫이다.

에르주룸Erzurum에서 찾은 숙소는 아타튀르크 대학의 호텔 관련 학과에서 운영하는 트레이닝 호텔로, 이런 유형의 숙박은 처음이다. 캠퍼스 내에 있어 시설, 위치, 안전은 더할 나위 없이 좋았지만, 실습하는 학생으로 이뤄진 스탭은 어쩜 그리 영어 한 마디 못하는지 답답했다.

투르크고주 국경Türkgözü Border Crossing은 아르메니아와 이란에 가깝지만 통행 차량이나 사람이 많지 않았다.

▲ 투르크고주 국경

한국 번호판을 달고 국경으로 들어온 모하비를 보고 놀라워하며, 당황해한 것은 오히려 국경 검문소의 관리들이다. 언어가 통하지 않았고 수화 수준으로 소통하니 통관 업무가 더디게 진행됐다. 담당 직원은 우리를 다른 사람에게 패스했고, 그는 이곳저곳을 다니며 확인하느라 바빴다. 한참 후 커스텀에서 제기한 태클은 차량 영문등록증이 원본이 아니라는 것이다. 우리가 봐도 A4용지로 출력된 종이쪽지가 허접스러웠다.

국경을 통과해 조지아Georgia로 들어왔다. 도로는 좁고 비포장이 산재했다. 하이웨이는 수도 트빌리시에 가까워서야 등장했다.

제한 속도 위반 범칙금 50라리 고지서를 받아들고 눈물나도록 감탄했다

왕복 2차선의 굽어진 도로를 돌자 교통경찰관이 차를 세운다. 제한속도 50㎞를 초과했다고 한다. 경찰관이 물어본다. "너 러시아 말할 줄 아냐?" 우리가 물었다 "너는 한국말 할 줄 아냐?" 바디랭귀지 외에는 의사소통이 전혀 되지 않았다. 경찰관은 어디론가 전화를 하더니 영어 통역사를 바꾼다. 결국 50라리의 범칙금 고지서를 받아들고 눈물나도록 감탄했다. 소련 연방에서 독립한 국가 경찰은 누구나 뇌물을 요구했는데, 조지아 경찰은 법과 원칙에 충실하고 청렴했기 때문이다. 조지아는 스피드건이 보편화되어있고 함정 단속을 함으로 앞지르기 위반이나 속도위반을 조심해야 한다.

밤에 도착한 트빌리시Tbilisi는 휘황찬란하고 블링블링한 야경으로 화려하기 그지없다. 도시 야경을 보기 위해 케이블카를 타고 산을 올랐다. 낮에 다시 본 트빌리시는 소박하고 초라하며 별 볼 일 없었으니, 밤은 경관 조명으로 치장한 화장발인 셈이다.

조지아 여행의 장점은 교통비, 숙소, 유류비 등 물가가 저렴한 것이다. 단점은 관광지가 오지에 있어 대중교통이 불편했다. 또 관광지가 상호연계가 되지 않아 어디를 가든 하루를 소비해야 했다.

버스터미널에서 시외버스를 타고 간 므츠헤타Mtskheta는 5세기까지 이베리아 왕국, 옛 조지아의 수도였다. 십자가상의 성당이라는 뜻을 가진 주바리Jvari 수도원은 조지아 최고의 성소로 인정받는다. 앞으로 쿠리 강과 아라그비 강이 만나는 두물머리가 보인다.

▲ 좌로부터, 주바리 수도원, 스베티츠호벨리 대성당, 그리고 아나누리 수도원

아나누리Ananuri 수도원은 카즈베기Kazbek로 가는 길목에 있다. 아시아와 유럽 대륙을 나누는 코카서스 산맥을 관통하는 도로는 트빌리시로부터 러시아의 블라디카프카스Vladikavkaz로 향한다. 예로부터 러시아와 조지아의 통상 교역로였으며, 제정 러시아 황제가 조지아를 지배하기 위해 실크로드 상인들이 다니던 길을 정비했다.

▲ 조지아와 러시아 우호조약 200주년을 기념하는 조형물

주바리 패스 일대는 겨울 스키의 메카다. 풍부한 적설량, 다양한 슬로프, 거기에 더해 저렴한 비용은 조지아 스키의 커다란 매력이다. 러시아와 조지아의 우호조약 200주년을 기념하는 조형물이 있는 전망대 앞으로는 코카서스 산맥이 가슴 벅차도록 웅장하게 펼쳐진다.

카즈베기는 조지아 여행에서 빼놓을 수 없는 곳이다. 아름다운 풍경 속에 자리 잡은 사메바Sameba 성당은 트래킹이나 자동차로 다녀올 수 있다.

▲ 다비드 가레자 수도원

꼭 가봐야 할 곳이 있다. 아제르바이잔 국경에 있는 다비드 가레자David Gareja 수도원으로 가는 길은 비포장이다. 수도원은 6세기 초, 시리아에서 온 13명의 수도사들이 동굴을 파고 수도생활을 시작한 것에서 유래한다. 연장 25㎞에 걸쳐 바위를 뚫어 수백 개의 방을 만들고 수행공간으로 사용

했다. 1615년에는 페르시아 침공으로 많은 수도사들이 집단 학살을 당했다.

조지아가 낳은 가장 잔혹한 독재와 살육의 원흉, 스탈린

스탈린, 러시아에도 찾아보기 힘든 그의 자취가 고리Gori에 있다. 레닌은 유서를 통해 "스탈린은 너무 잔인하고, 냉혹하며, 비인도적이다. 내가 죽거든 집단지도 체제로 가고, 그를 서기장에서 퇴임시켜라."라고 지시했다. 그러나 스탈린은 유서를 은폐하고 실권을 장악했다. 스탈린은 사상과 정권을 유지하기 위해 수백만 명을 투옥하고 처형했다. 후세는 그를 독재와 살육의 원흉으로, 히틀러에 버금가는 독재자로 기억한다.

▲ 스탈린 박물관

고리를 떠나 서쪽으로 간다. 바투미Batumi는 흑해 남동부의 휴양도시다. 유럽에 가까워서일까? 인상적인 고층 빌딩이 많다. 조지아 제일의 무역항이며, 도심 현대화로는 트빌리시를 압도한다.

러시아의 소치Sochi로부터 흑해를 따라 내려오는 해안도로를 따라 터키로 간다. 바투미 국경

스탈린 박물관

은 차량과 사람이 많지만, 입국과 통관은 오래 걸리지 않았다.

남쪽을 향해 내처 달려 제법 큰 도시에 들어왔다. 도시 이름은 친숙하게도 삼식이 여동생인 삼순Samsun으로, 항구도시다. 앞바다는 케말 아타튀르크가 터키 통일을 위해 삼순 상륙작전을 펼친 흑해다.

동화 속의 마을 사프란볼루Safranbolu에 도착했다. 염색과 향신료에 쓰이는 샤프란 꽃을 마을 이름으로 삼았다. 옛날 실크로드를 오가는 아라비아 대상들이 경유한 상업도시다. 도심에는 오스만튀르크 시대에 건축된 2,000여 채의 전통가옥이 있다. 진지하맘Cinci Hamam이라는 전통 목욕탕은 1645년부터 지금까지 영업한다.

▲ 진지 하맘 목욕탕

▲ 진지 한

대상들이 묵었던 진지 한Cinci Han은 건물 중앙을 중정으로 하는 2층 건물로 63개의 객실을 가지고 있다. 1640년 군사 재판관인 진지가 지었으며 성처럼 웅장하다. 과거 생활상을 재현하는 방이 일반에게 공개되며, 벽에는 이곳을 드나든 거상들의 프로필이 걸려있다.

아시아와 유럽의 징검다리, 이스탄불

이스탄불은 1923년까지 터키의 수도였다. 그리스와 로마를 거쳐 오스만튀르크에 이르는 다양한 역사와 종교 유적이 도심에 넓게 분포된다.

아타튀르크 다리를 건넜다. 공항도 아타튀르크, 대학도 아타튀르크, 광장도 아타튀르크, 사회개혁자이자 초대 대통령 무스타파 케말의 닉네임이다. 1934년 터키 국회는 그에게 '조국의 아버지'라는 경칭을 수여했다. 그는 개혁과 개방, 이슬람 전통 복장의 폐지, 남녀 교육 기회의 균등 부여, 일부일처제를 비롯한 남녀평등법, 여성에 대한 선거권 부여로 터키의 현대화와 민주화에 크게 공헌했다.

오랜 역사를 가진 인구 1,400만 명의 메트로폴리탄이 가진 필연은 지독한 교통지옥이다. 막히는 도로에 떼로 등장하는 길거리 행상은 터키가 원조일지 모른다. 이스탄불에서는 대중교통과 택시를 이용하기로 했다. 우리가 탑승한 택시 기사는 자신의 아버지가 한국전쟁 참전용사로 한국에서 순직했단다. 그는 부인이 두 명이고 애들은 7명이다. 두 집에 매월 1,000달러씩을 생활비로 주어야 하는데, 벅차다고 한숨 쉰다. 90세가 넘으신 어머니는 정부에서 나오는 연금으로 평생을 혼자 살고 계신다. 그러면서 하는 말이 "인샬라"란다.

▲ 한국전 참전용사의 아들

소피아 대성당Ayasofya으로 간다. 비잔틴 건축의 걸작인 소피아 성당은 터키

▲ 성당, 모스크, 박물관, 그리고 모스크로 변신을 거듭한 성 소피아

의 종교역사다. 비잔틴 건축의 특징은 외부는 수수하게 내부는 화려하게 꾸미는 것이다.

▲ 메두사 두상

537년 고대 동로마 제국 당시 가톨릭성당으로 축성된 소피아 성당은 1453년 오스만 튀르크에 의해 모스크로 바뀌었다. 이때 모스크의 상징인 미나렛을 동서남북 1개씩 세웠다. 그리고 1935년에는 조국의 아버지로 불리는 아타튀르크에 의해 박물관으로 용도가 변경됐다. 최근 21세기 술탄으로 불리는 현 대통령 에르도안의 이슬람주의 행보가 점점 과격해졌다. 에르도안 정부가 장악한 터키 최고법원은 아야 소피아를 박

물관으로 하는 1934년 내각회의의 결정을 취소하는 판결을 내렸다. 아야 소피아를 모스크로 되돌린 것이다.

큰길을 건너면 지하 궁전Yerebatan Cistern이다. 물을 공급하는 지하 저류조시설의 구석진 컴컴한 곳에 메두사Medusa 두상이 있다. 블루 모스크로 이동한다. 1616년에 건축한 블루 모스크는 내부의 벽면과 천장이 온통 녹색과 푸른색 타일이다. 톱카프 궁전Topkapi Palace은 400년 가까이 오토만 술탄이 거주한 성이다. 현재 궁전 박물관으로 사용되는데, 유럽 궁전과 비교하면 화려함, 정교함, 다양성에서 많이 뒤처진다.

▲ 보스포루스 대교

이스탄불에서 빼놓을 수 없는 장소는 유럽과 아시아를 연결하는 보스포루스Bosphorus 대교다. 에미뇌뉘Eminönü 선착장을 출발하는 크루즈를 타고 보스포루스 해협을 따라 대교로 향한다. 좌안이 유럽지구이고 우안이 아시아지구다. 낮보다 밤이 아름다운 곳이 이스탄불의 밤이다. 갈라타Galata탑 전망대에서 해 질 무렵 보이는 이스탄불 야경은 환상적이다.

▲ 터키는 동양과 서양의 문화를 연결하는 교차로

터키인은 친절하기로 말하면 단연코 세계 제일이다. 어디서나 주저하면 다가왔고 길을 헤맬 때 이방인에게 친절한 관심을 보내준다. 길을 잃어 물어보니 의사소통이 여의치 않다. 그는 아들에게 자기 차로 목적지까지 태워주라고 한다. 헤어질 때 사례하려 하니 극구 사양이다. 그러다 나중에 받았다. "야! 고마웠다. 아빠한테는 돈 받았다고 하지 마라."

러시아로부터 시작된 세계 자동차 여행은 중앙아시아를 거쳐 유럽을 돌아 터키에서 유라시아 여행의 대미를 장식했다. 중동을 거쳐 아프리카로 간다.

• 유럽에서 중동 이스라엘로 가는 법

중동은 유럽과 대륙으로 연결된다. 그러나 바다보다 넓고 하늘보다 높은 이념과 종교의 장벽이 육로를 가로막는다. 터키를 육로로 출발해 시리아, 요르단을 거치는 노선이 있지만, 시리아가 여행 금지국가라 실정법을 어길 수는 없는 일이다. 레바논은 중동전쟁 후에 이스라엘 국경을 아예 폐쇄했다. 다른 한편으로는 조지아나 아르메니아를 거쳐 이란의 반다라바스Bandar Abbas에서 카페리로 호르무즈 해협을 건너 아랍에미레이트의 샤랴Sharjah로 가는 길이 있다. 그리고 오만과 사우디아라비아를 여행한 후 요르단을 통해 들어가면 된다. 우리가 선택한 노선은 그리스에서 해상 운송을 통해 이스라엘로 차를 보내는 것이다.

• 이스라엘은 여권에 스탬프를 찍지 않는다

1948년, 이스라엘 건국 이후 1973년까지 이스라엘과 중동국가는 4차례에 걸쳐 전쟁을 치렀고, 모두 이스라엘의 승리로 끝났다. 1948년 이스라엘의 독립선언으로 촉발된 제1차 중동전쟁은 이집트, 요르단, 이라크, 레바논, 시리아 등에서 참전하여 아랍 측에 유리하게 전개됐으나, 미국의 전폭적인 이스라엘 지원과 아랍 동맹의 분란으로 이스라엘이 승리했다. 1956년에는 이집트의 나세르 대통령이 수에즈 운하의 국유화를 선언한다. 경영권을 소유했던 영국, 프랑스, 이스라엘이 이집트를 공격하며 제2차 중동전쟁이 발발했다. 6일 전쟁으로 불리는 제3차 중동전쟁은 중동에서 이집트, 시리아, 요르단이 참여했다. 이 또한 미국과 유럽의 원조를 받는 이스라엘의 일방적 승리로 끝났다. 가자지구, 구(舊)예루살렘, 골란 등의 영토를 새로 점령한 이스라엘은 독립 당시 영토의 8배가 넘는 땅으로 확대됐다. 제4차 중동전쟁은 이집트와 시리아가 이스라엘을 공격하며 시작됐다. 역시 이스라엘이 이겼다. 이런 악연을 가진 이스라엘과 아랍 국가는 국교를 단절하고 상호 인적, 물적 교류를 중단했다. 과거 아랍권 국가는 이스라엘을 출입한 여행자에 대해 출입국을 제한했다. 과연 지금까지도 입국을 거절하고 있는지는 약간 의문이다. 당시 이집트와 수단도 아랍과 같은 보조를 취했다.

우리가 만났던 여행자는 이스라엘을 여행한 후 육로국경 에일라트Eilat를 통해 이집트로 입국했다. 또 수단 비자를 취득하기까지 이스라엘의 출입국 사실이 아무런 장애가 되지 않았다. 시대가 흐르고, 제도가 바뀐 것을 모르고 지난 얘기를 반복하고 하고 있는지 모른다. 하여튼 이스라엘 벤구리온Ben Gurion 공항의 이민국은 여권에 입국스탬프를 찍지 않고 입국허가증인 B2 Stay Permit을 발행하니 걱정할 일 없다.

중동

아랍에 둘러싸인 세계 유일의 유대인 공화국

• 이스라엘, 팔레스타인 •

2000년의 유랑 끝에 돌아온 유대인, 그 땅을 지키며 살아온 민족이 있었다. 유대인과 팔레스타인, 누구를 탓하고 원망할 수 있으랴? 장벽으로 둘러싸인 팔레스타인 정착촌은 커다란 감옥이다. 21세기에 이렇게 사는 나라가 있다는 사실이 놀랍다.

이집트로 모하비를 해상 운송하기 위해 KOTRA 이스탄불 무역관을 방문했다. 무역관장으로부터 두 곳의 포워딩 컴퍼니Forwarding Company를 소개받았다. 하나는 한국인이 사장이고 다른 한 곳은 직원으로 있는 곳이다. 결론은 만족스럽지 않았다. 한국은 가능하지만 다른 나라는 해 보지 않아 자신 없다고 한다. 또 다른 한 곳은 통화조차 되지 않았다. 또 다른 통관업체를 어렵사리 찾아가니 "Don't worry, Be happy, 월요일에 컨테이너에 실으면 너는 비행기 타고 이집트로 갈 수 있다."라고 매니저가 자신 있게 말한다. 힘차게 하이파이브를 하고 브라보까지 외쳤지만 이후 차일피일 미뤄지며 오락가락했다. "왜 날짜가 자꾸 뒤로 가냐?"라고 물으니 그제야 선적중개인Shipping Broker이 선편을 배정하지 않아 확정된 답을 줄 수 없다고 한다. 일주일에 이틀은 공휴일이고, 하루 이틀 늦어지다 보면 보름도 가고 한 달도 가는 게 선적이다. 마지막으로 찾아간 날에는 모하비 가격이 얼마냐고 묻는다. "차값이 선적하고 무슨 상관이냐?"라며 가르쳐 주지 않으니 다 아는 수가 있다고 한다. 아하? 터키에 온 지 한 달이 넘었으니 관세를 물고 나가라는 이야기다.

아시아에서 유럽으로 넘어오며, 보스포루스 해협과 테살로니키

우리가 알아서 떠나자. 떠나는 것인지 도망하는 것인지, 바다를 포기하고 육로를 이용해 터키를 벗어나기로 했다. "자, 떠나자. 그리스 바다로!" 고래 사냥을 소리쳐 부르며 보스포루스 해협을 건넜다.

이제 유럽 대륙이다. 하이웨이를 달리는데 지나는 차들이 우리를 보고 손짓하며 난리다. 차를 세우고 보니, 루프랙에 올려진 젤리캔이 감쪽같이 없어지고, 짐이 감나무에 연 걸리듯 차 밖으로 반쯤 넘어왔다. 다행인 것은 날아간 젤리캔에 얻어맞은 차가 없는 것이다. 형제의 나라, 터키여! 그대를 떠나니 언제쯤 우리 다시 만날 수 있을까? 돌고 돌아 지구 한 바퀴 멀어지고 가까워질 때 너를 생각하리라.

입사라 국경Ipsara Boarder은 터키와 그리스의 경계선이다. 터키 국경사무소에서 차량의 반입 승인 기간이 지났으니 과태료를 내라고 한다. 대략 50불을 내고 통과했다. 그리스 국경은 토요일이라 출국 부스를 2곳만 오픈하고 나머지는 닫아놓아 통과하는데 무려 4시간이 소요됐다.

테살로니키Thessaloniki에 들어왔다. 자동차 여행 중 두 번째 들르는 도시다. 밤 10시인데 시내 간선도로가 차단되었다.

"이건 또 뭐야?"

달밤에 체조한다는 말은 들었어도 심야 마라톤은 처음 본다.

다음날 테살로니키에서 라브리오Lavrio까지 하이웨이를 560㎞ 달려가며 13개소의 톨게이트를 통과했다. 달리다가 돈 내는 하이웨이가 아니라, 돈 내다가 달리는 하이웨이다. 경제가 안 좋을수록 하나씩 더 늘리는 것이 아닌지 모르겠다.

그리스 남단 수니온Sounion 만의 북쪽에 있는 라브리오 항에 살라미스 라인 Salamis Lines 전용부두가 있다. 사전예약 없이 찾아갔지만, 다행히 빈자리가 있어 모하비를 선적할 수 있었다. 살라미스 라인은 라브리오 항을 월요일 오후에 출항해 중간 기착지 키프로스 라르나카 항으로 간다. 그리고 목요일에 이스라엘의 하이파Haifa 항에 도착한다. 모하비를 보세 야적장에 입고시키고 아테네 국제공항으로 이동해 이스라엘 가는 비행기에 탑승했다.

이스라엘에 도착하고 느낀 첫인상은 두 가지다. 첫째는 군인이 많은 것이고, 둘째는 현대와 기아자동차가 널린 것이다.

이스라엘 땅도 팔레스타인 땅도 아닌 예루살렘

1947년, UN은 다음과 같은 결의안을 채택했다. "예루살렘은 이스라엘 땅이 아니다. 그리고 팔레스타인 땅도 아니다." 짜장도 아니고 짬뽕도 아닌, 짬짜에 다름 아닌 결의안이다. 무시할 수 없게 성장한 유대인들의 경제, 외교, 정치의 힘과 더불어 어느 편을 들을 수 없는 UN의 고뇌에 찬 결정임을 짐작할 수 있다. 하지만 이후에 예루살렘은 외교와 타협보다 무기와 힘이 지배하는 곳이 되었으며, 영원히 종식되지 않는 분쟁지역이 되었다.

서기 70년 로마제국에 의해 나라를 잃고 쫓겨나 세계 곳곳에 흩어져 살던 유대인은 1948년 팔레스타인을 정착지로 몰아내고 이스라엘을 건국했다.

예루살렘 성벽

16세기 말 오스만제국에 의해 건설된 올드타운은 종교와 민족에 의해 유대인, 팔레스타인, 기독교인, 아르메니아인 등 네 개 민족의 거주지역으로 구분된다.

구 예루살렘은 종교가 다른 민족들이 울타리 안에서 함께 살아가는 기상천외한 지역이다. 관광객은 아무 지역이나 들어갈 수 있지만, 유대인과 모슬렘은 상대 지역으로 들어가지 않는다.

▲ 통곡의 벽

유대민족이 성스럽게 여기는 통곡의 벽Wailing Wall을 찾았다. 이스라엘이 아랍 국가와 여러 번 중동전쟁을 치르고도 나라를 지켜내고 경제 발전을 이룬 것은 종교가 바탕이 된 유대인들의 단결과 국민성 때문일 것이다.

감람산Mount of Olives에 올랐다. 예수님의 수난이 시작되는 게쎄마니 동산이 있는 해발 800m의 산이다. 주기도문 교회에는 세계 여러 국가의 주기도문이 적혀 있는데, 한국은 개신교, 가톨릭 두 개다. 감람산 정상에 있는 승천교회는 그리스도가 승천한 장소라고 전해지는 곳에 세워졌다.

Stone of Anointing

예루살렘은 유대교, 그리스도교, 이슬람교가 태어난 도시로 세 종교가 모두 성지로 삼는다. 구시가지로 들어가는 다마스쿠스 게이트 앞에는 중무장한 이스라엘 군인이 오가는 사람을 감시한다. 예수님이 십자가를 지고 골고다 언덕을 향해 지나간 길을 따라 십자가의 길 Way of the Cross이 있다.

성전산Mount of Moriah은 중무장한 군인이 입구를 지킨다. "못 들어갑니다." 성전산은 아브라함이 아들 이삭을 희생 제물로 바치려 했던 산으로 유대교, 기독교, 이슬람교 공통의 성지이며, 예루살렘에서 가장 의미 있는 종교적 장소다. 특히 예언자 무함마드가 승천한 장소로 여겨져 이슬람사원이 세워졌으며, 이슬람의 3대 성지로 오후 2시 30분 이후에는 모슬렘이 아니면 출입이 금지된다. 종교와 민족의 이름으로 언젠가 터질지 모르는 분쟁을 바라보는 여행자의 마음은 불편하기만 하다.

아침 일찍 자동차 통관을 위해 택시를 타고 센트럴 터미널로 향했다. 당연히 미터당 요금인 줄 알았는데 택시기사는 고정금액을 요구한다.

성전산 전경

버스를 타려면 여권을 제출하고 사진을 찍어야 한다

버스터미널은 외국인에게 표를 팔지 않았다. "이건 또 뭐야?" 22번 창구 앞의 사무실로 이동해 여권을 제출하고 사진을 찍은 후 스마트카드를 발부받았다. "버스 탑승하는데 여권 내고 사진 찍는 게 말이 되냐?" 이스라엘에서는 말이 되는 일이다. 매표소Ticket Office에서 요금을 지불하고 스마트카드에 머니를 충전한 후 버스에 올랐다. 지금부터 여행자의 모든 동선은 이스라엘 정보당국의 손아귀로 들어가는 것이다. 저들에게는 엄격하게 외국인을 관리한다는 이야기이고 우리는 요주의 인물이 된 것이다.

▲ 이스라엘 바이커 레이어

자동차 통관은 시간과의 싸움이다. 통관업체, 보험사, 세관, 자동차 보관소가 서로 다른 위치에 있어 많은 시간이 소요된다. 통관 작업을 같이 진행하던 이스라엘 친구 레이어가 말했다. "이스라엘 운전은 수준이 낮으니 조심해라. 그리스 수준이라고 보면 된다." 끼어들고, 빵빵거리고, 차선 위반하고, 양보가 일도 없는 운전자가 많다는 이야기다.

지중해를 따라 남쪽으로 내려간다. 하이파와 텔아비브 중간에 있는 도시 가이사랴Caesarea는 기원전 1세기에 헤롯 1세가 건설한 항구도시다. 이곳에 있는 로마 유적 전차 경기장에서 영화 〈벤허〉가 촬영되었다. 지중해를 따라 네타냐, 텔아비브를 지나 동쪽으로 방향을 틀어 사해로 간다.

▲ 사해 가는 길

네게브Negev 사막은 한 그루의 나무도, 초목도 없고, 끝없이 펼쳐진 모래뿐이다. 바람이 모래 위로 만든 웨이브와 무늬가 선명하다. 별빛 반짝이는 사막의 밤은 깊은 고요 속에서 더욱 빛난다. 소돔 아라드 도로Sodom Arad Road는 꼭 달려 보아야 하는 사막 도로다.

도로 끝에서 만난 사해Dead Sea는 이스라엘과 요르단 사이의 염해다. 요르단 강이 사해로 흘러들지만 빠져나가는 물이 없는 것은 유입량만큼의 증발과 침투가 일어나는 것이다.

사해가 보이는 언덕에 마사다Masada 성채가 있다. 66년 로마가 고대 이스라엘을 점령하자 열성당원들은 가족과 함께 마사다로 피난하고 로마에 저항했다. 로마 총독은 73년 마사다 성채를 함락시켰으나, 그들이 발견한 것은 963구의 시신이었다. 자살을 엄격히 금지하는 유대 율법에 따라 제비로 뽑힌 사람이 동족을 모두 죽이고 자신은 자결했다.

마크테쉬 라몬 분화구Makhtesh Ramon Crater는 네게브 사막 중심에 있는 분화구로 길이는 40㎞, 폭은 9㎞다. 세계 최대의 분화구로 보이지만 실제로는 지각 변동으로 형성된 지형이다. 화산과 침식 활동으로 지금의 모습을 보이는데, 말로 표현할 수 없이 섬세하고, 아름다우며 스케일이 크다.

홍해에 있는 항구 에일라트Eilat로 간다. "이 항구가 없었다면 이스라엘은 어땠을까?" 이스라엘 최남단에서 홍해를 통해 인도양과 태평양으로 연결되는 관문 항구다.

팔레스타인 지역인 베들레헴Bethlehem에 있는 예수 탄생 교회Church of The Nativity는 예수님이 탄생한 동굴 위에 지은 교회다.

팔레스타인을 우리는 얼마나 알고 있을까? 천연자원이 없고 여타 산업이 전무한 팔레스타인은 보기에도 딱하다. 극소수의 부유층을 제외한 절대다수가 빈곤층으로, 삶이 극도로 열악하다. 1인당 GDP는 1000불에 못 미치고, 공무원의 월급은 미국, 이스라엘, 국제사회의 원조에 의존한다. 많은 팔레스타인 사람이

▲ 팔레스타인 사람들

이스라엘 기업에서 일하지만, 이스라엘 사람이 받는 급여의 1/4을 받는다. 국민이 내는 세금도 이스라엘이 자신의 몫을 떼고 나머지를 팔레스타인 자치정부에 넘긴다. 그리고 팔레스타인의 무역 거래를 통제하고 자국 기업보다 높은 세금을 부과한다. 또 팔레스타인 자치지구의 수자원은 모두 이스라엘의 소유다. 우물을 파는 것도 법적으로 금지되어 만성적인 물 부족에 시달린다. 비싼 상수도 요금으로 물

마시는 것도 힘들며, 부적합한 식수의 음용으로 수인성 전염병과 기생충 오염, 설사 등이 만연되어 있다. 그리고 또 하나, 실업률이 41%에서 50%에 이르니 성인들은 대부분 직업이 없다 해도 무리가 없다. 안타깝게도 거듭되는 유혈 충돌과 이스라엘의 통제로 인해 팔레스타인은 깊은 불황과 가난의 덫에 걸렸다.

팔레스타인 정착지를 둘러싼 거대한 장벽이 없어질 날은 언제일까?

이스라엘과 팔레스타인 자치정부는 가자지구, 웨스트뱅크 정착지와 국경 경계를 이룬다. 팔레스타인 정착촌을 둘러싼 거대한 장벽과 이스라엘 검문소가 없어질 날은 언제일까?

그나마 이 지역의 포성과 살상이 멈춘 것은 1993년 팔레스타인 해방기구의 수장 아세르 아라파트와 이스라엘의 페레스 외무장관, 라빈 총리의 오슬로 협정을 통해서다. 1994년, 이들은 중동평화에 크게 이바지했다는 거창한 이유로 노벨평화상을 공동 수상했다. 그리고 이듬해 라빈 총리는 팔레스타인 유화정책을 반대하는 극우파 청년에 의해 암살됐다.

북으로 간다. 고대도시 아코Old City of Akko는 땅과 바다의 비밀을 간직하고 있다. 13세기 십자군 전쟁 당시 가장 치열한 싸움이 있었다. 중세 해상무역의 허브 역할을 했으며 교역과 상권이 융성하여 여러 민족의 다양한 문화와 종교가 화합하고 공존했다.

북으로 달려 이스라엘 최북단 레바논국경으로 향했다. 1978년, 이스라엘은 레바논을 침공하고 수도 베이루트를 점령했다. 이스라엘은 군대를 철수했지만, 레바논은 이스라엘을 적성국으로 간주하고 국경을 폐쇄했다.

▲ 골란 고원의 이스라엘군 벙커

▲ 골란고원

젖과 꿀이 흐르는 땅 골란Golan 고원을 찾았다. 시리아 수도 다마스쿠스로부터 60㎞ 남쪽에 있는 골란고원은 3차 중동전쟁 당시 이스라엘이 시리아로부터 무력으로 빼앗아 자국 영토에 편입시켰다. 1,800㎢의 방대한 면적을 가진 골란고원은 이스라엘로 흘러가는 하천의 발원지이며, 넓은 곡창지대를 가진 전략요충지다.

고원에 있는 해발 2,769m의 헤르몬Hermon은 이스라엘에서 가장 높은 산이다. 헤르몬 산에 겨우내 쌓인 눈이 녹아 단Dan 강의 발원지가 된다. 그리고 갈릴리

철통같은 경계, 이제는 이스라엘 땅

▲ 가버나움

▲ 가나안 혼인잔치 교회

Galilee 호수로 흘러 이스라엘 전역에 상수원, 농업과 산업용수로 공급된다. 중동에서 물은 생명이다. 이스라엘이 골란 고원을 점령한 전쟁을 'Water War'라고 부르는 이유다. 이스라엘은 국제사회가 골란고원을 시리아에 반환하라고 압박하자 스키장을 만들고 배후도시를 건설해 실효 지배를 강화했다.

갈릴리 호수 언저리에 있는 가버나움Capernaum은 가난하고 병든 자에게 예수님의 치유 기적이 일어난 예수회당이다. 늦은 밤 나사렛으로 들어와 수태고지Annunciation 교회에 들렀다. 마리아가 천사 가브리엘로부터 예수님을 잉태할 것이라는 계시를 받은 자리다. 마지막으로 들른 곳은 예수께서 물로 포도주를 만든 첫 기적을 행한 자리에 세운 가나안 혼인잔치 교회다.

아라비아반도 북부에 있는 아랍 왕국

• 요르단 •

기독교 유적과 이슬람 문화가 교차하는 매력 만점의 나라. 세계 7대 불가사의 페트라에서 장밋빛의 붉은 도시를 만났다. 중동의 폼페이로 불리는 제라시, 고요한 붉은 사막 와디럼, 세상에서 가장 낮은 곳에 있는 염호 사해로 들어가니 몸이 물 위로 둥둥 뜬다.

셰이크 후세인Sheikh Hussein 국경을 통해 요르단으로 들어왔다. 최북단으로 올라가면 도시 움 케이스Umm Qais가 나온다. 갈릴리 호수가 눈앞이고 멀리 골란 고원이 보인다. 국경이 인접한 탓으로 군경 검문소가 유독 많았다. 도심에는 기원전 218년 비잔틴 시대를 전후로 건축된 예배당과 유적이 많이 남아 있다. 탈 말 엘리야Tal Mar Elias는 아질룬Ajloun 외곽의 교회다. 기원전 6세기경 건축된 교회 바닥의 모자이크는 아직도 색상이 선명했다.

▲ Lady of the Mount Monastery

🚗 사해에서는 진짜 누워서 책을 볼 수 있을까?

안자라Anjara에 있는 'Lady of the Mount Monastery'는 4세기경 지하 동굴로 시작했으며 로마 교황청이 승인한 기독교 순례지다. 2010년 5월 6일 성모마리아 상이 걸린 내실 유리창을 닦던 봉사자들이 깜짝 놀랐다. 성모마리아가 피눈물을 흘리고 있던 것이다. 수집한 눈물을 예루살렘 병원으로 보냈는데 사람의 눈물로 판명됐다.

▲ 제라시, 로마제국 10대 도시

암만Amman 북쪽의 제라시Jarash는 기원전 332년 알렉산더 대왕이 건설했다. '동양의 폼페이'라고 불리며 '열주 도시'라고도 한다. 천여 개의 둥근 기둥 열주가 늘어선 거리, 목욕장, 극장, 광장, 신전, 아치가 2000년 전의 완벽한 모습으로 우리를 맞는다. 제라시는 로마제국의 10개 도시 중 하나다. 자동차 여행을 떠나 고대 그리스 델피, 올림푸스, 아테네 아크로폴리스, 로마제국의 유적을 두루 들렀지만 어디에도 빠지거나 뒤지지 않는다.

수도 암만으로 간다. 중동전쟁 당시 이스라엘에 대항한 아랍 동맹군이 주둔한 도시다. 가장 높은 곳에 있는 암만 성채에는 서기 720년에 축조된 우마야드 Umayyad 궁전과 로마 제16대 아우렐리우스 황제 시대의 에르쿨레스 Hércules 신전이 있다. 로만 극장은 서기 2세기에 건설되었으며, 해가 들어도 그늘 속에서 관람이 가능하다.

▲ 부력 체험

사해 Dead Sea 로 간다. 생물이 살지 않아 '데드'가 되었고, 짜다는 이유로 바다가 되었다. 사람 몸이 물 위로 둥둥 뜨는 것은 염분이 바다보다 5배 많기 때문이다. 넓은 사해에 없는 것이 하나 있다. 부력이 크게 작용해 배가 뒤집히기 때문에 운항을 안 한다.

모자이크의 도시 마다바 Madaba 로 간다. 성서에는 '메드바'라는 도시로 나오며 4500년 전부터 사람이 거주한 기록이 있다. 성 조지 교회를 건축하기 위해 기초공사를 하던 중 메드바 지도가 발견됐다. 550년경 모자이크로 만든 가장 오래된 성지 지도다. 지역을 구분하기 위해 여러 지역에서 다른 색상의 돌을 수집해서 한 땀 한 땀 붙여가며 제작했다.

메드바 지도

요르단 한인회 회장님이 운영하는 요단농산을 찾아 고추장, 된장, 통조림, 두부 등을 구입했다. 한국보다 비싸지만 예상보다 저렴했다. 직접 농사를 지으셨다는 무와 채소도 공짜로 주셔서 감사한 마음으로 받았다.

요르단 국경을 통과하며 들른 주유소는 디젤유가 리터당 1,500원이다. 다음 주유소는 800원 내외였으니 외국 촌놈을 상대로 가격을 속인 것이다. 가격만 속였다면 고마운 일이다. 하루도 지나지 않아 모하비 계기판에 엔진 경고등과 배출가스 경고등이 떴다. 국경이나 시골에서는 첫 번째 주유소에서 가격을 확인하고 열 번째 주유소에서 넣어야 한다.

2000년의 비밀 고대도시, 페트라

암만 시내 주유소에 들러 유로5 기준의 디젤유를 가득 보충하여 저질유의 농도를 줄이고 30여 분 고속주행하자 시그널이 정상으로 돌아왔다.

모하비를 점검받고 수리하기 위해 기아 서비스센터를 들렀다. 고맙게도 VIP라운지로 안내받아 안마의자에 누워 피로를 풀었다. 운전석 도어 개폐 불량은 독일에서도 고치지 못했는데 암만에서 수리가 됐다. 나머지 수리는 이집트 카이로에서 해결해 볼 생각이다.

▲ 암만에 있는 기아 서비스센터

▲ 요르단 강물로 세례받는 사람들

베다니Bettany는 팔레스타인 국경에 접한 군사시설 보호구역이다. 세례자 요한이 예수님께 요르단강 물로 세례를 준 곳으로 기원후 이래 순례자들이 이곳을 찾는다. 우물 옆으로 요르단강이 흘렀지만, 지금은 물길이 바뀌어 건천이다. 요르단강은 강폭이 10m도 되지 않는 작은 강이다. 물에 띄운 부표가 요르단과 팔레스타인 국경이다. 건너편 팔레스타인으로 들어온 관광객 말소리가 바로 옆인 듯 생생하다. 성지 순례를 온 단체 관광객이 성직자로부터 물로 세례를 받고 있었다.

마인 온천Ma'in Hot Spring으로 간다. 산에서 떨어지는 폭포야 여느 곳과 다를 바 없지만, 폭포수가 뜨끈뜨끈한 온천수다. 신경통, 류머티즘, 관절염, 근육통, 허리 통증이 있는 분은 반드시 들러야 한다. 나라 전체가 온천이라는 아이슬란드에서도 보지 못한 온천 폭포로, 온도는 대략 35도를 상회한다. 폭포 배면에 있는 작은 동굴은 감히 발을 디딜 수 없는 고온으로, 요르단 청

▲ 마인 온천

년들이 더운물에서 나오는 증기로 한증막을 하고 있었다. '내일 또 다시 올까?' 하는 유혹도 들었지만, 여행자는 한 곳에 미련 갖지 말고 정을 주지 말아야 한다.

▲ 전통 의상과 악기

밤늦게 산길을 달려 숙소에 도착했다. 아침에 창문을 여니 사해 바다가 눈앞이다. 나무와 숲이 있어야 금수강산이라고 배웠는데, 요르단의 산을 보니 이 또한 맞는 말이 아니다. 우리는 산의 나무를 보았지 진정 산을 보는 것이 아니었다. 길고 깊게 이어지는 요르단의 캐니언은 키르기스스탄 이후 처음 보는 것으로 누구는 그랜드 캐니언보다 멋지다고 말한다.

캐니언을 달리는 길에 들른 마케루스Machaerus 궁터는 헤롯왕의 여름 별궁이다. 헤롯왕이 동생을 죽이고 제수 헤로디아와 결혼한 것을 세례자 요한이 책망하자 그를 감옥에 가뒀다. 그리고 헤롯왕은 헤로디아의 딸 살로메의 청을 받아 세례자 요한을 살해했다.

인간이 만든 문화유산 페트라Petra로 가기 위해 남쪽으로 내려간다. UNESCO 세계문화유산인 페트라는 2000년의 비밀을 간직한 불가사의한 고대도시다. 고대 아랍 부족 나바테아인Nabataeans이 만든 대상도시로 기원전 315년에 페트라가 존재했다는 기록이 있다. 인도로부터 수입한 향신료, 실크, 향유는 예멘을 거친 후 낙타 캐러밴에 의해 사막을 지나 페트라로 운반됐다. 그리고 지중해, 페르시아, 메소포타미아 등지로 팔려나갔다. 급한 급류가 수천 년을 흘러 깎은 협곡 와디 무사Wadi Musa는 페트라로 가는 유일한 통로다. 세상을 호령하던 로마 군사도 쉽사리 페트라를 함락시키지 못했다.

▲ 페트라 가는 길

▲ 장미빛 붉은 페트라는 대상 도시 유적

영화보다 영화 같은 신비의 사원 카즈네피라움

신비의 신전 카즈네피라움

카즈네피라움Khazneh Fir'awn 앞의 알 카즈네Kazneh 광장에서 영화 〈인디아나 존스와 최후의 성전〉과 〈트랜스 포머-패자의 역습〉이 촬영됐다. 실제로 카즈네피라움을 보면 영화보다 더 거짓말 같은 모습에 혀를 내두른다. 붉은 사암을 파내 만든 카즈네피라움은 높이 40m, 폭 28m로 기원전 84년에서 56년 사이에 조성되었다. 헬레니즘 양식으로 지어진 신전은 웅장하고 뛰어난 조형미를 지녔다. 정교한 솜씨와 창조에 대한 열정이 얼마나 뜨겁고 대단했는지를 알 수 있다.

바위산을 통째로 깎은 원형 경기장은 8,500명을 수용하며 33층의 계단식 의자가 있다. 협곡의 끝에서 800개의 계단을 올라가면 앗데이르Ad-Deir 수도원이 나온다.

앗데이르 수도원

페트라 고대유적

무집 어드벤처 센터Mujib Adventures Center를 찾았다. 탐방 기간은 4월부터 10월인데 올해는 날씨가 좋아 11월 초순까지 연장했다니 운이 좋았다. 강을 거슬러 오르며 스릴 만점의 강물 트래킹을 즐긴다. 무집은 지구상에서 가장 낮은 곳에 있는 자연 보호구역으로 강물은 바다보다 낮은 사해로 흘러간다. 사람 키보다 깊은 물을 건너고 세찬 급류에 버티려면 18세 이상의 키와 몸무게가 필요하다.

무집 어드벤처

거친 물살을 거슬러 바위를 오르고 키가 넘는 웅덩이를 지나야 한다. 세차게 쏟아지는 물을 몸으로 버티며 밧줄을 잡고 암벽 폭포를 올라타야 한다.

와디 럼 보호구역Wadi Rum Protected Area은 사우디아라비아 접경에 있는 사막지대다. 아라비아 대상들이 캐러밴을 이끌고 아라비아반도를 떠나 시리아, 레바논, 팔레스타인으로 가는 길목에 와디 럼이 있었다. 사륜구동차를 끌고 사막으로 들어가려면 추가 요금을 지불해야 한다. 매표소 입구에서 베두인 청년들이 접근했다.

"차가 빠지면 누구 도움도 받을 수 없다. 가이드 없이 갈 수 있는 길이 아니다."

다 뻥이다. 와디 럼은 남북으로 42㎞, 동서로는 33㎞에 이르는 광활한 사막지대다. 바위산, 절벽, 협곡, 모래언덕, 동굴 등 다양한 사막 지형이 펼쳐진다. 암벽에 새겨진 암각화와 동굴 등의 유산은 인류가 12000년 전 이곳에서 거주했음을 보여준다. 사막에는 베두인이 운영하는 캠프장이 있어 하루를 숙박하며 일몰과 일출을 구경할 수 있다. 모하비를 끌고 사막으로 들어가니 모든 사람이 관심을 보인다. 이들이 놀라는 것은 차를 가지고 한국에서 왔다는 사실이다. 사막에서 나오니 경고등이 들어왔다.

와디 럼 사막

시내로 들어가 엔지니어링 상가를 찾았다. 늦은 밤에 진단기로 점검과 수리를 도와준 함마드 버시르는 고향이 시리아다. 휠스피드센서Wheel Speed Sensor의 이상이다. 타이어 주변이 모래로 오염되어 그런 것이니 별일 아니라 한다. 함마드는 오랜 내전으로 먹고살기 힘들어 10년 전 고국을 떠나온 난민이다. 안 받겠다는 진단비를 억지로 쥐여주고 연락처를 주고받았으나 기억에서 잊혀질 날만 남았다.

그나저나 요소수를 사야 한다. 파는 곳을 알 수 없었고 요르단 사람들은 요소수라는 말 자체를 몰랐다. 아카바의 카센터 사장이 말하기를 "나도 요소수가 뭔지 모른다. 헬라와에 있는 엔지니어링 상가에 가 봐라. 자동차에 관한 모든 것이 있다."라고 했다. 역시 독일산 요소수가 있어 아프리카 종단을 위해 10ℓ들이 5통을 샀다.

이집트 항구도시 누웨이바Nuweiba로 가는 카페리를 타기 위해 아카바Aqaba 항으로 간다. 자동차 통관절차 진행 중 "과속한 적 있냐?"라고 직원이 물어본다. 며칠 전 과속으로 적발되었을 때 교통경찰관이 웃으며 가도 된다고 했는데, 자동차 보험 증서의 이면에 "차량 과속으로 과태료 부과해야 함"이라고 자신의 의무를 충실히 수행해 놓았다. 이집트 가는 배에 모하비를 실었다. 아프리카에서는 어떤 일이 우리를 기다리고 있을까?

• 유럽에서 아프리카로 자동차를 어떻게 보내야 하나?

민중은 정권 타도를 원했다. 2010년 12월 17일 북아프리카 튀니지에서 반정부시위가 일어났다. 노점상 단속에 항의한 청년 모하메드 부아지지Mohamed Bouazizi의 분신자살이 촉발한 반정부시위는 '재스민 혁명'으로 이어져 아랍 중동국가와 북아프리카로 들불처럼 퍼져나갔다. 집권 세력의 부패, 빈부격차와 청년실업으로 인한 대중의 분노는 튀니지, 이집트, 예멘, 리비아의 장기집권 세력을 축출하는 데 성공했다. 이 와중에 터키 이스켄데룬Iskendurun과 이집트 포트사이드Port said를 정기운항하던 카페리는 항로가 폐지됐다.

유럽 대륙의 여행을 마치고 아프리카로 가려면 몇 가지 사항을 고려해야 한다.
우선 라운드 일주Round Circle Trip를 할 것인가? 종단Longitudinal Trip을 할 것인가? 라운드 일주를 한다면 문제는 간단하다. 스페인의 알헤시라스에서 하루에 수 회 출발하는 카페리를 타고 모로코로 들어가 남으로 내려가면 된다. 고심해야 하는 것은 종단이다. 동부를 종단할까? 아님 서부를 종단할까? 동부는 여행지가 많고, 상대적으로 안전하고, 비자 발급이 용이하며, 도로 인프라가 양호하다. 서부는 열악한 도로, 까다로운 비자 발급, 부실한 관광 인프라, 치안 불안을 감안해야 한다. 서부 아프리카를 종단한다면 역시나 모로코에서 시작하면 되는 일이다. 동부를 종단하는 것은 통상 이집트에서부터 여행을 시작한다.

어떻게 유럽 대륙에서 이집트로 들어갈 수 있을까? 이집트로 가는 방법은 두 가지다. 하나는 자동차를 배에 실어 이집트로 보내는 것이고, 다른 하나는 차와 함께 이동하는 것이다. 터키에서 이집트로 해상 운송하는 것은 양국의 통관비용과 절차가 복잡하고 기일이 오래 걸려 추천하지 않는다. 우리가 선택한 노선은 그리스에서 해상 운송을 통해 이스라엘로 건너가 요르단을 여행하고 아카바 항에서 카페리로 홍해를 건너 이집트 누웨이바 항으로 가는 것이다.

• 아프리카와 중동, 아시아를 여행하려면 까르네 소지가 필수!

까르네Carnet는 물품의 일시수입을 위한 통관절차에 관한 조약으로 수입세 면제와 통관절차 간소화를 위한 목적으로 만든 무관세 통행증서다.

까르네는 두 종류가 있다. 하나는 ATA Carnet, 다른 하나는 CPD Carnet이다. ATA는 임시허가를 뜻하는 불어 Admission Temporaire와 영어 Temporary Admission의 머리글자를 합친 약어로 샘플, Publicity Materials, 진열용품, 무역박람회, 전시장 등의 물품을 일시 수출입하기 위한 용도다. 예를 들면, 평창올림픽을 위해 외국방송사가 들여온 취재장비, 방송 중계 차량, 참가물품은 정식 수입품이 아니다. 해당국의 상공회의소를 통해 ATA Carnet를 받았기 때문에 수입신고와 관세납부가 필요한 일반 수입물품과 달리 수량과 가격의 제한 없이 무관세 통행을 보장받는다.

각국의 세관이 ATA 까르네를 믿어주는 이유는 해외 재반출이 이행되지 않으면 ATA Carnet을 발급한 상공회의소가 관세납부를 보증하기 때문이다. 국내기업은 서울, 부산, 대구, 안양과천 상공회의소에서 ATA 까르네를 발급받아 세계 77개국에서 활용할 수 있다. 그리고 CPD는 개인적이고 상업적인 차량이나 모터사이클, 트레일러 등에 해당되니 자동차 여행자는 이를 취득해야 한다. ATA Carnet는 대한상공회의소에서 발급하지만 CPD는 유감스럽게도 우리나라에 발급기관이 없다. 외국의 발급기관은 자국민이 아닌 제3국인에게 차량가액과 방문국의 보상배율에 따르는 보증금을 까르네 보증기간 중에 현금 예치하는 조건으로 보증서를 발급한다. 또 일부 국가의 자동차협회는 자국민을 발급대상으로 제한하거나 보증금의 절반을 돌려주지 않는 등 발급을 위한 제 규정이 국가별로 상이하다.

한국여행자들이 주로 이용하는 발급기관은 스위스에 소재하는 스위스 자동차협회Touring Club Switzerland이다. 홈페이지 'www.tcs.ch'를 접속하면 이탈리아, 독일어, 프랑스어가 제공된다. 검색창에 Carnet을 입력하면 'Carnet de passages for a person non-resident in

Switzerland', 즉 스위스에 거주하지 않는 여행자를 위한 까르네 양식과 발급 절차가 영어로 상세히 설명되어 있다. 양식을 다운 받아 작성한 후 첨부서류와 함께 TCS에 우편 발송하거나 메일로 송부한다. 첨부서류는 여권Passport, 자동차등록증과 영문 자동차등록증 사본, 한국운전면허증과 국제운전면허증 사본, 번호판Number Plate을 식별할 수 있는 자동차 사진 등이다. 까르네 발급에는 운전자의 책임과 조건이 명시되어 있는데 중요한 내용은 다음과 같다.

첫째, 운전자는 해당 까르네Carnets을 사용하는 데 있어 방문 대상국의 법과 규정을 반드시 준수해야 하고, 현지에서 금품을 전제로 하는 물품이나 다른 사람의 이동에 동 차량을 이용해서는 안 된다.

둘째, 까르네의 유효기간이 끝나면 빠른 시간 안으로 TCS에 까르네를 반납해야 한다. 마지막으로 방문한 국가의 커스텀에 의해 수출 사실이 명백히 입증되었어도 자동차 등록지인 한국으로 차량이 최종 반입되어야 한다. 그리고 까르네 뒷장에 있는 'Certificate of Location'에 일시수출입의 종결이 완성되었다는 관세청의 확인 스탬프를 받아 TCS에 까르네 원본과 함께 제출해야 한다.

셋째, 까르네를 분실했을 경우는 자동차 등록지의 국가기관이 확인한 완료된 재수입 확인서Completed Certificate of Location를 제출해야 한다.

넷째, 까르네가 TCS의 보증으로 발급됨에 따라 운전자의 귀책 사유로 인해 방문국에 대한 관세 부담이나 비용이 발생할 경우에 대비한 운전자의 보상책임을 규정한 것이다.

자동차의 현존가액에 대해 부과하는 국가별 보상 및 관세율은 아래와 같다.

500%	Egypt
450%	Pakistan
250%	India, Iran, Kenya, Syria, Bangladesh, Jordan
150%	Argentina, Peru, South Africa, Namibia, Botswana, Eswatini, Lesotho
100%	all other countries

2019년까지 TCS는 차량가액의 100%를 예치금Deposits으로 받고 까르네를 발급했다. 그리고 여행자의 귀책 사유로 인해 TCS가 방문국에 대해 추가로 부담해야 하는 관세와 보상액은 TCS가 전적으로 지급을 보증했다. 즉 TCS가 클레임을 청구한 방문국에 대해 상기율에 해당하는 배상금을 지급하고 TCS는 스위스 제네바 소재의 법원을 통해 자동차 여행자를 상대로 구상권을 청구할 수 있는 권리를 갖는 것이다.

그러나 2020년부터는 달라졌다. 이집트를 예로 들면 차량가액Value of Vehicle의 500%에 해당하는 현금을 TCS에 보증금으로 예치해야 한다. 또 이집트 관세청은 차량가액의 최소금액을 정했는데 4륜 자동차는 CHF 10,000, 이륜차는 CHF 5,000 이상이다. 이집트 통관을 위한 까르네를 발급받기 위해서는 최소 CHF 5만의 금액이 예치금Deposits으로 예치되어야 한다. 또 파키스탄을 여행한다면 차량가액의 450프로에 해당하는 스위스 프랑을 현금으로 예치해야 한다.

까르네를 발급받기 위한 비용은 예치금Deposits, 발급수수료, 우편요금을 포함한 금액이다. 이집트를 기준으로 하면 차량가액 CHF 50,000, 발급수수료 CHF 620, 그리고 탁송료Delivery Fees(한국기준) CHF 38을 더해 TCS에 송금해야 한다. 물론 보증금 CHF 50,000은 나중에 되돌려 받는다. 모든 가액은 물가상승과 인상요인, 탁송받는 국가와 지역에 따라 변동된다.

여행자는 자동차가 한국으로 돌아오면 관할 관세청으로부터 'Certificate of Location'에 재수입을 확인하는 스탬프를 날인받아야 한다. 그리고 까르네 원본과 함께 TCS로 우편 송부하면 통상 15일 내에 지정된 구좌로 보증금이 입금된다. 까르네를 1년 더 연장하려면 까르네 뒷장에 있는 갱신 양식Renewal Form을 작성하여 수수료 CHF 620과 탁송료Delivery Fee를 TCS에 보내야 한다.
여행 도중에 TCS로부터 긴급 메일을 받았다. 남아공 관세청에서 우리 자동차에 대해 클레임을 청구했다는 것이다. 이유는 우리가 30일 체류 기한이 만료되었음에도 출국하지 않았다는 이유였다. 당시 우리는 남미의 칠레 산티아고에 있었다. 당시 메일은 아래와 같다.

Dear Mr. Kim,

We inform you that we received the enclosed letter from the South African Automobile club, notifying us that South African customs is requesting a proof of reexportation of your vehicle out of the South African Customs Union.

In order to answer this request and to close the claim, we kindly ask you to send us a copy/picture of the Counterfoil/Voucher of your Carnet where the exit stamp out of the SACU (Namibia-Botswana-South Africa-Lesotho-Swaziland) into a neighbouring country (Mozambique, Zimbabwe, Zambia or Angola) is shown .

We thank you in advance for your kind collaboration and look forward to hearing from you soon.

Best Regards

• 아프리카 대륙의 국가는 대부분 비자가 있어야 한다

미국 금융자문회사 아톤캐피탈Arton Capital은 세계여권지수Passport Index를 발표했다. 비자를 취득하지 않고 여권만으로 방문할 수 있는 국가 수가 얼마나 많은지를 가지고 국가별 순위를 매기는 것인데, 우리나라는 2019년 기준 166개 국가를 여권만으로 방문할 수 있는 것으로 조사되었다. 한국은 세계 상위권의 강력한 여권 파워를 가진 나라다.

실상 세계를 자동차로 여행하는 것은 몇 년간의 일정으로 다수의 국가를 통과해야 하기에 방문국의 비자를 사전 취득하여 출발하는 것은 불가능한 일이다. 장기 여행에서는 일정대로 진행되는 경우가 드물고, 수개월 후의 비자를 미리 내주지도 않거니와, 우리나라에 대사관을 두지 않고 있는 나라도 많기 때문이다. 여권만 가지고 여행할 수 있는 것은 여행자에게 커다란 기회이고 행운이다.

그러나 아프리카 대륙으로 눈을 돌리면 거의 모든 국가들이 한국과 사증면제협정을 체결하지 않았다. 아프리카에서는 비자 취득에 걸리는 시간과 발급 비용은 물론이고 까다로운 서류 요구로 인해 여행 차질이 불가피하다. 아프리카에는 54개 국가가 있다. 우리가 들어보지도 못한 생소한 이름의 국가들이 대서양과 인도양의 도서 국가로 존재한다. 아프리카 국가의 비자 발급 형태는 실로 다양했다.

비자는 사전비자와 도착비자로 대별된다. 사전비자는 한국이나 해외에 주재하는 해당국 대사관에서 사전에 취득하는 일반적 형태의 비자이고, 도착비자는 해당국의 공항, 국경, 항구 도착 후에 발급받는다. 우선 자동차 여행자가 파악해야 할 것은 방문국의 육로국경에서 도착비자를 발급하는지 여부다. 만약 도착비자가 없다면 사전비자를 취득해야 한다. 사전비자는 첨부서류가 복잡하고, 발급처리 기한 또한 짧지 않으며, 나라별로 황열병 예방접종, 숙박 예약확인서, 왕복 항공권, 은행 잔고증명서, 여행자 보험, 초청장 등을 선택적으로 요구한다. 사전비자를 취득하기 위해서는 충분한 시간과 여유를 가지고 신청해야 하며, 이 경우 대사관에 여권을 제출해야 하므로 다른 국가의 비자 발급을 동시에 추진할 수 없다.

비자 발급에는 필연적으로 비용지출이 따르는데, 만만치 않은 금액이다. 아프리카 대륙의 48개 국가를 돌아본다면 대략 곱하기 10만원을 해야 하니 다 합하면 중고차 한 대 값을 족히 지출해야 한다. 비자 발급비용은 어느 나라에서 받느냐에 따라 다르고, 수시로 변경되며, 단수 · 복수 · 급행 · 일반의 선택에 따라 달라지기에 따로 기술하지 않겠다. 다만 동부 아프리카의 경우 국가별로 미화 50달러에서 100달러가 소요되고, 서부 아프리카의 경우는 100불에서 많게는 200불까지 지불해야 한다. 특별한 경우는 국경에서 받는 도착비자라 하더라도 인터넷을 통한 E-Visa 신청이 된 사람에게만 비자를 발급하는 나라들이 있으므로 사전조사가 꼭 필요하다.

국가	비자종류	통과국경	발급장소
이집트	도착비자	누웨이바 항구	누웨이바 항구
수단	사전비자	Argeen	아스완 수단영사관
에티오피아	사전비자	갈라밧	수단 카르툼 에티오피아 영사관
케냐	도착비자	Moyale	동아프리카관광비자 (3개국, 우간다, 르완다)
우간다	도착비자	Tororo	〃
르완다	도착비자	Gatuna	〃
브룬디	도착비자	Nemba	사전에 확인해야 함
탄자니아	도착비자	Kabanga	Kabanga
말라위	사전비자	Songwe	탄자니아 다르에스살람
잠비아	도착비자	Kachebere	Kachebere
짐바브웨	도착비자	Victoria Falls, KAZA Visa	Victoria Falls
보츠와나	무 비 자	Kazungula	–
모잠비크	도착비자	Lebombo	Lebombo
나미비아	사전비자	Mohembo	잠비아 루사카/남아공케이프타운

에스와티니	무 비 자	Goba	–
남아프리카공화국	무 비 자	Lavumisa	–
레소토	무 비 자	Maseru	–
앙골라	도착비자	Santa Clara	www.smevisa.gov.ao
콩고민주	사전비자	Quimbata	주한 콩고대사관
콩고	사전비자	Massabi	콩고민주 킨샤샤
가봉	사전비자	Moukoro	콩고민주 킨샤샤
카메룬	사전비자	Bitam	주한 카메룬총영사관
나이지리아	사전비자	Ekok	주한 나이지리아대사관
베냉	사전비자	Sèmé-Kraké	www.evisa.gouv.bj/en/
토고	도착비자	Togo Border	Togo
부르키나파소	사전비자	Cinkasse	나이지리아 라고스
말리	사전비자	Koro	가봉 수도 리브르빌
코트디브아르	사전비자	Manankoro	말리 바마코
가나	사전비자	Elubo	코트디부아르 아비쟝
라이베리아	무 비 자	Gbintan	–
시에라리온	사전비자	Bo Waterside	주한 시에라리온대사관
기니	사전비자	Pamalap	코트디부아르 아비장
세네갈	무비자	Kalifourou	
감비아	사전비자	Karang	Karang
모리타니	도착비자	Rosso	Rosso
서사하라	무 비 자	Guerguerat	–
모로코	무 비 자	Tah	–

*라이베리아, 2019. 7. 18일부터 사증면제 협정 일시중지

아프리카 국가의 비자 발급은 폐쇄적이고 제한적이다. 여행자가 비자를 취득하지 못해 여행 장소와 일정을 변경하거나, 다른 국가로 우회하여 이동하는 일은 비일비재하다. 비자 신청 후 취득까지 여러 날을 기다리는 일이 빈번한 곳도 아프리카다. 아프리카 종단이나 일주를 하기 위해 가장 신경 써야 할 요소가 비자 발급이라 해도 지나친 말이 아니다. 아프리카 여행의 특징은 불확실성이다. 작년에 국경 비자가 발급되었다 해서 올해도 된다는 보장이 없는 곳이 아프리카다. 동부아프리카는 국경에서 도착비자를 발급하는 국가들이 의외로 많았고, 비자 발급에 대한 정보를 얻기가 수월했다. 하지만 서부 아프리카로 가면 상황이 달라진다. 대부분의 국가들이 장기집권에 의존한 부패 독재정권에 의해 권력이 유지되어 왔다. 또한 쿠데타와 내전으로 정치 상황이 불안한 나라들이 많았다. 그리고 기근과 가뭄으로 인한 민생의 피폐로 관광 인프라가 빈약한 국가가 대부분이었다. 서부 아프리카를 여행하는 여행자는 동서양을 막론하고 보기 힘들었고, 비자 관련 정보가 전무해 애를 먹었다.

1. 아프리카 대륙 국가(48개국)
   이집트, 수단, 에리트레아, 에티오피아, 남수단, 소말리아, 지부티, 케냐, 우간다, 르완다, 브룬디, 탄자니아, 말라위, 잠비아, 짐바브웨, 모잠비크, 남아프리카공화국, 보츠와나, 나미비아, 앙골라, 콩고민주공화국, 콩고공화국, 가봉, 중앙아프리카공화국, 카메룬, 나이지리아, 챠드, 니제르, 리비아. 베냉, 토고, 가나, 부르키나파소, 코트디부아르, 적도기니, 라이베리아, 시에라리온, 기니, 기니비사우, 세네갈, 감비아, 말리, 모리타니, 모로코, 알제리, 튀니지, 레소토, 에스와티니

2. 아프리카 도서 국가 (6개국)
   마다가스카르, 모리셔스, 상투메프린시페, 세이셸, 코모로, 카보베르데

3. 아프리카 비자 면제국 (12개국)
   보츠와나, 남아프리카공화국, 에스와티니, 레소토, 라이베리아, 서사하라, 모로코, 세네갈, 튀니지, 모리셔스, 상투메프린시페, 세이셸

4. 아프리카 여행 금지국가
   리비아, 소말리아

다행인 것은 많은 아프리카 국가들이 외국인 투자를 활성화하고, 관광산업을 육성하기 위해 국경 출입에 대한 제한과 규제를 완화하고 있다는 점이다. 까다롭기로 유명한 앙골라도 온라인을 통한 관광비자를 접수받고 있으며, 가봉도 공항을 통한 도착비자를 발급하기 시작했다. 앞으로는 비자 발급 절차를 간소화하기 위해 E-Visa 등의 온라인 시스템으로 전환될 것으로 예상된다. 여행자는 외교부 해외 안전여행 사이트나 해당국의 대사관 홈페이지 등을 방문하여 비자 발급 형태를 세심하게 살펴야 한다.

• 환전의 기술

아프리카의 일부 국가에서 달러나 유로화가 통용되지만, 대다수 국가들은 고유 통화를 사용한다. 여행자가 확인해야 할 것은 방문국의 통용화폐와 카드의 사용 여부다. 현지 화폐는 은행, 환전상, 암시장에서 환전이 이루어진다. 경제 사정이 좋지 않은 국가는 공식 환율과 암시장의 환율이 다르므로 이를 고려해야 한다. 여행자는 현지 화폐가 익숙하지 않고 언어도 통하지 않는다. 또 신변상의 위험한 상황이 발생할 우려도 있으니 되도록 공식 환전상이나 은행 등을 통한 환전이 바람직하다.

환전할 때는 교환된 금액이 맞는지 그 자리에서 확인해야 한다. 당시에는 맞았는데 나중에 세어보면 다른 경우가 발생한다. 암거래 시에는 현지 화폐를 선수취하고, 금액을 확인한 후에 달러나 유로화를 건네야 한다. 미리 지불받고 도망가는 사례가 있기 때문이다. 으슥한 곳에서는 환전상이 강도로 돌변할 수 있으므로 사람이 많은 곳에서 거래가 이뤄져야 한다. 국경에서는 입국 수속, 보험료, 유류비 등으로 현지 화폐가 필요한 경우가 많다. 환전상으로부터 최소한의 현지 화폐를 환전하고 나머지는 시내 소재의 은행이나 공식 환전상을 이용해야 한다. 해당국 화폐는 다른 국가에서 사용할 수 없으므로 부족할 듯 필요한 만큼만 환전해야 한다.

우리는 아주 특별한 상황을 경험했다. 케냐 국경에서 환전상으로부터 화폐개혁currency reform으로 수십 년 전에 유통 정지된 구권 화폐를 교환받았다. 웃어야 하나? 울어야 하나?

• RO-RO 해상 운송시 주의 사항

로로RORO선은 선체 일부에 설치된 'Shore Ramp'를 통해 화물을 적재한 트럭이나 트레일러가 직접 선내로 들어가 양하할 수 있는 구조를 가진 선박이다. 자동차 운반선이나 카페리가 대표적이며, 세월호를 떠올리면 된다. 장점은 신속한 선적과 하역에 있으며, 통관절차가 간편하고 운반비용 또한 컨테이너 적재용 LOLO선에 비해 저렴하다. 차량이 통상의 SUV라면 높이에 따라 RORO선과 LOLO선을 두루 이용할 수 있다.

그리고 LOLO선에 실리는 수출용 컨테이너는 국제표준화기구 ISO에 의해 전 세계가 공통된 규격을 사용한다. 일반적으로 통용되는 컨테이너는 20ft Dry Container와 40ft Dry Container다. Dry Container의 규격은 폭 2,350, 높이 2,390㎜다. 20피트와 40피트는 길이의 차이이다. Door Opening 시에는 폭 2,340, 높이 2,280㎜로 다소 줄어든다. 그렇다 해도 차체 폭과 높이가 큰 캠핑카는 컨테이너에 실을 수 없어 RORO 외에 선택의 여지가 없다. 특수 컨테이너를 사용하는 방법이 있지만 비용이 고가라 권장하지 않는다.

그래도 LOLO의 장점이라면 실리는 컨테이너가 화주 입회하에 차량을 적재하고 봉인되어 도난으로부터 안전하고 차량의 손상이 거의 없다는 점이다. 목적항에 도착하면 동일한 절차를 거쳐 봉인을 해제하고 차를 인도한다. 반면 RORO의 가장 우려되는 부분은 차량 내의 물품도난이다. 데크에 실린 차량의 물품은 항해 중에 선원들에 의해 도난당할 가능성이 매우 높다. 또 목적항에 도착하면 하역인부들에게 차량과 물품이 노출된다. 그리고 적재와 하역 과정에서 차량 손상의 우려가 있다.

우리는 남아공 케이프타운에서 LOLO선을 이용해 부산항으로 차량을 탁송했다. 도난사고가 없었다. 보름 후 인천항에서 RORO선을 이용해 남아공 더반으로 차량을 보냈다. 거의 다 털렸다. 스페인 발렌시아에서 LOLO선을 이용해 우루과이 몬테비데오로 차량을 탁송했다. 아무 이상이 없었다. 미국 로스앤젤레스에서는 루프백을 떼어내 차 안으로 집어넣고 와이어로프로 결속하여 도둑이 어찌할 수 없도록 조치했다. 그리고 RORO선을 이용해 일본 요코하마로 차를 보냈다. 일본에서 확인하니 루프백은 건드리지 못하고 차 안의 콘솔박스 등에 넣어

둔 우비와 신발 등 엄한 잡동사니를 닥치는 대로 훔쳐 갔다. 어떻게 하면 도난을 완벽하게 막을 것인가에 대한 해답은 없다. 다만 최선을 다해서 피해 손실을 방지해야 한다.

첫째, 귀중한 물건은 차량으로 운반하면 안 된다. 둘째, 차내에 소소한 물건도 두어서는 안 된다. 셋째, 만약 물건을 차에 실어 보내야 한다면 잠금장치가 있는 박스에 물품을 모아 두고 와이어 로프 등으로 칭칭 감아야 한다. 부수거나, 절단하지 않으면 개폐할 수 없도록 해야 하며, 통째로 들고 가지 못하게 차체 일부에 고정시켜야 한다.

• 유럽인들이 아프리카 여행에 동반하는 차량

자동차 여행은 유럽인들에 의해 주도되었다. 세계 도처에서 만나는 여행자의 절대 다수는 유럽인이다. 이들이 자동차 여행에 동반하는 차종은 대륙별로 뚜렷한 패턴을 보인다. 한국의 자동차 여행자가 차량을 선정할 때 참고할 만한 점이 많다.

유럽인이 아프리카와 중앙아시아를 여행할 때 이용하는 자동차는 두 타입이다. 하나는 디펜더와 랜드크루저에 의해 주도되는 SUVSport Utility Vehicle고 다른 하나는 트럭 캠퍼truck camper다. 트럭 캠퍼는 유니목, IVECO, MAN, FUSO 등에서 생산된 4*4트럭에 캠퍼를 얹은 특장차량이다. 통상 신차의 본체 가격이 1~2억가량 하고 캠퍼까지 앉으면 가볍게 3억 정도 금액이 되니 언감생심 우리에게는 과한 차량이다. 한국은 자동차 여행의 빈도가 높지 않고, 고가의 차를 끌고 이동할 장거리 여행지가 없으며, 좋지 않은 연비 탓으로 경제성마저 없어 트럭캠퍼의 구입과 사용이 적합하지 않다. 아프리카의 경우 모로코를 제외한 전 지역을 통틀어 SUV나 트럭캠퍼 외에 다른 타입의 유럽 자동차 여행자를 만난 적이 없었다.

왜 유럽인들이 오로지 두 타입의 차량에 의존하는지를 살펴보면, 우선 아프리카와 중앙아시아의 도로가 통상의 캠핑카나 승용차가 주행하기에 적합하지 않았다. 때때로 1m가 넘는 수심의 하천과 비가 오면 수렁으로 변하는 정글을 지나야 하며, 시도 때도 없이 등장하는 비포장을 돌파하려면 비틀림에 버티고 요철을 극복하는 고강도의 섀시 구조가 요구된다.

그러나 여행자가 자신의 차량을 가지고 못 가는 대륙은 지구상에 존재하지 않는다. 최적화된 차량이 아니라는 의미이지 갈 수 없다는 것은 아니다. 아프리카의 경우도 동부를 중심으로 여행한다면 승용차를 포함한 어떤 차량도 가능하다.

• 혹한의 북극에서 극한의 열대까지 최적의 환경을 제공하는 트럭캠퍼

트럭캠퍼의 최상위 트림이 언론에 보도되어 소개한다. Earth Cruiser Australia라는 회사에서 3년의 개발기간과 테스트를 거쳐 공개한 Explorer XPR440은 다목적 특수차량 유니목Unimog430을 기반으로 제작된 최상급 사양을 갖춘 맞춤형 레크리에이션 차량으로, 북극 끝으로부터 극한의 열대지방까지 최적의 환경을 제공해 준다. 장기 여행과 탐험을 목적으로 탄생한 만큼 가벼운 여행이나 도심지를 통과하기에는 사치스럽고 거북하다. 무려 7.7ℓ의 디젤 터보엔진을 가지고 있으며, 바리오 파일럿Vario Pilot 기능을 가지고 있어 핸들의 위치를 자유스럽게 이동시킬 수 있으니 차량 통행방식이 바뀌어도 문제없다. 극한의 장소에서도 생활이 가능하도록 최대 860ℓ의 급수탱크와 800ℓ의 연료를 저장하며, 한 번 주유로 3,500㎞까지 운행이 가능해 오지와 장기 탐험에 효과적이다. 4인을 위한 일반적인 숙식 시설은 물론이고 냉장고, 냉동고, 전자레인지, 옥외 바비큐, 세탁기, 전기톱, 도끼까지 기본으로 제공된다. 특별한 사양은 안전한 탐험을 돕는 첨단설비로 자동차와 무선통신을 결합한 텔레매틱스가 기본으로 포함되어 있어서 지구 어디든 위성추적 및 모니터링이 가능하다. 그리고 아이패드 터치스크린을 통해 차량 내 140여 개의 기능에 대한 작동 및 이상 유무를 확인할 수 있다. 외부에는 카메라 5대가 장착되어 약 45일간 실시간 녹화할 수 있으며, 전 세계로 전송할 수 있는 설비가 되어 있다.

그럼 차량 가격이 얼마나 될까? 기본가격이 호주 달러로 580,000달러이니 한국 돈으로 5억 원 선이다. 거의 세계 종말을 대비할 목적으로 만들었다 해도 과언이 아닌 캠핑카다. 트럭캠퍼를 제작하는 회사는 중고차량도 취급하고 있으며, 렌트가 가능한 지역도 있으므로 관심 있으면 홈페이지를 방문해 자세한 안내를 받을 수 있다.

• 중국이 주도하는 신(新)실크로드, 일대일로

아프리카를 여행하다 보면 도처에서 중국기업을 만난다. 국경의 검색 장비, 도로의 확장 및 신설공사, 도심의 고층 건물은 대부분 중국기업에 의해 투자되고 건설된다. 최근 중국 수출입은행은 아프리카 11개국과 채무 상환유예에 합의했다. 부채 대부분은 중국의 핵심 정책인 일대일로에 참여하고 떠안은 빚이다.

일대일로란 무엇인가? 2013년 9월 중국주석 시진핑은 아시아, 아프리카, 유럽을 육상과 해상으로 연결하는 실크로드 경제 벨트를 선언했다. 2014년부터 2049년까지 35년 동안 현대판 실크로드를 구축해 중국과 주변 국가의 경제, 무역의 합작과 교역을 확대하는 대규모 프로젝트다. 중국의 경제영토를 확장하기 위해 육상 3개, 해상 2개의 노선으로 국가 간 상호 소통을 실현하고, 지역 간의 협력 기초를 함께 다짐으로써 국가와 지역의 불균형을 해소하고, 중국 내수시장의 확대를 위한 전략이다.

주된 사업 내용은 중국의 국유은행과 국유기업을 통해 일대일로에 참여하는 국가에 대해 도로와 철도 등의 사회간접자본 시설을 구축하는 것이다. 목표 달성을 위해 자국의 은행과 기업을 이용하는 특이한 방식으로 자금을 과도하게 제공하고 있어 서방 국가들은 일대일로에 대해 '채무의 덫'이라고 폄훼한다. 아프리카 잠비아를 순방하던 힐러리 클린턴 당시 미 국무장관은 아프리카에서 신식민주의를 보고 싶지 않다고 했다. 중국을 염두에 둔 발언이었는데 인프라를 구축해 주고 자원 개발권을 획득하는 형태의 중국의 아프리카 진출에 대해 심히 우려하는 발언이었다. 안토니오 타이아니 전 유럽의회 의장은 아프리카가 중국 식민지가 될 우려가 있다고 경고했다. 2015년을 기준으로 아프리카와 중국의 상호 수출입 합계가 1,800억 유로였으니 그런 말이 나올 만하다. 그의 주장은 중국이 아프리카 자원에만 눈독을 들이고, 체제와 지역 안정에는 별 관심이 없다는 것이다. 그러므로 유럽연합이 대규모로 아프리카에 투자하여 지역발전의 전략적 토대를 구축해 주고, 경제적이고 정치적인 안정을 꾀함으로써, 난민의 대량 유입 사태를 막을 수 있다고 보았다.

동부 아프리카 종단

| 내 차로 가는 아프리카 여행 |

중동에서 동부 아프리카로 들어가기

• 이집트 •

이집트 세관의 통관 거부로 위기에 처한 아프리카 여행, 어렵게 들어온 만큼 여행은 알차고 보람차다. 그리스, 로마로 대표되는 유럽의 고대 문명은 이집트 앞에서 오히려 초라하다. 3000년 전 나일 강변에서 이뤄낸 이집트 고대 문명을 앞에 두고 벌어진 입을 다물 수 없었다.

사륜구동 모하비로도 넘기 쉽지 않은 이집트의 문지방, 이집트 세관

새벽 2시, 시나이반도의 항구도시 누웨이바Nuweiba에 도착했다. 대륙이 바뀐다는 것은 또 다른 여행을 예고한다. 하선한 승객들이 썰물처럼 빠져나간 항구에서 자동차 통관을 시작했다. 이집트는 외국인이 스스로 통관할 수 없는 복잡한 시스템을 가지고 있었다. 온통 아랍어로 쓰인 통관문서, 영어 한마디 안 통하는 공무원, 수없이 많은 행정 절차를 가지고 있었다. 다행스러운 것은 전담 직원을 배치해 입국부터 통관까지의 전 과정을 처리해 주는 것이다. 와피 람시, 키 크고 사람 좋은 이 직원을 따라다니면 자동차 통관절차가 마무리된다.

오전 2시, 수수료 납부를 위해 은행에서 현지화폐를 환전했다. 이제부터 출입국 관리사무소, 경찰서, 보안경찰서, 보세창고, 소방서, 자동차검사소, 운전면허 담당, 까르네 담당, 차량등록과, 번호판 발부, 출국장, 보험사, 보안부대 등을 다니며 관련 기관의 허가와 승인을 받아야 한다. 자동차 여행을 떠나 통관절차가 이렇게 복잡한 나라는 처음이고 마지막이었다.

술술 잘 진행되던 통관절차가 까르네 승인 단계에서 중단됐다. 세관의 지적은 한국 국적의 차량이 왜 스위스에서 까르네를 발급받았느냐는 것이다. 스위스에서 발급된 까르네는 스위스 차량에만 해당한다는 지극히 단순하고 무식한 논리였다. 한국에는 발급기관이 없으며 타국에서 발급했더라도 국제 협약으로 상호 인정되는 것이라는 설명에도 불구하고 그들은 일방적인 주장을 철회하지 않았다. 차량을 통관할 수 없는 난제에 봉착하니 어디서부터 문제를 풀어야 할지 난감했다.

관세 당국자는 두 가지 안을 제시했다. 하나는 모하비를 항구에 세워 두고 여행을 끝낸 후 차를 가지고 출국하라는 것이고, 다른 하나는 차를 가지고 당장 요르단으로 돌아가라는 것이다. 까르네를 발급한 TCS로 급히 이메일을 보냈다.

"까르네를 가지고 통관 중에 입국이 거절되었다. 책임 있는 답변을 달라."

즉시 자동 답신 메일이 도착했다. "휴무일은 일을 하지 않으니 월요일에 출근하는 대로 메일에 대한 조치가 가능하다."

이번에는 주 이집트 한국대사관으로 전화를 걸어 자초지종을 설명했다. 한 시간 후 대사관으로부터 수도 카이로로 오라는 연락을 받았다. 지푸라기라도 잡아야 하는 처지에 다른 선택이 있을 수 없었다. 바로 180㎞ 떨어진 샤름 엘 셰이크 Sharm el-Sheikh 공항으로 이동해 카이로행 비행기에 몸을 실었다. 아침 일찍 대사관을 방문했다. 담당 영사와 면담 후 선임행정관과 관세청으로 이동해 통관허가증을 받아 비행기를 타고 누웨이바로 다시 돌아왔다.

"살람 알레이쿰." 이집션들이 반갑게 인사한다. '추방당할 것이냐? 아니면 입국할 것이냐?' 한국 자동차가 이집트에 들어온 것과 입국 통관이 거절된 것이 누웨이바 항의 화제거리가 되어 있었다.

드디어 3박 4일 만에 까르네에 입국 스탬프가 찍혔다. 이것이 끝? 아니다. 이집트의 통관절차는 비능률적이고, 소모적이고, 후진적이었다. 이번에는 자동차 등록 사업소로 이동했다.

"Mr. Kim, 네 차 사륜구동이지?"

모하비를 도크에 올려 하부 미션을 확인한 후 보안부대로 갔다. 시나이반도는 테러가 빈번하게 일어나는 분쟁지역이다. 사륜구동 차량은 반정부 테러단체로 넘어갈 수 있어 보안부대의 입국 승인이 떨어져야 한다. 정말 여러 가지 하는구나. 공도를 이용해 24시간 내로 시나이반도를 빠져나간다는 서약서에 서명한 후에 차량 등록증을 발급받았다. 그리고 자동차 보험에 가입하고, 이집트 차량번호판을 부착함으로써 동부 아프리카 대륙의 첫 번째 방문 국가 이집트의 자동차 통관을 끝냈다.

이집트에서는 차량을 등록시키고 현지 차량번호판을 부착해야 한다. 다른 나라에서는 전혀 볼 수 없는 제도다. "되는 것도 인샬라, 안 되는 것도 인샬라" 와피람시는 오랫동안 고생했다며 우리에게 오히려 미안해했다. 어렵사리 들어온 아프리카, '우리 앞길에는 어떤 일이 기다리고 있을까?' 슬슬 궁금해지기 시작했다.

▲ 이집트 번호판을 달면 자동차 통관이 끝난다.

과거와 현재, 문명과 무질서가 뒤섞인 카오스의 도시, 카이로

수도 카이로의 도심은 혼란과 혼돈의 카오스다. 차량은 광란의 난폭운전을 하고, 3차선 도로는 5차선이 되어 차들로 엉켰다. 교차로마다 꽉 막혀 오가도 못하는 차들과 노후 차량이 내뿜는 매연으로 숨쉬기 힘들었다. 그리고 횡단보도와 무관하게 차도로 뛰어드는 사람이 많았다.

카이로는 세계에서 제일 큰 이슬람 도시다. 인근의 광역권을 포함한 인구는 무려 1,700만 명이다. 여행을 시작한 타흐리르Tahrir 광장은 2011년 '아랍의 봄' 민중

이집트 박물관 소장품

봉기 당시 100만 명의 민중 시위가 보름 이상 지속되어 무바라크 정권의 30년 장기집권을 끝낸 곳이다.

▲ 이집트 박물관

광장 한쪽의 이집트 박물관은 인류 문명의 발상지 이집트의 고대 유적과 유물을 전시한다. 남부와 북부를 통일한 고대 이집트의 첫 번째 파라오 나르메르Narmer의 팔레트는 무려 5000년 된 것이다. 검은 돌의 카프레Khafre 석상은 1860년 카프레 계곡에서 발견됐다. 멘투호텝Mentuhotep 2세의 좌상은 붉은색의 긴 고깔모자를 쓰고 팔을 십자로 하여 가슴에 댄 특이한 자세다. 마음대로 사진 찍으며 관람할 수 있는 박물관에서 예외인 곳은 투탕카멘Tutankhamun 전시실이다. 왕의 미라에 씌워진 황금 마스크는 기원전 14세기에 만들어진 것으로 룩소르 서안에 있는 '왕가의 계곡'의 왕묘에서 발굴됐다. 기원전 3200년경부터 3000년 동안 지속된 이집트 문명은 우리가 알고 있는 고대 역사의 상식을 뛰어넘었다. 프랑스 루브르 박물관과 대영 박물관에서 보았던 고대 이집트 문명을 현지에서 마주한다는 것은 매우 의미 있고 설레는 일이다.

2021년 4월, 7km 떨어진 푸스타트 거리에 국립 이집트 문명 박물관이 공식 개관되었다. 넘쳐나는 고대 유물을 감당하지 못하고 조악한 진열과 관리로 거의 방치되다시피한 이집트 박물관의 역사 유물은 이제 이곳으로 옮겨져 전시된다.

성모마리아와 요셉, 예수의 피난처, 성 세르지우스 교회

올드 카이로는 초기 기독교 교회와 요새가 있는 고대도시다. 6세기경 도시가 형성되고 수도 카이로가 시작된 역사 도시다. 이집트 국민의 약 10%가 기독교를 믿으며, 종파는 콥트교다. 베드로를 수호성인으로 하는 콥트 종파는 서기 451년 경전해석과 이념 차이를 이유로 로마 가톨릭으로부터 분리됐다. 이집트에서 발생하는 대부분의 테러는 군인, 경찰, 관청, 콥트교도를 대상으로 하는 이슬람 원리주의자의 소행이다.

기원후 4세기 로마군대가 주둔한 곳에 지어진 알무알라카 교회는 11세기경 재건축하여 성모마리아에게 헌정되었으며, 현재도 콥트교의 일상 예배가 이루어진다. 성 조지 교회는 그리스도를 섬겼다는 이유로 순교 당한 로마제국 군인 성 조지를 기념하기 위해 10세기경 건축했다. 성 세르지우스St. Sargius 교회는 마리아와 요셉, 예수께서 피난 생활을 했다고 하는 동굴 위에 5세기경 지어졌으며, 가장 오래된 성가정 교회다. 산타 바바라 교회는 아버지를 기독교로 개종시키려다 살해된 딸 바바라를 위해 10세기경에 지어졌다. 이슬람 국가인 이집트에 이렇게 오래된 기독교 역사가 있다는 것이 생소하고 놀라운 일이다.

▲ 알무알라카 교회 내부

▲ 올드 카이로의 교회

고대 문명의 최대 불가사의 피라미드와 스핑크스

이집트 고대 문명을 대표하는 유적은 피라미드와 스핑크스다. 기원전 2549년 파라오 케옵스가 건설을 시작해 20년 걸려 세상에서 가장 큰 쿠푸Khufu 피라미드를 탄생시켰다. 그리고 카프레Khafre와 멘카우레Menkaure 피라미드가 쿠푸Khufu 인근에 건설되었다. 고대 7대 불가사의로 불리는 피라미드의 건축에 대한 비밀은 아직 밝혀지지 않았다. 피라미드 모서리는 정확하게 동서남북에 맞춰져 있으며 각이나 변의 흐트러짐이 없다. 쿠푸 피라미드는 높이가 146m에 이르고 한 변의 길이는 230m다. 국제 규격의 축구장 6개에 맞먹는 큰 면적이다. 쿠푸와 멘카우레 피라미드 옆으로는 여왕을 위한 작은 피라미드를 3개씩 만들었다.

피라미드와 스핑크스

관광산업은 이집트 GDP의 12%를 상회하는 주력산업임에도 개선할 점이 많았다. 환경오염은 심각한 수준이고, 바가지요금과 이중가격, 쓰레기로 넘치는 불결한 도심과 불안전한 먹거리, 수준 낮은 관광업 종사자는 건강하고, 안전한 여

관광객을 기다리는 낙타

행, 건전한 소비를 원하는 관광객에게 불쾌감과 거부감을 주기에 충분했다. 다시 오고 싶지 않은 이집트가 되지 않기 위한 국가와 국민의 고민과 해결이 요구된다.

고대 지중해 문화의 총화, 알렉산드리아 도서관

카이로에서 알렉산드리아로 가는 왕복 8차선의 고속도로는 카이로 시내와 달리 한적했으나, 도심으로 들어가자 완전히 카이로 분위기로 바뀌었다.

알렉산드리아는 지중해 연안의 항구도시로 동북부 아프리카의 유럽관문이다. 여행잡지에 소개된 Paradise Le Metropole 호텔을 부킹닷컴을 통해 예약하고 찾아가니, 내국인 객실이라며 돈을 더 내라고 한다. 이집트는 외국인에게 이중가격을 적용하는 국가다.

지중해를 사이로 터키와 유럽을 마주하는 알렉산드리아는 풍요로운 도시다. 대표적인 역사유적은 파로스 등대와 알렉산드리아 도서관이다. 재미있는 것은 두 곳의 유적이 현재 존재하지 않는 것이다. 파로스Pharos등대는 고대 세계 7대 불가사의다. 기원전 280년에 건립된 높이 135m 등대는 770년에 붕괴됐다. 현재 카이트 베이 요새 근처에서 발굴 작업을 하고 있다.

▲ 알렉산드리아 도서관

▲ 파로스 등대 발굴 작업이 진행 중인 카이트 베이

다른 한 곳인 알렉산드리아 도서관은 기원전 295년에 세워졌으며 당시 세계 최대 규모의 도서관이었다. 여왕 클레오파트라는 어려서부터 도서관에서 방대한 양의 독서를 통해 누구도 따를 수 없는 지혜와 지식을 겸비했다. 서기 642년 화재로 소실되어 역사 속으로 사라졌으나 2002년 세계 각국의 기부와 지원으로 현대식으로 새롭게 탄생했다.

폼페이 기둥으로 이동한다. 297년경, 로마 황제 디오클레티아누스는 이집트를 정벌한 후 이집트가 로마에 바치는 공물을 중단하고 이집트 시민들에게 분배했다. 고마움을 느낀 시민들은 신전에 기둥을 세워 디오클레티아누스에게 헌정했다.

▲ 카타콤베

멀지 않은 곳에 있는 카타콤베 Catacombs는 2세기경의 가족 납골당이다. 35m 깊이로 3층으로 구획된 장묘시설은 층마다 시신 안치소를 두었고 원통형의 중정을 통해 시신을 지하로 반입했으니 지금의 시설로도 손색이 없다.

▲ 알렉산드리아 도서관의 여학생들

알렉산드리아에서는 클레오파트라의 권세와 사랑 이야기가 전해진다. 프랑스의 파스칼은 '클레오파트라의 코가 1㎝만 낮았어도 세계 역사는 바뀌었을 것'이라고 했다.

Veni, Vidi, Vici 왔노라, 보았노라, 이겼노라

여성 파라오 클레오파트라는 이집트에 원정 온 로마제국 카이사르의 연인이다. 카이사르는 누구인가? 로마 공화정 말기의 정치가이자 장군이다. 포에니 전쟁 이후 로마는 도시국가에서 유럽을 통치하는 광대한 제국으로 변모했다. 사람 많아지고 땅덩어리가 커지면 말도 많고 탈도 많게 마련인지라 로마제국은 장기간의 내란에 휩싸인다. 난세에는 영웅이 등장하는 법, 불세출의 영웅이 탄생하는데 우리가 시저라고 부르는 카이사르다. 로마를 지배했던 카이사르 장군은 결단력, 추진력, 리더십을 모두 갖춘 불세출의 영웅이었다. 그는 정적 폼페이우스, 원로원파와 심하게 대립했다. 기원전 49년 원로원은 카이사르에게 군대를 해산하고 로마로 돌아오라고 지시한다. 그러나 카이사르는 군대를 이끌고 루비콘 강을 건너 로마로 진군했다. 그리고 유명한 말을 남겼다. "주사위는 던져졌다." 그는 전투에서 승리하고 로마 지배를 더욱 공고히 했다. 이후 이집트를 정복하고 클레오파트라 7세를 왕위에 오르게 한 후 그녀 사이에 아들을 낳았다. 그리고 여세를 몰아 소아시아. 튀니지. 스페인 등 지역의 반란을 평정했다. 당시 그가 반란군을 진압하고 친구에서 보낸 단 세 마디 편지가 있다. "Veni, Vidi, Vici, 왔노라, 보았노라, 이겼노라." 그 후 1인 지배자의 위치에 오른 카이사르는 브루투스가 휘두른 칼에 찔려 죽었다. 클레오파트라는 그의 암살 이후 안토니우스와 결혼했으나 악티움 해전에서 패전한 후 자살했다.

▲ 나일강 선상의 밸리댄스

그녀의 자살도 인구에 회자된다. 아름다운 옷을 입고 보석으로 치장한 후 일부러 풀어놓은 독뱀에 가슴을 물려 비장한 죽음을 맞았다. 미와 색으로 남자를 홀리는 독약 같은 아름다움을 지닌 요부라는 클레오파트라에 대한 세인의 평은 너무 가볍고 세속적이다. 그녀는 뛰어난 정치가이고 외교가였다. 로마와 이집트를 아우르는 대제국의 야망을 품은 야심 있는 통치자였다. 나라를 위해 자신을 던질 줄 아는 호쾌한 위정자였다. 아! 클레오파트라….

돌고래와 함께 홍해 스노클링과 다이빙, 후루가다

후루가다는 남동쪽 홍해 연안에 있는 휴양지로 다이빙의 천국이다. 카이로에서 처음으로 Uber App을 깔았다. 우버 기사에게 촌스럽게 이렇게 말했다. "공항까지 얼마입니까?" 능청스럽게도 "200파운드"라고 한다. 하차하며 200파운드를 주고 더 주어야 하나 거슬러 받아야 하나 눈치 살피는 사이에 우버는 떠났다. 우버 창에 뜬 결제요금은 104파운드, 물론 우버에 신고하고 환불받았다. 정신 똑바로 차리지 않으면 모세가 홍해 바다 가르듯 지갑이 열려 돈이 사라지는 나라가 이집트다.

모하비를 카이로 근교에 있는 기아 서비스센터에 입고했다. 배출가스를 저감하는 'Catalyst Assembly'가 심하게 오염됐다. 그러나 부품이 없어 한국에서 DHL로 조달하기로 했다. 막간을 이용해 여행을 계속하기로 했다.

▲ 카이로 기아 서비스센터

우버를 호출해 700㎞를 내쳐 달려 후루가다에 도착했다. 널찍한 도로와 정돈된 시가지, 스시와 태국 음식 등 다양한 먹거리, 늦은 밤까지 성황인 쇼핑몰이 있었다. 성수기가 지났어도 많은 외국인들이 가족 단위의 휴양을 하는데, 러시아와 우크라이나 등 구(舊)소련권 국가에서 온 여행자들이 많았다.

후루가다의 핵심은 홍해 바다의 아름다운 산호초와 형형색색의 물고기를 직접 눈으로 보며 체험하는 수중 다이빙이다. 해안을 출발한 크루즈가 돌고래 떼를 만났다. 돌고래와 함께 스노클과 다이빙을 할 수 있는 바다가 홍해다.

▲ 홍해는 다이빙의 천국

아스완 댐의 건설로 수몰 위기에 처한 고대 문화유산과 유적

아스완Aswan에서는 수단 비자를 받아야 한다. 필요한 서류는 발급신청서와 여권, 여권 사본, 이집트 비자 사본, 사진 2장으로 간단하다. 아침 일찍 서류를 제출하고 영사관을 나왔다. 비자 발급은 'Working Day'기준으로 이틀 걸린다.

필레Philae 신전은 배를 타고 30분 들어가야 한다. 이시스Isis 여신을 신봉하는 집단이 기원전 4세기에서 기원후 4세기 초에 건설한 것이다. 1960년, 아스완에 하이댐이 건설되며 신전이 수몰 위기에 처하자 유네스코와 각국의 기금을 지원받아 1980년 아길리카Agilika섬으로 이전해 복원했다. 필레 신전은 여신을 추종하는 사람들이 세워 섬세하고 화려하다. 신전 외벽과 내벽은 여성스러움이 물씬 드러나는 조각과 부조로 치장됐다.

▲ 팔레 신전

호텔로 돌아와 만수라는 한국 이름을 가진 현지인을 만났다. 여행정보, 애로사항, 패키지여행, 숙소 예약에 이르기까지 그의 손길이 안 닿는 곳이 없다. 만수가 알려준 레스토랑은 1958년 개업했는데 유럽여행자들로 만석이라 오래 대기해야 했다. 카이로보다 착한 가격으로 전통 로컬 음식을 맛있게 먹었다.

유네스코가 지킨 고대 문화유산, 아부심벨 선사유적지

아부심벨Abu Simbel에는 람세스Ramses 2세와 왕비의 신전이 있다. 람세스 2세는 기원전 1301년부터 1235년까지 두 개의 신전을 만들었다. 대신전 입구에는 람세스 2세의 높이 22m 동상 4기를 세웠다. 왕비 신전에는 10m 높이의 입상 6기가 있는데 4기는 왕을 묘사하고 2기는 왕비를 나타낸다. 아스완의 하이댐 건설로 수위가 60m 상승함에 따라 아부심벨의 고대 선사유적이 수몰 위기에 처했으나 이집트는 수수방관했다. 유네스코는 고대 유산을 영구히 보존하기 위해 세계 각국

▲ 아부심벨 신전

의 기부와 관련 기관의 지원을 받아 1963년부터 3년에 걸쳐 70m 높은 현재의 위치로 옮겨 복원했다. 20세기 최대의 문화재 이전 및 복원사업이 아부심벨 신전이다.

철도역 매표소에서 100파운드를 지불하고 룩소르행 열차 티켓을 구입했는데, 자세히 보니 90파운드다. 이 정도 금액 차이는 철도 공무원이 그랬다는 것만 빼면 애교 섞인 바가지다. 이집트에서는 상대의 가격을 묻지 말아야 한다. 어느 한 쪽은 마음이 상하기 때문이다. 돈이 아깝기보다 사기당하고 무시당한 처지가 불쌍하고, 초라하고, 서럽다.

플랫폼을 빠져나가다 한국말 하는 현지인을 우연히 만났다. 성은 모르고 이름은 만도다. 그는 룩소르에 거주하는 이집트인으로 한국인에게 로컬관광을 안내하고 각종 편의를 도와주는 사람이다. 이집트를 여행하며 일상적으로 접하는 어려움은 정해진 가격이 없는 것이다. 기꺼이 바가지를 감수하려 해도 그 차이가 크면 불쾌한 법이다. 만도는 이런 어려움을 해결해 준다. 룩소르 여행은 나일 강을 중심으로 동안과 서안으로 나뉜다.

룩소르 여행의 핵심, 왕가의 계곡 Valley of the Kings

'왕가의 계곡'은 고대 이집트 파라오의 무덤이 있는 계곡으로 모두 62기가 발굴됐다. 깊게 땅을 파고 내려간 지하에 왕묘를 만들고 그 안에 미라, 장신구, 보물, 벽화를 남겼다. 투탕카멘을 제외한 모든 왕묘가 도굴꾼에 의해 훼손되고 부장품은 도난당했다. 투탕카멘 왕묘에서 출토된 유물은 이집트 박물관으로 옮겨 전시된다. 왕의 사후세계와 전투, 종교의식을 무덤 안의 벽과 천정에 그렸다. 62개의 파라오 왕묘 중에서 람세스 3세, 람세스 6세, 람세스 9세, 투탕카멘 등 4곳의 무덤이 개방된다.

'왕의 계곡'을 떠나 하트셉수트 장례신전The Temple of Hatshepsut으로 간다. 유일한 여성 파라오의 장례신전으로, 기원전 1458년 돌산을 깎아 3층의 신전을 세웠다. 여왕과 병사들의 퍼레이드가 음각의 부조로 선명하며 당시 색채가 원형대로 잘 보존되었다.

▲ 왕묘 벽화

▲ 하트셉수트 장례신전

하트셉수트 장례신전은 그리스 파르테논 신전보다 1000여 년 앞섰다. 파르테논 신전이 직사각형 열주의 단순함을 가졌다면 하트셉수트 신전은 다양한 공간으로 구성된다. 여왕과 군인들의 퍼레이드, 신과 여왕의 탄생을 표현하는 부조가 곳곳의 열주와 벽체에 섬세하게 조각되었다. 신전이 가진 구성의 미학, 표현의 다양성

▲ 룩소르 박물관에 소장된 고대 유물

에 있어서 파르테논 신전보다 훨씬 훌륭하다.

메디네트 하부Medinet Habu는 람세스 3세의 장례신전이다. 룩소르 서안에서 원형의 보존 상태가 제일 훌륭한 신전이다. 제1 탑문에는 람세스 3세의 업적을 기린 상형문자와 아문신Amun Ra의 부조를 새겼다. 부조는 굵고 깊게 파여 멀리서도 식별 가능했다.

서안에서 마지막으로 들른 곳은 멤논의 거상The Colossi of Memnon이다. 아멘호테프의 장례신전이 있었던 곳으로 17m 높이의 두 거상이 있다. 강을 건너 동안으로 간다.

이집트 역사상 최고 전성기! 람세스 2세와 카르나크 신전

카르나크Karnak Temple 신전은 4,000년의 역사다. 매표소를 지나면 양의 머리를 한 스핑크스 열주가 제1탑문까지 연결된다, 탑문은 높이 43m, 넓이 130m의 대형 게이트다. 문을 지나면 람세스 2세와 부인, 맞은편에는 람세스 3세의 석상이 있

▲ 카르나크 신전은 그리스 파르테논보다 1400년 앞선다.

▲ 람세스2세 석상

다. 제2탑문을 지나면 람세스 2세가 지은 아문 신전이 나온다. 가로 100m, 세로 50m의 공간에 134개의 열주를 열과 오를 맞춰 세웠다. 람세스 2세의 벽면으로는 전투 장면, 대관식, 행사 등의 내용을 남겼다. 람세스 2세는 북으로 시리아, 남으로 북부 수단까지 영토를 확장하며 이집트 역사상 최고 전성기를 보낸 파라오다.

카르나크는 파르테논 신전보다 1400년 앞섰다. 이런 자랑스럽고, 역사적이고, 기념비적인 유적을 가졌음에도 외부 세계에 덜 알려진 것은 세상의 중심이 유럽으로 옮겨진 것에서 찾을 수 있지 않을까? 람세스 2세에 의해 카르나크 신전의 부속 건물로 지어진 룩소르 신전은 3㎞ 떨어진 나일 강가에 있다. 부속이 아니라 메인으로 봐도 될 만한 신전으로, 기원전 1408년에 지어진 것이다. 람세스 2세를 상징하는 석상과 오벨리스크가 전면에 있고 중앙의 중정에 거대한 열주를 세웠다.

람세스 2세 석상은 높이 11m, 무게 75ton이다. 지진으로 인해 57개 조각으로 산산조각 난 것을 2017년 복원하는 데 성공했다. 이곳에 있던 오벨리스크 중 하나는 프랑스 콩코드 광장에 있다. 기부의 형식을 빌려 강탈해 간 이집트 유적이 영국, 프랑스, 독일, 터키, 이탈리아 등의 박물관을 채운다.

카르나크와 룩소르 신전 사이에는 스핑크스 석상이 3㎞에 걸쳐 2열로 배치되었다. 4000년 전의 이집트 고대 문명을 보고 입이 닫히지 않았다.

비행기를 이용해 카이로로 간다. 카이로 외곽 'Smarvillage'에 있는 기아 서비스 센터를 다시 들렀다. 수리 중인 자동차를 인수하기 위해서다. 자동차 부품은 현지에서 조달할 수 없어 한국으로부터 DHL로 보내왔다. 배기가스 배출 장치인 컨버터 어셈블리Converter Assembly의 촉매Catalyst 기능이 저하되어 교체했다. 부품값과 운송료가 거의 똑같으니 배보다 배꼽이 더 큰 셈이다. 이제 비자 만료 기간이 얼마 남지 않아 남쪽으로 서둘러 내려가야 한다.

▲ 무더운 날씨로 인해 한낮에 문을 닫고 야간에 개장한다.

노상강도가 출몰하는 룩소르의 고속도로

룩소르 근교의 하이웨이에서 경찰이 차를 세웠다. 강도 출몰지역이라 위험하니 나일 강변의 국도를 따라가라고 한다. 일반 버스와 현지 승용차는 아무런 제지 없이 통과하고 있었다. 저 차들은 왜 보내느냐고 따지니 강도들이 이집트인들은 돈이 없어 건드리지 않는다고 한다. 옛날 호랑이 담배 피던 시절에 산길 지나가는 나그네 등짐을 털었다는 한국판 산적을 이집트 하이웨이에서 만날 수 있다니 어처구니없는 세상이다.

만수와 같이 아스완 교통국을 방문했다. 귀신 할아버지도 찾을 수 없는 외진 곳에 있었다. 이곳을 찾은 이유는 자동차 무사고 증명서를 받기 위해서다. 이집트에 입국한 이후 자동차와 관련한 사고가 없었다는 확인을 받아야 한다. 세상에 별 서류가 다 있지만 출국할 때 반드시 제출해야 하므로 자동차 여행자는 꼭 챙겨야 한다. 아침 8시 반에 도착했지만, 최종 결재자인 매니저가 11시에 출근하는 관계로 무조건 기다려야 했다. 금일 수단으로 입국하려는 계획이 무산되는 순간이다.

이집트 하이웨이

눈에 보이는 모든 것이 붉은색

• 수단 •

모든 것이 온통 붉은 사막이다. 전 국토가 이글거리며 불탄다. 강렬한 햇볕이 내리쬐는 사막에도 묵묵히 살아가는 사람이 있다. 미국과 서방이 테러지원국으로 지정했다. 살기 힘들어도 한국을 사랑하고 좋아하는 사람들, 우리는 이들을 얼마나 알고 있을까?

전인미답(前人未踏)의 이집트와 수단 간 육로국경을 찾다

수단으로 가는 육로국경은 아부심벨에서 카페리를 타고 가는 와디할파Wadi Halfa 국경이 유일한 것으로 알려져 있었다. 아스완에서 수소문하니 페리를 이용하지 않아도 되는 육로국경이 있다는데, 구글이나 맵스미에는 그 경로가 보이지 않았다. 아무런 정보가 없는 육로국경을 찾아내는 것은 새로운 시도와 도전이다.

아스완 국도의 토스카Toshka 삼거리에서 아부심벨로 가면 카페리를 타고 와디왈파로 가는 길이다. 우측으로 향하니 내륙사막으로 들어가는 잘 닦인 2차선의 아스팔트 도로가 나온다. 사막 가운데로 휑하니 뚫린 길을 따라 남으로 내려갔다. 아스팔트가 끊어지지만 않으면 국경이 나온다는 생각으로 달려가길 정확하게 100㎞, 붉은 사막의 가운데로 큰 캠프촌을 이룬 아르긴 국경Argeen Border이 나타났다. 몇 년째 운영되고 있는 국경을 지도 웹에서 찾을 수 없는 것은 국경을 통과하는 여행자에 대한 경로추적이 없었던 탓이다. 하루가 지나 맵스미를 확인하니 국경 통제소와 도로 노선이 표시됐다. 아마도 우리가 내비게이션을 개방하고 지나온 길에 대한 경로를 웹이 인식한 것으로 보였다.

▲ 와디왈파 국경은 카페리를 타야 한다.

▲ 아르긴 국경가는 사막도로

아르긴 국경 게이트에서 국경 통과료를 지불하고 거대한 철문을 들어서자 세계 어디서도 보기 힘든 거대한 국경사무소가 모습을 드러냈다. 입국할 때와 마찬가지로 커스텀 매니저는 출국수속을 도와줄 통관 대행인Fixer을 소개했다. 통관의 마지막 결재권자인 출입국 관리소장을 만났다. 그는 한국에서 차를 타고 왔다는 사실에 놀라고 어떻게 차를 끌고 시나이반도에 입국했느냐며 더욱 놀랐다.

▲ 아르긴 국경

수단 국경으로 들어가자 분위기가 바뀐다. 사는 것이 달라 보였고 인종이 달라졌다. 햇빛에 낡고 바랜 유니폼을 입은 공무원과 초라하고 빈약한 국경시설을 보니 수단과 비교하면 이집트는 그야말로 낙원이다. 그러나 공무원과 현지인이 우리에게 베푸는 관심, 환대, 친절은 그야말로 대단했다. 말은 통하지 않지만 도와주려고 노력하는 모습에서 진정으로 사람 사는 세상을 느꼈다. 여권 심사대에서 스탬프 날인을 받고 차량통관을 받는 내내 직원이 따라다니며 일 처리를 도와주었다. 까르네를 제출하고 자동차 보험에 가입한 후 여행자 통행 허가증Tourist Passing Permit을 발급받았다. 수단을 자동차로 이동할 때에는 허가증을 반드시

▲ 수단 세관원 모하메드

지참하고 경찰 검문 시에는 이를 보여줘야 한다.

자동차 통관을 마지막까지 세심하게 도와준 커스텀 직원 모하메드와 고맙다는 인사를 나누고 사람 한 명 없고 마을도 보이지 않는 380㎞ 붉은 사막 도로를 달려 수단 내륙으로 들어갔다.

▲ 붉은 태양과 모래, 수단 사막

피라미드는 이집트보다 수단에 더 많다! 고대 유적 메로에

동골라Dongola는 누비아족이 거주하는 수단 북부의 최대 도시다. 한낮 더위를 피해 아침 일찍 서둘러 근교 여행을 나섰다. 카리마Karima에는 피라미드 지역Pyramid Area이 있다. 이집트 피라미드의 규모에 비하면 작지만 모래언덕 위로 올라앉은 모습이 앙증맞다.

이곳에서 멀지 않은 곳에 엘쿠루El Kro라는 고대 선사유적지가 있다. 누비안 왕족의 무덤이 있는 곳이다. 찾는 사람이 없어서인지 관리인은 문을 잠그고 인근 마을로 출타했다. 무덤 안으로 들어가려 하니 어디선가 사복경찰이 나타나 여행자 통행 허가증Tourist Passing Permit을 보여 달라고 한다. 토굴 문을 열고 20여m 아래 깜깜한 지하로 내려갔다. 무덤이 있고 주변의 벽과 천장에는 그림이 선명하게

▲ 카리마 피라미드 지역

채색되었다. 이집트의 '왕의 계곡'에 있는 왕묘의 벽화와 흡사한 형태로 보아 왕족의 장묘 문화가 나일 강 유역을 따라 상호 교류된 것으로 보인다.

누리Nuri로 이동했다. 작은 피라미드 10여 기가 고운 모래 위에 세워져 있다. 매표소도 없고 울타리도 없지만 구경을 하노라면 어디선가 사람이 나타났다. 요구하는 입장료를 무시하고 적절한 돈을 주면 그냥 받는 것으로 보아 진짜인지 가짜인지 구분되지 않았다.

여행자가 없으니 관리자는 늘 외출 중이다.

쿠슈 왕국의 중심지 케르마 두푸파

기원전 3000년경 번성했던 쿠슈 왕국의 중심지 케르마Kerma를 찾았다. 기원전 2500년에 세워진 두푸파Deffufa의 용도는 세 가지 학설이 있다. 하나는 상업시설이고 다른 하나는 신전, 나머지 하나는 왕궁이다. 박물관에는 이집트 남부 나일 강변에 살던 원주민 누비안Nubian 부족의 생활상과 두푸파에서 발굴된 도자기, 부장품 등을 전시한다.

여행자들은 이구동성으로 수단은 볼거리가 없다고 말한다. 관광지로 들어가는 진입도로는 비포장이 대부분이고 여행자를 위한 숙박시설이 빈약하다. 식당이 없어 도시락을 싸 들고 다녀야 하며 한낮의 기온은 걸어 다니기 힘들 정도로 무덥다.

수도 카르툼Khartoum으로 간다. 수단 여행은 다른 나라와 차별되는 것이 있다. 신용카드가 무용지물이고 ATM에서는 현금인출이 불가능하다. 지출은 오로지 현금으로 이루어지므로 암시장에서 달러나 유로를 현지화로 교환해야 한다. 걱정하지 않아도 되는 것은 미화달러에 대한 선호가 좋아 쇼핑몰의 어디서나 쉽게 달

고대 유적 메로에

러와 현지 화폐의 교환이 가능하다는 점이다. 그러나 환율이 고무줄 늘듯 들쑥날쑥해 심지어는 20%까지 차이를 보였다. 또 한 가지 수단에서 놀란 것은 한국산 자동차가 많은 것이다. 과장되게 말하면 10대 중 7대는 한국 차로 보였다. 중고차로 팔았거나 도난당한 차가 있다면 수단에 있을 가능성이 크다.

유네스코 세계문화유산에 등재된 고대 유적 메로에Meroe로 간다. 기원전 8세기경부터 1200년 동안 번성했던 쿠슈Kush 왕국의 중심지다. 피라미드 숫자는 이집트보다 많으나 크기와 규모는 미치지 못한다. 찾아오는 여행자보다 물건 파는 소년과 손님 기다리는 낙타가 더 많았다.

볼 것이 없다는 수단에 대한 여행자의 일반적 평가는 국토 대부분이 무더운 사막지대라는 기후 환경적 요인이 우선이다. 그리고 나일 강을 따라 발달한 이집트 고대 문명과 중복됨으로써 새롭고 독창적인 역사와 문화가 없다는 것이 그 다음이다. 하나 더하자면 미국과 서방이 수단을 테러지원국으로 지정해 여행자 입국을 제한하기 때문이다.

▲ 대부분의 국토가 사막이다.

총을 가지고 뛰어나오더니 사진기를 가지고 건너오라던 군인

백나일 강과 청나일 강의 합류 지점에 있는 수도 카르툼은 코끼리의 상아를 닮아 붙여진 이름이다. 철교 위에서 나일 강을 보고 사진을 찍으니 검문소에 있던 군인 4명이 총을 가지고 뛰어나와 사진기를 가지고 건너오라고 소리친다. 이때 절대로 놀라거나 당황하지 말고 특히 눈을 마주치면 안 된다. 말도 안 통하는 융통성 없는 친구들을 만나면 시간을 허비하고 감정만 상하게 된다. 잘못하면 고가의 카메라를 압수당할 수 있기에 못 들은 척하며 지나는 차에 섞여 자연스럽게 사라져야 한다. 만약 총을 겨누거나 뛰어봤자 우물 안의 개구리 신세가 될 수 있는 조건이라면 심각하게 고려해야 한다.

3일 이상 체류하는 관광객은 거주지 등록을 해야 한다

아프리카의 북한인가? 공식적으로 수단은 거주 이전과 자유로운 여행이 제한되는 국가다. 3일 이상 체류하는 여행자는 거주지 등록을 해야 한다. 통상 숙박업소에서 대행하므로 일정 금액을 지불하고 거주지 등록을 요청해야 한다. 패스포트에 거주지 등록확인서를 붙이고 다니는 나라는 수단이 처음이다. 위반했을 경우는 과태료가 부과된다고 하니 각별히 유의하자.

▲ 거주 이전의 자유가 없는 수단, 통행증이 있어야 한다.

수단의 인터넷 환경은 열악하다. 부킹닷컴과 같은 웹사이트가 차단되어 있으며 내비게이션이 지원되지 않는다. 그러므로 숙박업소는 직접 찾아가 예약을 해야 한다. 내비게이션은 맵스미를 이용할 수 있으나 거리정보가 불확실하므로 오프라인 지도를 지참하고 현지인에게 수시로 물어보며 이동하는 것이 좋다.

카르툼Khartoum에 있는 기아서비스센터에 들렀다. 아프리카의 디젤은 대체적으로 유연이다. 태생적으로 맞지 않는 연료를 넣고 달려야 하는 차량을 위해 주기적으로 점검과 정비를 받아야 한다. 카르툼 일정을 마치고 에티오피아로 향한다.

자연유산의 보고

• 에티오피아 •

아프리카 강대국에서 빈민국으로 전락했다. 인구가 늘수록 살기가 어려우니 국가의 중요정책이 산아제한이다. 훌륭한 자연유산이 많아 산 넘고 물 건너 누비느라 오랫동안 머물렀다. 길거리에서 눈 뜨고 사기당하고, 세상에 둘도 없는 '다나킬'에서 소중한 체험과 잊히지 않을 추억을 쌓았다.

무려 21개의 검문소가 있는 카르툼에서 갈라밧 국경

갈라밧Gallabat은 수단과 에티오피아의 국경 마을이다. 수도 카르툼에서 갈라밧까지는 포장된 400㎞와 아스팔트가 깨져 웅덩이가 깊게 파인 165㎞의 너덜너덜한 길을 달려야 한다. 수도를 벗어나자 검문소가 등장했다. 졸음도 몰아내고 무료함을 잊기 위해 그 숫자를 세었더니 무려 21개가 있었다.

검문소 경찰이 요구하는 서류는 그야말로 중구난방이다. 공통되게 보여 달라는 요구하는 것은 여권과 허가증이다. 특이한 것은 서류의 복사본을 꼭 달라는 것이다. 검문소마다 없다고 하며 잘 통과했는데 9번째 검문소에서 강적을 만났다. 카피를 주지 않으면 통과할 수 없다며 패스포트를 가지고 가버렸다. 목마른 사슴이 시냇물을 찾아 헤맨다는 말은 사실이다. 여권을 돌려받고 차를 돌려가다가 맞은편에서 오는 차를 세웠다. "복사집이 어디입니까?" 자기 차를 따라오란다. 아저씨 차를 따라가니 고등학교 정문 앞에 복사집이 있었는데, 누구도 찾을 수 없는 위치다. 여권과 여행자 통행 허가증Tourist Passing Permit을 각 20부 카피했다. 국경을 앞두고 갑자기 길이 나빠졌다. 차 안에서 김밥을 먹으며 쉬지 않고 달렸어도 9시간 반이 걸려서야 갈라밧 국경에 도착했다.

▲ 갈라밧은 수단과 에디오피아의 오지국경

흥부네 집도 울고 갈 갈라밧의 오성급 호텔, 로칸다 호텔

국경 마을 갈라밧은 전기가 들어오지 않는 오지로 집집마다 발전기를 돌리고 있어 시끄러웠다. 지나는 사람에게 로칸다 호텔이 어디냐고 물으니 허름한 창고건물을 가리킨다. 주 수단 대한민국 대사관의 자료에서 "갈라밧은 숙박시설이 열악하다. 그중에 제일 좋은 곳은 로칸다 호텔이다."를 보았다. 로칸다 호텔은 갈라밧에서 제일 좋은 오성급 호텔이다.

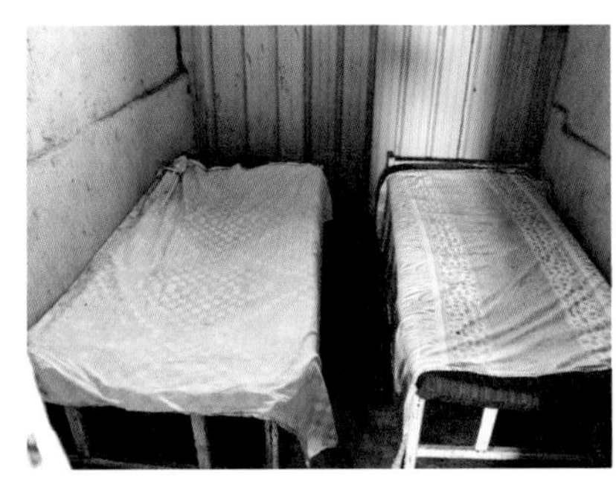

▲ 오성급 호텔 내부시설

▲ 전기, 화장실, 세면대, 물이 없다.

허름한 샌드위치 패널로 골조를 세우고, 내부는 석축으로 칸막이를 사람 키 높이까지 해 놓아 옆방에서 뭐 하는지 안 보려고 해도 다 보인다. 축사 구조와 비슷해 소나 돼지가 된 느낌이 들었다. 화장실과 세면실을 기대하는 것은 언감생심 있을 수 없다. 방바닥은 흙바닥이고, 전등이 아예 없으니 불 들어올 일도 없다. 철제침대는 스프링이 눌려 아예 주저앉았다. 매트리스를 들고 마당으로 나가도 뭐라는 사람 없는 자유분방한 개방형 호텔이다.

숙박비는 깎지 않고 1인당 2천원이다. 마당에서 자면 1,000원에도 잘 수 있다. 자칭 5성급 호텔에서 2천원을 주고 숙박한 것은 평생 없었던 일이고 앞으로도 그럴 것이다.

호텔 사장은 모하비를 마당 안으로 주차할 수 있게 편의를 제공했고 얇은 매트리스 커버도 서비스로 한 장 더 배려했다. 비장의 무기이자 여행의 필수품 모기장을 설치하고 전용 침낭 안으로 쏙 들어가니 유럽의 오성급 호텔이나 갈라밧의 후진 오성급 호텔이나 별반 다를 바가 없다.

이튿날 아침, 물이 없어 세수는 물티슈 그리고 양치는 생수로 해결하고 아침은 당연히 굶었다. 출국신고를 하러 경찰서로 가던 중에 펑크 집 앞에서 대시보드에 타이어 공기압 경고등이 들어왔다. 자동차 여행을 하며 제일 행복한 것은 펑크 집 앞에서 펑크 나는 것이다.

기대 이상의 도로 상태, 기대 이하의 경제 상태, 에티오피아

에티오피아 국경으로 간다. 국경에는 꼭 따라붙는 통관대행인들이 있다. 출입국 수속과 통관에 따르는 편의를 제공하고 사례를 받는 사람들이다. 국경 출입국 절차가 전 세계 공통의 스탠다드한 시스템으로 운영된다고 해도 국가별로 언어, 제출서류, 절차에서 차이가 있기에 현지인의 도움이 필요한 경우가 생긴다. 국경사무소에 도착하면 입국과 통관 수속을 직접 해야 할지 아니면 대행인을 고용해야 할지를 신속히 결정해야 한다.

▲ 태양에 그을린 땅 에디오피아

▲ 길거리를 활보하는 젊은이들

에티오피아로 들어오니 예상했던 것 이상으로 도로 상태가 좋았고 상상했던 것 이상으로 못 살았다. 아프리카 하면 누구나 사막과 밀림을 떠 올리지만, 에티오피아는 강원도 산골 어디쯤엔가 들어온 느낌이다. 길 위에서는 아프리카의 최대 빈국으로 전락한 에티오피아 실상이 보인다. 도로에는 차들이 없고, 가옥은 쓰러질 듯 누추했으며, 지나치는 사람은 초라하고 남루했다.

에티오피아는 1936년부터 5년간을 빼고는 유럽의 식민 지배를 받은 적이 없는 강국이었다. 한국전쟁이 발발하자 살레시오 황제의 근위대를 중심으로 한 최정예 부대를 유엔군의 일원으로 한국에 파병하여 고귀한 희생을 치르며 우리를 도운 혈맹이다. 막강한 군사력과 인적자원을 가졌던 아프리카의 자존심 에티오피아가 못사는 나라로 전락한 것은 안타까운 일이다.

블루나일Blue Nile 폭포는 바히르다르Bahir Dar에서 동남쪽으로 27㎞ 떨어져 있다. 400m 폭으로 쏟아져 내리는 수량과 낙차를 자랑한다. 주차해 놓은 곳으로 돌아오니 시키지도 않았는데 아줌마들이 차를 지켜줬으니 돈을 달라한다. 경제가 어렵고 살기가 힘든 탓으로 어린아이부터 노인에 이르기까지 관광객에게 금품을 요구하고 있어 마음이 아프고 불편하다.

나일강은 빅토리아 폭포에서 발원하는 백나일 강과 에티오피아에서 발원하는 청나일 강이 수단의 카트룸에서 합쳐져 지중해로 흘러가는 강으로 장장 6,670㎞

▲ 학생을 싣고 강을 건너는 나룻배

▲ 타나 호수

에 달한다. 청나일 강의 발원지가 바히르다르에 있는 타나Tana 호수로 동서와 남북으로 각각 70㎞ 되는 바다 같은 호수다.

에티오피아에서 영어를 쓰며 친절을 베푸는 사람은 일단 물음표(?)

"유심을 어디에서 살 수 있나요?" 물으니 "나를 따라오세요."라고 한다. 통신회사 직원이라고 자신을 소개한 청년을 따라 사무실로 들어갔다. 창구 여직원의 옆자리에는 사장이라는 사람이 앉아 있었다. 유심을 구입하고 로컬 통화와 데이터 로밍을 신청한 후 대금을 지불했다. 청년이 말하기를 "에티오피아는 아프리카"라며 24시간 후에 데이터 로밍이 개통된다고 한다. 호텔로 돌아와 데스크에 이야기하니 "무슨 김밥 옆구리 터지는 소리를 하느냐?" 한다. 급하게 에티오 텔레콤Ethio Telecom으로 확인하니 한국 돈 600원으로 폰만 개통하고 데이터는 충전되어 있지 않았다. 대리점으로 찾아가니 청년과 사장이라는 사람이 감쪽같이 사라졌다. 통신사 대리점 안에서 눈뜨고 사기당한 것이다. 영어를 구사하며 친절을 베푸는 사람은 일단 사기꾼으로 봐야 한다는 여행의 철칙을 잠시 잊은 것이다.

파실리다스 성

17세기 에티오피아 수도로 번성했던 곤다르Gondar에 들어왔다. 파실리다스 성Fasilides Castle은 파실리다스 황제가 거주하던 곳으로 유네스코 세계문화유산이다.

원숭이와 사람이 더불어 사는 세상, 시미엔 국립공원

시미엔Simien 국립공원으로 간다. 데바크Debark 시내에 있는 안내센터에서 티켓을 구매하고 가이드와 안전요원을 대동했다. 안전요원은 표범이나 하이에나 등 야생동물로부터 탐방객을 보호하기 위해 총으로 무장했다. 수백만 년에 걸쳐 지형침식을 거친 에티오피아 고원의 아름다운 모습을 볼 수 있는 국립공원이다. 1,000여m의 깎아지른 반달 모양의 절벽은 북쪽으로 35㎞까지 펼쳐진다. 가이드는 그랜드 캐니언에 비견되는 곳이라고 자랑한다. 키르기스스탄에도 있다고 가이드에게 말했다.

▲ 시미엔 국립공원

▲ 몰려든 원숭이 떼

산을 오르자 망토개코원숭이와 콜로부스원숭이 수백 마리가 떼를 지어 나타났다. 원숭이들은 전혀 사람을 의식하지 않아 넓은 고원은 사람과 원숭이가 같이 어울려 사는 세상이 되었다. 시미엔 산맥의 고유종인 왈리아 아이벡스Walia Ibex를 보려면 30㎞를 더 들어가야 한다. 악숨Aksum으로 간다.

저녁이 되자 길가로 급수를 받기 위해 노란 물통을 든 주민들이 집결했다. 물 부족에 시달리는 아프리카의 일상이다. 에리트레아에서 피난 온 난민 거주지를 지났다. 나무로 엮은 누추한 집에서 흙먼지를 뒤집어쓰고 사는 난민의 열악한 거주 시설을 보니 마음이 아프다.

▲ 주민들의 일과 중 하나는 물 긷는 일이다.

악숨은 고대 악숨 왕조의 수도다. 시바 여왕의 목욕장을 찾았다. 그녀는 출중했던 솔로몬의 지혜에 감탄해 그의 아들을 낳았다. 그 아들은 후일 왕이 되어 모세의 언약궤를 이곳으로 가져왔다.

▲ Zion Mary 교회

▲ 교회 앞에서 기도하는 여인들

언약궤는 시온 메리Zion Mary 교회의 감실에 보관하며 일반에게 공개하지 않는다. 평생을 감실에서 나오지 않고 언약궤를 지키며 사는 성직자가 있다.

우주 속의 어느 행성인가, 다나킬 투어

에티오피아 국도는 선형은 불량하지만, 포장은 전반적으로 잘 되어 있다. 도로는 산을 오르내리는 형태의 반복이다. 돈 많이 드는 터널과 장대 교량을 건설하지 않았기에 그렇다.

다나킬 투어Danakil Depression를 위해 메켈레Mekele에 도착했다. 외계 행성에 온 듯한 신비스러운 여행지 다나킬 여행을 시작한다. 1926년 대규모 화산폭발 이후 활

▲ 다나킬 소금사막

발한 활동을 하는 에트라 에일Etra Ale로 간다. 에리트레아 국경 조금 못 미쳐 사막으로 들어섰다. 멀리 에트라 에일이 하얀 연기를 뿜는다. 이 지역은 에티오피아와 에리트레아 국경으로 군부대의 승인을 받은 차량만 출입할 수 있다.

▲ 다나킬은 에리트레아 국경을 접하는 군사 충돌 지역이다.

▲ 위험한 군사지역으로 지정 탐방로로 다녀야 한다.

지금부터는 도무지 길이라고 할 수 없는 12㎞ 마그마가 굳은 용암지대를 통과해야 한다. 세상에서 제일 험한 오프로드의 결정판이다. 달리는 것이 아니라 자동차로 등산한다는 표현이 적절하다.

도착한 베이스캠프 도돔Dodom은 군부대 주둔지다. 저녁 식사를 마치고 에트라 에일로 가는 도보 산행이 시작되었다. 정상으로 가는 등반로 주위로는 군인이 50m 간격으로 경계 근무를 한다. 몇 년 전 독일인 관광객이 등반로를 이탈해 에티오피아 군인의 총에 맞고 사망하는 사건이 있었다. 군인들의 인솔과 호위를 받으며 3시간 걸려 산 정상에 도착했다.

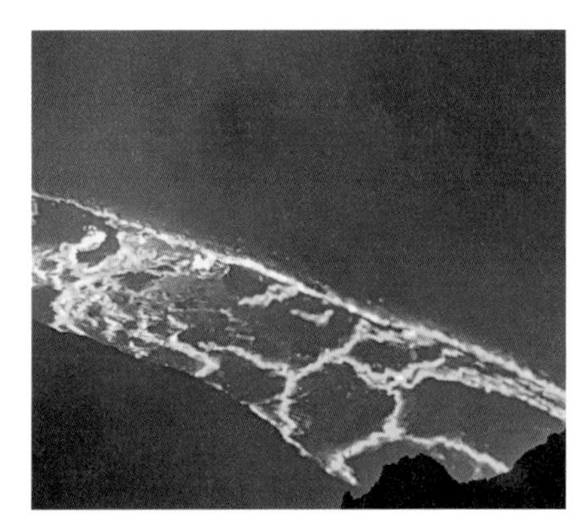

▲ 펄펄 끓는 마그마

에트라 에일의 펄펄 끓는 마그마의 다이내믹한 에너지와 형형색색 솟구치는 모습을 분화구 가까이에서 보았다. 그리고 별들로 뒤덮인 하늘을 이불 삼아 노천에서 하룻밤을 보냈다. 별을 헤며 잠든 잊을 수 없는 밤, 평생 지울 수 없는 감동이 가슴 깊숙이 밀려왔다.

아프레라 호수Lake Afrera는 몸이 둥둥 뜨는 신비를 체험하는 소금호수다.

달롤

달롤Dallol은 지구가 아니라 마치 우주 속의 행성이었다. 척박한 자연환경과 사람이 살 수 없는 기후를 가진 곳이다. 소금사막을 뚫고 올라온 유황은 화려한 색상의 아름드리 꽃을 활짝 피웠다.

조상 대대로 전통 방식에 따라 소금을 채취하는 광산은 곡괭이로 소금을 가르고 지렛대로 들어낸다.

오후 5시에는 성형된 소금을 낙타에 싣고 메켈레까지 200여㎞를 운송하는 캐러밴 행렬이 장관이다.

다음날 430㎞ 떨어진 랄리벨라Lalibela에 장장 10시간 걸려 도착했다. 가셰나Gashena 마을에 있는 주유소에 들렀다. 플라스틱 통에 담은 경유를 비싸게 팔기 위해 주유기를 아예 정전시켰다.

▲ 인력으로 떼어내는 소금뗏장

▲ 캐러밴 행렬

▲ 길 위에서 만난 사람들

▲ 길 위에 차가 보이지 않는다

에티오피아는 주거환경개선, 주택, 교육, 보건의료, 상하수도, 도로와 같은 사회 간접자본시설을 대외원조와 유무상의 차관에 의존한다. 국민은 대외원조를 당연시하고, 관광객을 상대로 폭리를 취하거나 구걸하는 것을 창피하거나 수치스러워하지 않았다. 어른과 아이 할 것 없이 눈만 마주치면 손을 벌리고 돈을 요구했다.

에티오피아 정교회의 성지, 랄리벨라

에티오피아 인구는 현재 1억 2천만 명에 육박하며, 최근 10년 사이에 2,000만 명이 증가했다. 산술적으로 25년이면 한국만큼의 인구가 증가한다. 인구증가를 억제하지 않으면 에티오피아의 미래는 암울하다. 정부는 가임기 여성 1인당 4.6명에 달하는 높은 출산율을 줄이기 위해 애 좀 그만 낳으라고 계몽하지만 여의치 않다.

▲ 25톤 덤프트럭에 흙을 싣는 사람들

국민 다수가 믿는 이슬람교와 에티오피아 정교는 다산에 호의적이고 오히려 장려한다. 그 결과 사회가 안고 있는 심각한 문제가 청년실업이다. 사람은 많고 일자리는 턱없이 부족해서 할 일 없이 방황하는 젊은이들이 많았다.

기도하는 여인

랄리벨라는 북부 도시 악슘과 더불어 에티오피아 정교회의 성지로 11개의 암굴 교회가 유명하다. 아프리카 대륙의 기독교 신자들이 멀리 예루살렘에 가지 않고도 성지순례를 할 수 있도록 해발 2,800m 돌산을 파내 교회를 만들었다. 바위산을 깎아 만든 교회는 발상의 전환이 돋보이는 건축물이다. 성 조지 교회는 십자가 형상을 본떠 만들었으며 암굴 교회의 상징이다.

▲ 성 조지 교회

▲ 일자리 게시판에 몰려든 젊은이들

랄리벨라를 떠나 620㎞ 떨어진 수도 아디스아바바Addis Ababa로 간다. 쉬지 않고 달려도 13시간이 걸리기에 중간도시 데시Dessie에서 일박한다. 아프리카 여행의 문제점은 갈 길은 먼데 중간 기착지가 마땅치 않다는 것이다. 데시는 상당히 큰 도시로 호텔, 게스트하우스, 호스텔 등의 숙박시설이 많다. 과일가게를 들르니 현지인보다 3배나 비싼 이중가격을 요구한다. 지나던 현지인이 부당한 가격이라고 지적해도 막무가내다. 일자리 게시판 앞으로 벌떼같이 사람들이 몰렸다.

상점마다 웬 점원이 그렇게나 많은지 에티오피아가 잡 셰어job share의 원조가 아닌가 싶을 정도다. 펑크 수리점을 들렀더니 정전으로 컴프레서를 돌릴 수 없으니 오후에 오라 한다.

데시를 출발해 7시간을 달려 수도 아디스아바바에 도착했다. 국립박물관 앞마당에는 셀라시에 황제가 12명의 학생에게 훈시하는 동상이 있다. 셀라시에 황제는 한국전쟁 당시 왕실 친위대를 중심으로 한 전투 병력을 한국으로 파병한 사람이다.

▲ 셀라시에 황제와 학생들

▲ Lucy 화석

박물관에서 주목해 볼 것은 지하층에 전시하는 루시Lucy의 화석이다. 여성으로 추정되는 약 1m의 작은 키를 가진 루시는 약 318만 년 전에 직립 보행했던 유인원으로 1974년 고고학자 요한슨에 의해 발견됐다. 루시라는 이름은 어떻게 지었을까? 화석을 발견해 흥분의 도가니에 빠졌을 때 라디오에서 흘러나온 노래가 비틀즈의 〈Lucy in the sky with diamonds〉였다. 만약 〈옥경이〉라는 노래가 나왔다면 Lucy가 아니라 옥경이로 불렸을 것이다.

지하 1층과 지상 3층을 가진 박물관은 에티오피아 권력자의 소장품과 일상을 보여준다. 전시품이 많지 않았고 국가를 대표하기에는 매우 부족하지만, 입장료가 싸니 용서가 된다.

트리니티Trinity 성당은 에티오피아 정교회 성당으로는 두 번째로 크다. 1942년, 셀라시에 황제가 이탈리아에 대항해 싸운 에티오피아 군인을 추모하기 위해 세웠다. 셀라시에 황제 부부의 관과 두 사람이 미사에 참례한 좌석이 존치되어 있다. 한국전쟁에서 전사한 에티오피아 군인의 유해 121기는 성당 뒤편에 안치됐다.

▲ 트리니티 성당

한국전 참전용사 기념공원을 찾아가며 에티오피아의 열악한 실상을 목격한다. 하천은 오물과 폐수로 오염되었고, 아무렇게 버려지는 생활 폐기물에서 발생하는 악취는 참기 힘들다. 아무 데서나 세차하고 빨래를 했으며, 공터는 쓰레기장이 되었다.

▲ 한국전 참전용사 기념공원

기념공원은 한국 지자체와 사회단체의 도움으로 조성된 곳으로, 기념탑 주위로는 전사한 121명의 이름을 적은 비석을 세웠다. 셀라시에 황제에 의해 국민 영웅 대접을 받았던 한국전쟁 전사자와 참전용사들은 황제의 몰락 이후 역사 뒤편으로 조용히 사라졌다.

나이가 7년이나 젊어지는 에티오피아의 시간, 율리우스력(曆)

유명한 커피 전문점 토모카를 찾아가면 오리지널 에티오피아 커피의 진수를 맛볼 수 있다. 찾아간 시간이 오후 1시 10분인데 벽시계는 7시 10분을 가리킨다. 에티오피아는 율리우스력이라는 독자적인 달력을 가지고 있다. 예수님의 탄생일을 기원후 7년으로 보고 있으며 오전 6시를 0시로 한다, 에티오피아에 오면 자신의 나이가 7년이나 젊어지는 즐거움을 경험한다.

▲ 토모카

▲ 노가트 강변에 지어진 말보르크

아디스아바바에서 며칠에 걸쳐 한국음식점을 찾아 식사를 해결하고 김치를 구매하고 부식을 보충했다. 20년째 살고 있다는 모 음식점 사장이 말하기를 "케냐는 도착비자를 발급하지 않으므로 케냐대사관에서 사전비자를 취득해야 한다. 에티오피아 도로는 모두 포장되었고 케냐 국경의 아래는 비포장이다. 케냐 세관원이 소지품을 훔치니 자리를 떠나면 안 되고 사기꾼이 많으니 조심하라."라고 한다. 우리는 사장의 조언에 귀를 기울이지 않았다. 실제로도 사장이 꽤나 아는 척하며 알려 준 정보는 맞는 것이 하나도 없었다. 20년 동안 현지에서 무엇을 하며 살았는지 모를 일이다.

아디스아바바로부터 케냐 국경은 800㎞ 거리다. 그중 150㎞는 최악의 비포장이었다. 중국 업체가 도로공사 중에 있으나 아직까지는 괴롭고 고통스럽다. 다행스럽게도 케냐에 들어서니 아스팔트 포장이 깔끔하게 되어 있었다.

사파리는 아프리카 여행의 백미

• 케냐 •

마사이족의 나라 케냐, 수도 나이로비는 국제도시로 유럽 대도시가 부럽지 않다. 소설과 영화 〈아웃 오브 아프리카〉의 배경이 된 국가, 케냐부터 사파리가 시작된다. 보고리아에서 분홍빛의 플라밍고를 보았다. 나쿠루 사파리 안에서 불의의 타이어 펑크가 났다. 사자 앞에서 식은땀으로 등짝을 적시며 펑크 난 타이어를 교체했다.

영국 지배의 흔적, 케냐의 차량은 좌측통행!

▲ 케냐와 에디오피아 국경도시 모얄레

모얄레Moyale는 에티오피아와 케냐의 국경도시다. 커스텀에 들르니 까르네를 달라고 한다. 갈라밧 국경에서 필요 없다고 해서 그냥 들어왔다고 하니 자기네 나라도 필수라고 한다. "그럼 왕복 3,200㎞를 갔다 오라고? 그건 못하겠다." 직원은 한참을 고심하더니 입국 바우처를 받는 것으로 결론을 냈다.

케냐 출입국사무소에서 동아프리카 3국 비자를 발급받고 케냐로 입국했다. 동아프리카 3국 비자는 케냐, 우간다, 르완다 등 3개국 비자를 동시에 취득하는 것이다.

케냐로 들어가 도로 위로 올라서니 차들이 우리를 보고 달려온다. '이건 또 뭐야?' 케냐는 차량의 진행 방향이 지금까지와 반대다. 케냐는 1895년 영국 보호령이 되었고, 1963년 12월 12일에 독립했다. 차량의 좌측통행 방식은 영국 지배의 결과다. 이동통신사 대리점을 들러 현지 폰을 개설하고 1개월 단기의 자동차보험에 가입했다.

▲ 갈 길을 막는 소떼

케냐 북부는 사막과 초원의 점이지대다. 북부지역은 건조하여 사막화가 되었고 남쪽으로 가면 부드러운 굴곡을 가진 야트막한 야산을 따라 푸른 초원이 펼쳐진다. 천여 마리의 소, 양, 낙타의 무리가 목을 축이고 목욕을 위해 오아시스로 집결하는 모습은 일대 장관이다.

▲ 오아시스로 몰려든 가축

도시다운 도시가 처음으로 나타났는데 이시올로Isiolo다. 적도선을 지나 수도 나이로비가 가까워지자 도로가 왕복 6차선으로 바뀌고 차량이 많아졌다.

우리는 아프리카를 소유하는 것이 아니라 단지 스쳐갈 뿐이다

카렌 블릭센 박물관Karen Blixen Museum은 1934년 발표된 소설 《아웃 오브 아프리카》의 저자 카렌이 살던 집이다. 소설은 영화로 제작되어 아카데미 영화제에서 7개 부문을 수상했으며 아프리카와 케냐를 대표하는 영화로 자리매김했다.

카렌 블릭센 박물관

주인공 카렌과 데니스가 복엽 비행기를 타고 분홍의 플라밍고 무리와 함께 나쿠루 호수 위를 날아가는 장면은 영화의 압권이다. '데니스'로 분한 로버트 레드포드의 명대사가 있다. "우리는 아프리카를 소유하는 것이 아니라 단지 스쳐갈 뿐이다."

수도 나이로비Nairobi는 중부 아프리카의 국제도시다. 알아야 할 정보는 KCB중앙은행의 ATM기를 통해 미화달러를 인출할 수 있다는 것이다.

케냐는 영국의 식민 지배를 받았다. 영국의 식민정책은 첫째, 식민지국은 자급자족해야 한다. 둘째, 모든 지하자원은 영국으로 보내야 한다. 셋째, 자원으로 만든 상품은 반드시 수입해야 한다는 것이다. 유럽 식민제국은 소수민족에게 권력과 특혜를 부여하고 총과 군대를 주어 다수민족을 지배했다. 근현대에 들어서 아프리카 대륙에서 일어난 정쟁, 탄압, 학살, 테러 등의 근본적 원인은 유럽의 식민지 통치방식에 그 뿌리가 있음을 부인할 수 없다.

나이바샤Naivasha는 담수호이며 길이만도 20㎞, 너비는 15㎞다. 아프리카에서 처음으로 초식 동물과 조류를 볼 수 있는 사파리로, 특히 호수를 중심으로 이뤄지는 보트 사파리가 유명하다. 얼룩말, 워터벅, 가젤, 누, 임팔라 등의 동물이 서식하며, 최종 포식자가 없어 약육강식의 생태계가 존재하지 않는다. 자신의 영역을 지키며 자연에 순응하며 사는 초식동물이 서식하는 평화로운 사파리다. 호수에는 하마가 지천인데 밤에만 활동하는 야행성이라 도통 물 밖으로 나오지 않으니 펑퍼짐한 등짝만 실컷 보았다.

나이바샤 호수

🚗 사자에 긴장하며 타이어를 교체, 나쿠루 국립공원 사파리

케냐 최대의 플라밍고 서식지는 보고리아Bogoria 호수다. 분홍빛 플라밍고가 호수 위로 내려앉아 물이 분홍빛으로 변했다.

보고리아 호수의 플라밍고 무리

네 번째로 큰 도시 나쿠루Nakuru에는 나쿠루 호수가 있다. 티켓을 구매하고 모하비를 끌고 사파리 공원 안으로 들어간다. 자동차 여행의 장점은 직접 차를 끌고 사파리를 할 수 있는 것이다. 얼룩말, 원숭이, 임팔라는 도처에서 볼 수 있는데, 우리를 보고 놀라거나 피하지 않았다. 사파리 차량이 다니는 도로 위에 사자 세 마리가 떡하니 누워있다. 멸종위기 종으로 보호받는 코뿔소는 새끼 두 마리를 데리고 한가롭게 풀을 뜯는다. 그때 갑자기 공기압 센서 등이 들어오며 뒷타이어가 완전히 주저앉았다. 사자가 어슬렁거리는 사파리에서 타이어를 교체하며 진땀깨나 흘렸다.

길 위로 나온 3마리 사자

가이드는 나이 30세로 5살 된 아들이 있다고 한다. 케냐에서는 보통 5명에서 10명까지 아이를 낳는데 돈이 많이 들어서 자신은 한 명으로 만족한다고 한다. 케냐로 들어오는 길에는 형제자매가 여섯 명이라는 중학생도 만났다. 아버지 나이가 42세라고 하니 앞으로 동생이 더 생길 가능성이 충분하다. 케냐가 당면한 가장 큰 문제는 청년 일자리다. 공장이나 산업체가 도통 보이지 않았다.

▲ 케냐 청년들

케냐는 영어와 스와힐리어를 공용어로 사용하고 학교에서는 영어로 수업을 가르친다. 펑크 수리기사부터 주유원, 오토바이, 택시 기사에 이르기까지 영어 못하는 사람이 없다. 부지런히 달리는데 경찰이 불러 세워 과속이라고 한다. 고지서를 발부해 주면 성실하게 내겠다고 하니 고맙게도 경고장에 사인하고 가라고 한다.

아름다운 자연과 이디 아민 독재의 상흔

• 우간다

독재와 학살로 점철됐던 40년도 더 지난 역사의 오명을 뒤집어쓴 채로 오늘을 살아가는 나라. 청산은 나를 보고 말없이 살아가라 하지만 '아닌 것'은 '아닌 것'이다. 아름다운 자연을 가진 우간다, 윈스턴 처칠은 이렇게 말했다. "우간다는 아프리카의 진주다."

우간다는 케냐와 비슷한 시기인 1962년에 영국으로부터 독립했다. 바다가 없는 고립국가이며 모든 수출입은 케냐의 뭄바사 항구를 통해 이루어진다. 우간다는 케냐와 경제 협력이 돈독하고 사회의 전반적인 시스템도 비슷하다. 특히 자동차 여행자에게 중요한 경유 가격이 똑같다.

토로로 국경

케냐와 우간다의 육로국경은 두 군데다. 하나는 부시아Busia이고 다른 하나는 토로로Tororo다.

아름다운 아프리카의 진주, 우간다

영국의 윈스턴 처칠은 이렇게 말했다. "우간다는 아프리카의 진주다." 세상 사람들은 우간다 하면 이디 아민Idi Amin을 떠올린다. 변칙적이고 기이하며 잔혹했던 피의 독재자 이디 아민은 전임 대통령의 외유 중 치사하게 쿠데타로 정권을 잡았다. 그는 인도인 등 아시아인에 대한 강제 추방, 삼십만 명에 이르는 양민 대량학살, 정부 주요 인사에 대한 숙청 등으로 세상을 경악하게 했다. 그러다가 1979년 '아프리카의 학살자'라는 오명을 역사의 한 페이지에 남기고 추방되었다. 아직도 지구상의 많은 사람은 그를 기억하고 우간다를 떠올린다.

"여러분에게는 마음대로 말할 수 있는 자유가 있습니다. 그러나 말하고 난 다음에는 여러분의 자유를 보장할 수 없다는 것을 말씀드릴 수 있습니다."

이디 아민이 남긴 유명한 연설이다.

진자Jinja에서 며칠을 쉬었다 가는 도중에 나일 강에 들렀다. 빅토리아 호수에서 발원한 백나일 강은 아프리카 대륙을 두루 적시며 장장 3개월을 흐르다가 지중해와 만난다. 보트에 올라 호수를 거슬러 오른다. 호수 가운데에 이르면 강한 압력으로 지하에서 치솟는 물이 보이는데 이곳이 나일 강의 발원지다. 가이드에 의하면 땅속에서 솟는 물의 30%와 호수의 70%가 합쳐져 나일 강으로 흘러간다고 한다. 바히르다르에 있는 타나 호수는 청나일 강의 발원지이고, 빅토리아 호수는 백나일 강의 발원지이다.

▲ 백나일강 발원지

진자는 래프팅으로 유명하다. 넓고 잔잔한 나일 강이 진자에 이르면 강폭이 좁아지고, 유속이 빨라지며, 낙차가 있는 폭포를 이룬다. 으르렁거리는 물소리가 들리면 폭포에 다가온 것이다. 험한 물살을 고무보트에 의지해 내려가는데 휙 하니 일본 여자가 보트에서 떨어져 날듯이 하류로 떠내려갔다. 하지만 안전요원이 요소마다 배치되어 만일의 사태에 대비하니 우려보다는 안전하다.

진자 래프팅

진자를 떠나 수도 캄팔라Kampala로 간다. 여자의 기원이 되었다는 전설을 가진 쎄지브와 폭포Ssezibwa Falls는 돗자리 깔고 폭포수 소리를 들으며 낮잠 자기 좋은 장소다.

우간다는 빅토리아 호수, 백나일 강의 풍부한 수자원, 아프리카 3대 고봉인 르웬조리, 탄자니아와 연결되는 대초원을 가진 아름다운 나라로 영화 〈몬도가네〉와 〈타잔〉이 촬영되었다. 아름다운 천혜의 자연환경을 가지고 있음에도 여행자의 관심에서 벗어나 있는 것은 안타까운 일이다.

시내에 있는 구(舊)캄팔라 모스크Old Kampala Mosque에 들른 이유는 두 가지다. 20세기 역사의 소용돌이에 있던 두 독재자의 동선이 겹치고, 다른 하나는 캄팔라 시내를 조망하기에 이곳보다 좋은 장소가 없었다.

▲ 수도 캄팔라 전경

악명높은 두 독재자, 우간다의 이디 아민과 리비아의 가다피

이디 아민이 추방되며 모스크 건설이 중단됐다. 그 후 리비아 독재자 가다피 Gadafi가 재정을 지원하여 모스크를 완성했다. 그래서 가다피 모스크Gadafi Mosque라고 부르기도 한다. 이디 아민과 가다피의 공통점은 악명 높은 독재자로 비극적 종말을 맞았다는 것이다.

이디 아민은 5만여 명의 우간다 거주 아시아인을 추방하고 반대파를 대량 학살했다. 그리고 1976년에는 자신을 종신대통령으로 선언했다. 이후 반대파의 반격을 받고 패배한 이디 아민은 리비아로 망명했다. 그리고 다시 사우디아라비아로 옮겨 2003년에 사망했다.

가다피는 또 어떤가? 42년을 집권하며 온갖 기행을 일삼던 그는 '아랍의 봄'의 여파로 정권 퇴진 시위가 격화되자 하수관으로 숨어들었다. 그리고 주민에게 발각되어 끌려 나오다 한 청년이 쏜 총에 맞아 죽었다. 피투성이가 된 시신은 정육점 냉장고에 보관되다 세상에 공개됐다. 모스크 사탑의 계단을 오르면 시내가 훤하다.

▲ 가다피 사원

카수비 묘Kasubi Tombs는 우간다 최대 부족인 부칸다 왕족의 무덤으로 유네스코 세계 문화유산에 등재되었다. 현지인이 친절하게 주차할 곳을 안내해 주더니, 입장료가 5달러라고 한다, 3달러로 할인받아 좋아했으나, 막상 들어가 보니 내년까지 공사로 인해 폐쇄됐다. 역시 과도한 친절에는 물음표를 붙여야 한다.

전 세계 어느곳에서도 보기 힘든 박력 넘치는 폭포

북쪽으로 간다. 머치슨Murchison 폭포 국립공원은 다양한 자연환경과 동물생태를 보존하는 국립공원이다. 길이 미끄러워 사고가 빈번하니 천천히 운전하라고 호텔 여직원이 신신당부한다. 공원을 들어가려면 케냐, 탄자니아, 르완다에서 온 여행자는 옆 나라에서 왔다고 5불, 외국인은 40불의 입장료를 내야 한다. 자동차는 별도로 150불이다. 아프리카 여행경비가 상상을 초월하는 것은 자국민에게 관대하고 외국인에게는 이중가격을 적용하기 때문이다. 비포장을 달려 주차장에 도착했다.

머치슨 폭포

신혼여행 온 현지인 부부

차에서 내리자 천둥 치는 소리가 들리는데, 마치 초원에서 울부짖는 사자들의 포효다. 땅이 갈라지고 하늘이 무너지는 소리를 따라가니 폭포다. 백여m 폭으로 넉넉하게 흐르던 강이 불과 6m로 좁아졌다. 그리고는 낙차 122m로 하류를 향해 내려꽂히듯 물을 쏟는 폭포는 게걸스럽고 공포스럽다.

나가는 길에 사고를 목격했다. 월드비전World Vision에서 근무하는 인도네시아 국적의 가족이 타고 나가던 랜드크루저가 미끄러지며 한 바퀴를 돌아 둔덕을 올라탔다. 뒤축이 부러지고 앞 범퍼가 밀리며, 창문이 부서지고 두 아이가 다쳤다. 자칫 전복할 뻔했으니 오프로드의 왕이라는 랜드크루저의 굴욕이다. 워낙 오래된 차량이니 ABS도 없고 미끄럼방지, 차체 제어장치도 없었을 것이다.

▲ 사고가 난 랜즈크루저

깬 자갈길을 달리다 타이어 펑크가 났다. 폐허인 듯한 집으로 들어가니 인기척이 있다. 너무 더워 양해를 구하고 집 앞마당으로 차를 옮겨 타이어를 교체했다. 아주머니가 젊은 남자와 함께 있어 부부냐고 물으니 깔깔대고 웃는다. 아들이라고 하는데 아주머니 나이가 38살이고 아들 나이는 20살이다. 게다가 남매가 5명이라고 하니 역시 아프리카는 다산의 대륙이다.

▲ 부뇨니 호수

우간다는 비포장도로가 많다. 흙먼지투성이의 비포장도로를 달리다 아스팔트 도로를 만나 기뻐할 만하면 더 험한 오프로드가 나타났다. 300㎞ 비포장도로를 10시간 달려 도착한 도시는 카세세Kasese다. 차에서 내려 땅을 딛으니 막걸리 2통은 족히 먹은 듯 머리가 돌고 하체가 흔들거린다. 이런 날은 눕자마자 잠드는 날이다.

국경 근처에 있는 부뇨니Bunyonyi 호수에는 29개의 섬이 있다. 300명이 거주하는 큰 섬에는 초등학교와 중학교가 있다. 호수의 명물은 통나무 속을 파내 만든 배다. 나무를 파내기 위해 고생하지만 완벽한 방수와 빠른 속도를 자랑한다. 산으로 둘러싸인 호수는 한낮에도 무덥지 않고 풍광이 수려했다.

차 꼴이 말이 아니라 세차장을 들렀다. 하천의 물을 통으로 길어 올려 세차하지만 이렇게 깨끗하게 하는 곳은 어디서도 보지 못했다. 헤드셋을 끼고 풀밭에 누워있는 청년이 있어 무슨 노래를 듣나 살펴보니 연결된 플레이어가 없다.

우간다를 떠나 르완다 국경으로 향한다.

자동차 세차

원수만도 못한 가까운 이웃사촌

• 르완다와 브룬디 •

사자, 코끼리보다 사람이 더 무서웠다. 인종 대학살, 누가 이들을 서로 적으로 만들었나? 서로 미워하며 살았던 사람들, 발칸반도에 코소보가 있다면 아프리카에 르완다와 브룬디가 있었다. 다행히도 용서와 화해, 국민 대통합을 이루고 오늘을 산다.

열강의 분리통치가 빚은 인류사의 잔혹한 비극, 르완다 대학살

우간다와 르완다 국경은 통합국경이다. 양국의 출입국사무소 직원이 같은 공간에서 근무한다. 벌떼같이 달려드는 통관대행인fixer들을 뿌리치고 국경을 둘러보니 혼자서 통관작업을 하는 데 아무 문제가 없어 보인다. 양국 국경을 통과하는 데 소요된 시간은 30분이다.

수도 키갈리Kigali로 간다. 르완다는 한국 면적의 1/3보다 작은 나라다. 하지만 인구 1,200만 명으로 아프리카에서 인구밀도가 최고로 높다. 르완다 대학살을 추모하기 위해 세워진 제노사이드 추모관Genocide Memorial Center에 들렀다.

▲ 제노사이드 추모관

▲ 대학살의 최대 피해자는 아이들

르완다는 1885년 독일식민지로 편입됐으나 세계대전에서 독일이 패망함에 따라 1919년부터 벨기에의 통치를 받았다. 벨기에는 후투족 85%, 투치족 14%의 민족 구성비를 가진 르완다에 소수민족 투치족을 통해 다수민족 후투족을 지배하는 식민정책을 폈다. 1962년 독립한 르완다는 투치족과 후투족의 갈등과 대립으로 극심한 내전에 휩싸였다. 급기야 1994년 후투족 출신 대통령 하바리마나가 탄 비행기가 대통령 친위대에 의해 격추되는 사건이 발생했다. 이를 계기로 강성의 후투족에 의해 100만 명에 이르는 투치족과 온건 후투족이 학살당하는 인류 최대의 비극이 발생했다. 이것이 제노사이드로 불리는 르완다 대학살이다.

그런데 또 다른 반전이 일어났다. 이번에는 투치족의 반군조직 르완다 애국전선이 정권을 차지하자 후투족 130만 명이 투치족의 보복을 우려해 인근 국가로 대탈출 러시를 이뤘다. 다행스럽게도 1996년 후투족이 귀환하며 현재 안정한 정세를 유지하고 있다. 호텔 여직원에게 현 대통령이 후투족인지 투치족인지 물어보니 손사래를 치며 답변하지 않았다. 당시의 악몽을 기억하고 싶지 않은 것이다. 르완다 국민은 누구나 피해자고 가해자다.

▲ 호텔 르완다의 실제 배경

키갈리는 아프리카에서는 보기 드물게 깨끗하고 정돈된 도시다. 호텔 밀 콜린스Des mille Collines는 영화 〈호텔 르완다〉의 실제 배경이 된 곳이다. 1994년 후투족 출신의 지배인 폴Paul은 1,268명의 투치족과 온건 후투족을 호텔로 피신시켜 르완다 대학살로부터 살려냈다. 입구에는 르완다 대학살로 희생된 사람을 추모하는 비석이 있다. 〈호텔 르완다〉는 논픽션 영화로 제작되어 아프리카와 르완다 역사를 이해하는 데 도움을 준다.

1인당 GDP, 세계 최하위 국가, 브룬디

불행한 과거를 털어내고 정치, 경제적으로 안정을 찾아가는 르완다를 떠나 똑같은 운명의 길을 걸었던 부룬디Burundi로 간다. 부룬디 역시 르완다와 함께 벨기에의 식민 지배 후 르완다와 분리 독립한 신생국가다. 키갈리에 있는 부룬디 대사관에 들러 사전비자를 취득하려 했지만, 연휴로 문을 닫았다. 누구는 도착비자가 있다고 하고, 어떤 카페는 사전비자를 받아야 한다는 등 정확하고 확실한 비자 정보가 없었다. 며칠을 마냥 기다릴 수 없어 복불복의 심정으로 부룬디 국경 넴바Nemba로 무작정 출발했다. 국경에 도착하니 도착비자를 발급해 줄 수 없다고 한다. 연휴를 기다릴 수 없어 그냥 왔으니 발급해 달라고 사정하니 어디론가 전화한 후에 도착비자를 발급했다. 나중에 출국 국경의 직원이 도착비자를 어떻게 발급받았냐고 의아하게 말하는 것으로 보면 부룬디는 사전비자를 받는 게 맞는 것으로 보인다.

바람에 구름 가듯이 스쳐 지나온 부룬디는 한눈에 보기에도 못사는 나라다. 길가를 걸어가는 사람들은 대체로 신발을 신지 않았다. 가옥은 나무를 얼기설기 엮어 진흙을 발라 세웠다. 독립 이후 잦은 쿠데타와 민족 갈등으로 인한 사회적 혼란과 경제 실정으로 국가 발전의 모멘텀을 찾지 못한 나라다. 이 나라가 좀 더 잘 살았으면 좋겠다는 생각이 내내 떠나지 않는다.

▲ 길거리 풍경

▲ 수도 부줌부라

아프리카 동부 관광의 지존

• 탄자니아 •

킬리만자로, 세렝게티, 잔지바르. 아프리카의 관광 지존은 탄자니아다. 굵직한 볼거리가 많은 나라. 탄자니아는 강력한 빨판을 가지고 여행자 지갑의 돈을 자기 돈처럼 무자비하게 흡입한다. 돈만 빼면 여행 만족도는 톱클래스다. 자동차 도둑이 차창을 깨고 물건을 몽땅 훔쳐 갔다. 자동차 여행을 중단하느냐 마느냐의 중대기로에 직면했다.

부룬디 국경사무소는 코베로Kobero에 있고 탄자니아는 카방가Kabanga에 있다. 탄자니아로 입국하는 사람과 차량은 코베로를 패스하고 카방가에서 부룬디와 탄자니아의 출입국 수속과 세관검사를 동시에 받아야 한다. 하나의 국경사무소를 두 나라가 공유하는 것을 통합국경 또는 'One Stop' 국경이라고 한다.

탄자니아는 돈 많이 쓰고 가라고 넉넉히 3개월 기한의 도착비자를 발급했다. 국경부터 아루샤Arusha는 1,000㎞ 거리로, 1박 하면 빠듯하고 2박 하면 여유있다. 도로는 컨테이너 트럭이 빈번하게 다니지만, 아주 고약한 비포장이다. 우시롬보Ushirombo에서 1박 하고 아루샤로 간다.

▲ 응고롱고로 보호구역 게이트

주인 허락없이 들어온 동물의 왕국, 세렝게티, 응고롱고로

세렝게티 국립공원과 응고롱고로 보호구역은 아루샤를 경유해야 한다. 응고롱고로 보호구역을 한국인으로는 처음으로 국산차량 모하비를 끌고 들어갔다. 탄자니아는 응고롱고로와 세렝게티 국립공원을 별도로 관리한다. 이 말은 입장료를 각각 받는다는 것이다. 아루샤를 출발해 응고롱고로 보호구역 게이트에 도착했다. 리셉션에서 출입허가증을 받았다. 탄자니아는 자연유산과 사파리를 통해 관광수입을 올리는 데 혈안이다. 외국인에게는 칼만 안 들었지 날강도나 다름없는 철저한 이중가격제로 고액의 입장료를 부과한다.

응고롱고로 보호구역을 들어가려면 입장료Entry fee, 분화구 관람료Crater service, 차량Vehicle 비용을 합한 금액에 부가세를 포함하여 납부해야 한다. 기가 막히고 코가 막힌 것은 세렝게티 국립공원에서 나올 때 이용한 응고롱고로 보호구역의 도로에도 입장료Entry fee와 차량Vehicle 비용을 징수한다는 점이다. 응고롱고로Ngorongoro는 250만 년 전 화산이 분화한 후 정상이 무너져 생긴 크레이터 지역으로, 유네스코 세계 문화유산에 등재되었다. 사람 거주와 동물 방목이 철저히 통제되고 있으며, 야생동물만 살아가는 동물의 왕국이다. 마사이어로 큰 구멍을 뜻하는 응고롱고로는 아프리카에서 가장 풍부한 야생동물의 보고다. 응고롱고로의 크레이터 입구에 도착해 입장 허가를 확인받고 공원 규칙에 따라 동반 가이드를 배정받았다. 길이 험해 4륜 자동차만 들어갈 수 있다고 쓰여 있지만 그런 길은 없었다. 160㎢ 면적의 크레이터는 세계 8대 불가사의로, 최대 크기의 분화구다. 응고롱고로에 서식하는 동물들은 일 년 내내 먹을 것과 풍부한 물이 있어 다른 곳으로 이동하지 않는 거주 특성을 보인다.

처음으로 만난 동물은 얼룩말Zebra이다. 단단한 근육질의 몸매와 흑백의 줄무늬는 사파리와 게임 드라이브의 상징이다. 매일 수백 마리의 얼룩말, 임팔라, 톰슨가젤이 맹수에게 먹혀도 새로운 개체 수의 보충으로 약육강식의 균형을 이룬다. 수사자가 자신의 주요 부분을 노출하고 체통 없이 누워있다. 포식한 후의 전형적인 맹수의 자세다.

제브라의 스트라이프 줄무늬는 사파리 상징

백수의 왕 사자

코끼리는 많이 보이지 않았지만, 자동차가 가까이 접근해도 무관심한 것은 무뎌서인지 사람을 우습게 보는 것인지 모를 일이다.

▲ 코끼리

초식동물을 뒤로 하고 지긋이 돌아앉은 사자의 모습은 가장 발 빠른 맹수의 느긋한 여유로움이다. 맹수 주변으로 초식동물이 어슬렁대는 것은 포식한 맹수가 더 이상 자신들을 해치지 않는다는 자연의 법칙을 알기에 가능한 일이다. 내일이면 강자의 먹이로 사라질지 모르는 약한 초식동물들이 오래오래 살기만을 바랄 뿐이다.

▲ 사파리 차량의 99프로가 도요타 랜드크루저

볼품없는 외모의 하이에나는 워낙 날쌔고 용맹스러운지라 누구라도 볼 수 있는 넓은 곳에 턱하니 앉아 자신이 강자임을 과시한다. 하마 풀에 도착했다. 물속에 바위가 있는 줄 알았는데 그게 다 하마 등짝이다. 과장되게 말하면 호수를 반이나 덮을 정도였는데 낮에는 물속에서 도통 나오지 않았다. 호수에는 분홍빛 선명한 플라밍고가 보인다.

▲ 응고롱고로 피크닉 파크

▲ 응고롱고로에 들어온 한국 최초의 차량 모하비

피크닉 파크에는 백 대도 넘는 사파리 투어 차량이 도착했다. 응고롱고로의 땅을 밟을 수 있는 유일한 장소다. 사람들이 다가와 어디서 왔는지 어느 나라 차량인지 물어본다. 도요타 랜드크루즈가 99.9%인 응고롱고로에 한국에서 부터 달려온 국산 자동차가 들어간 것은 우리가 처음이다.

세렝게티Serengeti 국립공원으로 간다. 길을 달리며 차가 부서지는 것은 아닌지 심각하게 고심했다. 빨래판 노면의 비포장도로를 무려 160㎞ 달렸다. 응고롱고로 보호구역의 끝은 세렝게티 국립공원의 시작이다. 네 시간을 달려 세렝게티 국립공원의 나비힐 게이트에 도착했다. 입장료Entrance, 차량Vehicle, 특별캠핑요금Special Camping Fee에 부가가치세를 더해 입장료를 지불했다. 비용을 모르고 왔기에 들어간다. 미리 알았다면 안 왔다고? 그렇다. 세렝게티가 아니라 그의 할아버지라도 얼씬거리지 않았을 것이다. 공원 내의 숙박업소에 돈을 지불함에도 'Special Camping Fee'라는 별도의 자릿세를 내야 한다.

게이트로부터 빨래판 비포장을 60㎞ 더 달려가야 안내센터가 나온다. 비싼 입장료를 받으면서도 이런 도로를 달리게 하는 탄자니아 정부에 화가 났다. 거금만 지불하지 않았다면 세렝게티고 네렝게티고 간에 돌아갔을 것이다. 몽골 노던루트에서 만난 빨래판 도로가 티셔츠를 빨기 위한 것이라면 세렝게티는 솜이불 전용 빨래판이다.

▲ 나비힐 게이트

공원 내에는 여러 형태의 숙소가 있지만, 선택의 여지가 없는 관계로 비싼 편이다. 우리가 선정한 숙소는 그램핑 롯지로 하루 3식이 제공된다. 숙소 가까운 인근에서 하이에나 울음소리가 밤새 들렸다. 초대받지 않은 여행자들이 동물의 삶터로 들어온 것이다.

▲ 계기판에 뜬 경고등

세렝게티 국립공원을 돌아보려면 사파리 차량을 이용해야 한다. 도보로 이동하는 것은 맹수로부터 생명을 담보해야 하기에 금지된다. 사파리 차량의 99.9%가 도요타의 랜드크루저다.

모하비를 끌고 사파리 투어에 나섰다. 비가 내려 길이 미끄러웠고 도로는 침수되어 수렁이 되었다. 계기판에 ABS, 차체 자세제어, 4륜구동, 기아저단, 저압타이어, 통합경고등 등 매뉴얼 북에 나온 경고등은 모두 점등했다. 길가로 코끼리가 나타났다. 레오파드가 나무에 걸쳐 사지를 늘어뜨리고 잔다. 사자 새끼가 무리를 지어 나타났는데, 근처가 사자 언덕이다.

▲ 사자 동산

세렝게티 국립공원이 지향하는 것은 동물 생존을 보장하기 위한 노력이다. 하나 더 붙이면 그런 일을 하려면 많은 돈이 필요하니 비싼 입장료를 양해해 달라는 이야기다. 레오파드가 임팔라를 끌고 나무 꼭대기로 올라갔다. 그리고 피를 뚝뚝 흘리며 먹는데 세렝게티에서도 보기 힘든 광경이다.

'백수의 왕' 수사자는 하루 20시간을 그늘에 있지만 긴 갈기를 얼굴과 목에 두른 포스는 역시 초원의 제왕으로 손색이 없다. 기린은 낮은 나무에 달린 잎새와 초원의 풀을 뜯기 위해 네 발을 '팔(八)'자로 벌렸다. 기이한 자세로 여행자에게 웃음과 해학을 주지만 기린에게는 생존의 문제다.

▲ 임팔라를 물고 나무로 올라간 레오파드

▲ 기린의 익살스런 자세

건기에는 강을 덮을 정도로 많은 하마가 모인다고 하는데 지금도 많다. 먹이사슬의 최하위에 포진한 임팔라는 정글 생태계에서 없어서는 안 되는 중요한 존재다. 이들이 없어지면 와일드 라이프는 사라진다. 지천으로 널린 얼룩말의 검은색 줄무늬는 세렝게티 국립공원의 상징이다. 주변을 두리번거리고 소리에 민감하게 반응하는 부류는 불쌍한 초식동물이다. 늘 상위 포식자의 접근을 경계하며 자신의 생명을 보존해야 한다.

맹수가 우글우글한 밀림에서 온전히 살아 돌아가야 한다

모하비가 깊은 수렁에 빠졌다. 사파리는 불시에 발생하는 자동차 트러블을 모두 자신이 알아서 해결해야 하는 매정한 삶의 현장이다. 맹수가 오가는 초원은 도와달라고 말할 수도 도와줄 수도 없는 비정한 곳이다. 하지만 모하비는 오도가도 못하는 좁은 진탕의 수렁에서 필사의 탈출에 성공했다. 드라이버의 오프로드 실력이 좋아서인지, 아니면 모하비 성능이 좋아서인지 아직도 의문이다. 몇 날 며칠을 대책 없이 기다려야 하는 밀림에서 무탈하고 온전하게 돌아가야 할 생명 같은 존재가 자동차다. 4년의 세계 일주를 잘 버텨내고 지금도 잘 굴러가는 모하비가 그저 신통할 따름이다.

▲ 세렝게티 글램핑 롯지 내부

▲ 글램핑 식당

하루 3식이 제공되는 식사는 훌륭했다. 따뜻한 물로 샤워가 가능했고 수세식 화장실이 구비됐다. 늦은 밤 숙소에서 나가면 안 된다는 주의를 굳이 듣지 않았어도 하이에나의 울음소리를 들으며 밖으로 나갈 정신 나간 사람은 없을 것이다. 저녁 식사 후 롯지로 돌아갈 때면 안전을 위해 손님만 보낼 수 없다며 랜턴을 들고 앞장서는 영리한 친구는 많은 팁을 챙기는 요령을 맹수의 울음소리를 들으며 몸소 체득했을 것이다.

▲ 글램핑 Staff

세렝게티 국립공원을 떠나 응고롱고로 보호구역으로 가는 도중에 대평원을 이동하는 어마어마한 누Wildebeest 떼의 행렬이 있었다. 시작과 끝이 보이지 않는 긴 대오를 이루어 초원을 가로지르는 누 떼 행렬은 사파리 투어의 화룡점정이다.

▲ 사파리 투어의 화룡점정은 대평원을 이동하는 누 떼의 행렬이다.

응고롱고로 보호구역에 거주하는 원주민은 마사이 부족이다. 자동차를 세우면 전통 복장을 곱게 차려입은 어린이가 사진에 찍히고 돈을 받기 위해 쏜살같이 뛰어왔다. 그놈의 돈이 무엇이라고 애들을 돈벌이로 내모는지 부모들이 야속하다.

▲ 마사이 부족 어린이

태초의 자연 신비를 고스란히 간직한 응고롱고로와 세렝게티를 아프리카의 심장 또는 배꼽이라고 한다. 에덴동산을 추구하는 대자연의 서사시가 펼쳐지는 이곳에서 때 묻지 않은 동물들의 순수한 본성을 배우고 돌아간다.

킬리만자로야, 반가워!

해발 5,895m, 아프리카 대륙의 최고봉 킬리만자로Kilimanjaro의 배후 도시는 모시Moshi다. 여행사를 찾아 5박 6일의 트래킹을 예약했다.

▲ 산 입구에서 전철연을 만났다.

탄자니아 정부는 국립공원을 들어가는 외국인의 입장료를 고가로 책정해 국가의 중요 재원으로 한다. 비싸기로 유명한 스위스도 탄자니아에 비하면 조족지혈이다. 그렇다고 여기까지 와서 킬리만자로를 패스하는 것은 있을 수도, 생각할 수도 없는 일이다.

산행을 출발하기 전 고산 약을 구입하려고 약국에 들렀다. 그때 우리를 바짝 붙어 들어온 청년이 있었다. 다이옥신 있냐고 약사에게 물으니 청년이 "있다."라고 대신 대답한다. "당신은 약국이랑 무슨 관계냐?"고 하니 "약사가 엄마고 자기는 아들"이라고 한다. 약사에게 물어보니 자기 아들이 아니라고 한다. 아프리카에서는 날마다 삼라만상의 인간관계가 새록새록 생기니 진정으로 사람이 어울려 살고 있음을 느낀다.

▲ 마랑구 산행의 시작, 태발 1980m

▲ 해발 2720m, Mandara Hut

킬리만자로를 오르는 일반적인 루트는 마랑구Marangu와 마차메Machame다. 대부분의 등산객은 이 중의 한 곳을 선택한다.

첫날 산행은 해발 2,720m에 있는 만다라 산장Mandara Hut까지다. 캠핑장에는 화장실, 식당, 친환경 목재로 만든 4인용 방갈로가 있다. 포터가 머리 감고 세수하라며 따뜻한 물을 한 바가지 가져다준다. 어둠이 내리자 별이 하늘을 덮고 롯지는 깊은 침묵 속으로 빠졌다. 숲속에서 들리는 원숭이 울음소리를 들으며 깊은 잠에 빠졌다. 킬리만자로 산행에는 가이드, 포터, 셰프 등 많은 스탭이 동원된다. 산행 중의 식자재, 생수, 조리기구, 프로판가스가 이들에 의해 이동되고 사용된다. 금일 산행도 무난한 구간으로 야생화가 만발한 능선을 따라가는 길이다. 산을 오를 때 제일 부러운 것은 산행을 마치고 내려오는 사람이다. 해발 3720m, 호롬보 산장Horombo Hut까지 올랐으니 하루 1,000m 고도를 올린 것이다.

▲ 해발 3720m, Horombo Hut

사흘째는 주변의 산을 가볍게 다녀오며 고산에 적응했다. 산행을 시작하기 전 트래킹 여행사는 날씨가 좋아도 너무 좋다고 했다. 그러나 하루도 빠짐없이, 그것도 온종일 비가 내렸다. 우리가 안 갈까 봐 거짓말한 것이다. 우기에는 젖으면 마르지 않으니 라이딩 기어를 많이 챙겨야 한다. 국립공원은 입장료를 두둑이 받으면서도 방갈로에 군불 하나 때 주지 않았다. 오죽하면 젖은 등산화를 전구에 걸

멀리 보이는 산이 킬리만자로

어 말렸을까? 자동차 여행 중에 별 준비 없이 오른 산이다. 옷을 많이 가져오지 않은 것에 대한 걱정과 후회가 들었다.

나흘째는 해발 4,720m에 있는 키보 산장Kibo Hut까지 올라가는 날이다. 완만한 경사와 평편한 구릉을 따라 수월하게 올랐다. 동행한 독일 청년은 해발 3,720m에서 고산증세를 느꼈다고 한다. 우리도 어젯밤에 잠을 전혀 못 이룬 것을 보면 몸속 어딘가로 고산증이 찾아온 것은 틀림없는 일이다.

이곳까지 오르며 하산하는 세 팀의 한국인을 만났다. 첫 번째 만난 젊은 여성은 추워서 그냥 내려간다고 하니 킬리만자로를 우습게 보고 올라온 것이다. 두 번째 만난 여성은 정상을 오르던 도중 구토증이 심하게 와서 포기했다고 하니 고산증이 그 원인이다. 세 번째 만난 네 분의

▲ 고산 증세가 나타났다. 지난 밤을 뜬 눈으로 새웠다.

▲ 안개로 앞이 보이지 않는다

▲ 킬리만자로를 마주보는 해발 5149m, 마웬지 봉

중년 남녀는 마지막 키보 산장에서 정상 등정을 포기하고 하산하고 있으니, 고산과 수면 부족에 따른 컨디션 저하가 원인일 것이다. 안타깝게도 우리가 만난 한국인은 모두 정상 등정을 포기하고 내려가고 있었다.

산이 높아지자 짙은 안개로 앞이 보이지 않는다. 마지막 산장 키보 산장, 킬리만자로 서부 능선을 마주하는 해발 5,149m 마웬지Mawenzi의 전망은 수려하고 늠름하다. 우뚝 서 있는 마웬지 봉우리를 보며 정상 등정에 대한 도전과 의지를 다진다. 정상 등정은 밤 11시 30분 야간산행으로 시작된다.

포터 옷을 빌려 입고 오른 킬리만자로의 정상

킬리만자로 등정은 자동차 여행 중에 꼭 해야 할 일이었다. 그러나 산행 준비는 매우 부족했다. 산 정상은 영하 15도 내외다. 어설픈 스포츠 웨어로 이곳까지 올라오며 악으로 깡으로 버텼지만, 지금부터는 상황이 다르다. 정상에 올라가서 얼어 죽느냐? 아니면 중간에 포기하고 내려오느냐? 선택의 문제에 봉착했다. 그렇다 빌려 입자. 밖으로 나가 포터들의 옷을 확인한 후 한 명을 불러 조용히 이야기했다. "네 옷 좀 빌려야 되겠다." 본격적인 정상 등정에 앞서 이곳에서 더 이상 올라가지 않는 포터로부터 등산복 상하의를 빌렸다. 여행자로부터 생각지도 않은 부수입을 올린 포터는 입이 귀에 걸리도록 좋아했다. 포터 옷을 빌려 입고 킬리만자로를 등정한 여행자가 우리 말고 또 있을까?

▲ 해발 4720m, Kibo Hut

킬리만자로는 호락호락하게 정상을 넘보는 것을 허락하지 않았다. 며칠 동안 산을 오르며 차곡차곡 쌓인 피로와 수면 부족으로 컨디션이 최악이었다. 더구나 마지막 구간은 잠 한숨 자지 않고 올라가야 하는 야간 산행이다. 경사는 점점 급해지고 용암이 앞을 가로막았다. 두 발을 디디면 한 발이 미끄러지는 화산재로 덮인 산이다. 6시간의 산행 끝에 해발 5,685m 길만 포인트Gilman's Point에 오르니 동쪽 능선을 붉게 물들이며 태양이 솟는다.

▲ Gilman's Point, 해발 5685m

정상까지는 1시간 30분을 더 가야 한다. 수시로 몰려오는 잠과 고산의 고통을 잊으려 별의별 생각을 다 떠올린다. 가수 조용필은 킬리만자로 정상을 밟아보고 노래를 한 것인지? 킬리만자로의 표범은 과연 있는 것인지? 눈이 무릎까지 묻혔다. 해발 5,756m, 스텔라 포인트Stella Point를 지났다. 그리고 해발 5,895m, 킬리만자로 정상, 우후루 피크Uhuru Peak에 올랐다.

▲ Congratulations at Uhuru Peak, 해발 5895m

아! 아프리카여, 뛰는 가슴으로 너를 품는다. 아프리카 대륙을 내려다보는 가장 높은 곳에 올랐다. 설원의 그라시아, 크레타, 푸른 하늘, 우리가 아프리카의 최고봉을 올랐구나. 대륙의 정기를 받으며 크고 넓은 용기를 얻었다.

▲ 아프리카 대륙을 위에서 아래로 내려다 보다.

만만하게 올랐다가 호되게 고생했다. 입술은 위아래로 터지고, 다리에는 굵은 알이 박혔고, 강한 자외선으로 얼굴에 약한 화상을 입었다. 그래도 용서가 되고 위안 되는 것은 정상을 밟았다는 것이다.

하산은 1박 2일이 걸린다. 호롬보 산장Horombo Hut에서 황당한 일을 당했다. 가이드가 찾아와 스탭 인건비로 미화 660불의 지급을 요구했다. "너희는 여행사로부터 받아야 한다." 라고 아무리 설명해도 막무가내다. 이튿날 아침, 가이드는 간밤의 일을 사과하고 여행사에 컴플레인을 하지 말아 달라고 당부했다.

▲ 산행 가이드와 포터들

다시 못 올 킬리만자로, 정상을 밟음으로써 더 이상 오지 않아도 되는 산이 되었다. "바람처럼 왔다가 이슬처럼 갈 수 없잖아. 내가 산 흔적일랑 남겨둬야지." 우리의 자동차 여행은 킬리만자로를 뒤로하고 또 다른 흔적을 남기기 위해 길을 떠났다.

세상에 별 인정 넘치는 도둑도 다 있는 도시, 다르에스살람

▲ 다르에스살람 업무지구

경제수도 다르에스살람Dar es Salaam은 해운 물동량의 80%를 차지하는 탄자니아 최대 항구다. 또 동아프리카 내륙국가로 연결되는 국제도시다. 아침 일찍, 비자 신청을 위해 말라위 대사관Malawi High Commission을 찾았다. 말라위 대사관과 담장을 사이로 인공기가 펄럭이는 북한대사관이 있다. 직원이 비자 신청서를 직접 써주는 등 2시간 만에 비자가 발급됐다. 담당 영사가 방에 들어오라 하더니 컴퓨터가 다운되어 지체됐다고 미안해한다. 아마 원래는 더 빨리도 발급되는 것으로 보인다.

대사관을 나와 외부 주차장으로 나갔다.'아니, 이건 또 뭐지? 꿈인가? 생시인가?' 눈을 비비고 다시 봤다. 분명한 생시다.

▲ 박살난 모하비 창문

모하비의 뒷문 유리창이 박살났다. 도둑놈이 차량 유리를 깨고 안에 있는 소지품을 거의 훔쳐갔다. 손에 닥치는 대로 가방과 소지품을 집어갔다. 카메라, 고프로, 070폰, 핸드폰, 까르네, 국제운전면허증, 황열병 접종증명서, 신용카드, 여행자수표, 자동차부품, 상비약, 옷, 킬리만자로 정상을 밟았던 등산화까지 가지고 갔다. 대사관을 통해 경찰서에 신고했지만 도통 경찰은 출동하지 않았다. 주 탄자니아 한국대사관으로 전화를 걸었다. 도난 이후 처리 과정에 대해 영사 조력서비스를 받고 싶다 하니 담당자는 "사람이 없어 불가능하다."라며 거절한다. 그러자 말라위 국방무관은 한국대사관의 모 서기관을 잘 알고 있다며 직접 전화를 연결해 주었다. 서기관은 "그들은 사건처리와 해결에 아무 도움을 줄 수 없는 사람들인데 왜 그곳에 있느냐"고 말한다. 자신이 도움을 줄 수는 없어도 말라위 대사관 도움을 받는 것은 기분 나쁘다는 이야기다.

말라위 대사관은 차량파손과 도난사고가 발생한 것에 대해 매우 미안해했다. 국방무관은 대사관 안으로 모하비를 옮기게 한 후 대사관 차량에 우리를 태우고 평소에 알고 지낸다는 한국 교민 사업장을 찾아갔다. 그곳에서 자동차 정비 관련 사업을 하는 한국 교민 문 사장을 만나 오이스터 베이Oyster Bay 경찰서를 방문해 사고접수를 하고 폴리스 리포트Police Report를 받았다. 대사관 앞 건물에 설치된 CCTV를 확인하기 위해 수사경찰과 함께 찾아갔지만, 건물관리인은 담당자가 없다는 등의 핑계를 대며 녹화물을 보여주지 않았다.

▲ 말라위 대사관

▲ 수사 중인 탄자니아 경찰들

이튿날 아침, 국방무관으로부터 도난물품을 찾았다는 전화가 왔다. 실상은 찾았다기보다 도둑놈이 가져다 놓은 것이다. 장물로 팔아 돈이 되거나 자신들이 사용할 것을 제외한 나머지를 대사관 앞마당에 던져놓았다. 5m가량의 보안 펜스가

쳐진 담장 너머로 가방을 던질 정도면 탄자니아 국가대표급의 투포환 선수를 능가하는 도둑이다. 게다가 배려심 깊은 도둑인지 여행을 계속하도록 증명서와 서류를 돌려주고 또 밥 굶을까 봐 카드까지 돌려주었다. 수사경찰관에게 이런 인간적인 도둑놈들은 오이스터 경찰서장이 선행 표창장을 주어야 하는 것 아니냐는 말 같지도 않은 말을 했다.

수사경찰이 한 명 더 투입됐다. 우버로 모시고 오고, 모셔다드리고, 점심도 사 먹이고, 일당까지 챙겨줘야 하는 경찰이 한 명이 아니라 두 명이 된 것이다. 이제 각자의 공간으로 돌아가 자기 일에 충실해야 할 때가 됐다. 본인 일처럼 사건처리를 도와준 말라위 대사관의 국방무관 깔라위와 직원들도 고마웠고, 딱히 되는 일도 없이 매일같이 현장에 달려와 성과도 없는 수사를 하느라 고생한 탄자니아 경찰도 모두 고마운 사람이다. 도와주신 교민 분이 정비사업을 하시는 관계로 자동차 수리도 수월하게 원스톱으로 진행됐다. 말라위 대사관의 깔라위 국방무관과 그분이 소개한 한국 교민 문 사장이 없었다면 무더운 날씨에 다르에스살람을 얼마나 헤매고 다녀야 했을까?

▲ 수사경찰이 한 명 더 투입됐다.

일이 안 풀리거나 스트레스를 받을 때는 잘 먹어야 한다. 나흘 동안 궁Goong이라는 한국식당을 찾았다. 대개의 한인식당이 인건비가 저렴한 현지인 셰프에게 요

▲ 한식당 궁

리법을 전수하고 관리만 하는데, 이 식당은 주인아주머니가 직접 음식을 조리했다.

식사를 마친 후 호텔로 가기 위해 우버를 호출했다. 힘차게 달려오던 우버가 1㎞ 전방에서 멈췄다. 10분이 지나도 안 오고, 또 10분이 흘러도 움직이지 않았다. "사고가 났나?" 이건 또 뭐야? 걸어서 그 장소를 찾아가니 차를 세워놓고 자고 있다. "너 우버 아니냐?"라고 하니 당황했는지 아니라고 거짓말까지 한다. 다른 우버를 호출했다. 그 차는 아예 다른 곳으로 갔다. 호출을 취소하라고 메시지를 보내니 우리보고 취소하란다. 호출 후 5분이 지나 취소하면 취소수수료 3,000실링을 고객이 부담하는 것을 노린 치졸한 행동이다.

잔지바르Zanzibar는 다르에스살람에서 페리를 타야 한다. 잔지바르는 탄자니아 자치령이다. 정부로부터 많은 자치권을 이양받아 주도를 운영한다. 특이했던 것은 입도와 출도시에 별도의 출입국 심사를 받아야 한다. 킬리만자로에 동행했던 가이드가 말하길 잔지바르는 탄자니아가 아니란다. 국제법상 엄연한 탄자니아임에도 잔지바르를 다른 나라라고 말하는 이유가 있었다.

잔지바르는 7세기경 페르시아인이 중동, 아프리카, 인도를 연결하는 중개 무역항으로 개발했다. 16세기에는 포르투갈이 점령했고, 1828년부터 1861년까지 오만제국이 통치했다. 1896년 영국 통치를 받고 1964년 탄자니아 자치령이 되었으니 숨 가쁜 격동의 세월을 겪은 섬이다. 130만 명이 사는 잔지바르

▲ 스톤타운은 도시 전체가 유네스코 세계문화유산

는 인구 90%가 모슬렘이다. 주도 스톤타운은 도시 전체가 유네스코 세계문화유산으로 지정되었다.

남유럽·아랍·아프리카 고유의 문화적 이형 결합, 잔지바르 섬

잔지바르의 지난 역사에는 노예무역으로 크게 번성한 아픈 상처가 있다. 동부 아프리카에서 잡혀 온 흑인노예들은 노예무역의 최대 중심지 잔지바르로 집결하여 중동으로 팔렸다.

노예시장Old Salave Market은 광장을 가득 채운 노예, 가격을 외쳐대는 경매꾼, 이들을 사려는 무역상의 외침으로 가득 찼다. 흑인이라는 이유로 본인의 의사와 무관하게 끌려와 먼 나라로 팔려 간 아프리카 흑인들의 한 많은 사연을 간직한 곳이다.

▲ Slave Market

▲ 잔지바르는 수많은 나라의 지배와 통치를 받았다.

크라이스트처치 성공회성당Anglican Cathedral Christ Church은 노예제도 폐지를 기념하기 위해 1873년부터 10년에 걸쳐 건축했다. 교회 안에는 데이비드 리빙스턴의 기록이 있다. 그는 아프리카를 탐험한 영국 선교사다. 아프리카를 유럽에 알리고 노예해방에 앞장섰으며, 1873년 잠비아에서 무릎 꿇고 기도하며 세상을 떠났다. 또 잠비아에 묻힌 리빙스턴 묘역의 나무로 만든 십자가상, 그리고 노예해방을 위해 노력한 리빙스턴과 탐험가들에게 헌정된 스테인드글라스가 있다.

▲ 크라이스트처치 성공회성당

포로다니Forodhani 항에서 죄수의 섬Prison Island으로 간다. 섬에는 흑인 노예 100명을 수용하는 방이 12개가 있으며 지금은 감옥 일부가 호텔로 쓰인다.

▲ 죄수의 섬, 실제는 노예의 섬

포로다니 공원에서는 해가 지면 해산물, 꼬치구이, 잔지바르 피자, 사탕수수 주스를 파는 야시장이 열린다. 여행자는 현지 기온이 매우 높으므로 음식물 선택에 주의해야 한다. 울산에서 온 청년은 식중독에 걸려 40도가 넘는 고온과 고열에 시달렸다. 병원을 찾아 진찰을 받고 처방과 조제를 했는데, 청구금액이 미화 1,000불이다. 아프면 억울한 곳이 여행지이니, 죽기 살기로 건강해야 한다.

▲ 능궤 해변

최북단 휴양도시 능궤Nyungwe는 세계에서 손꼽히는 해안 휴양지다. 에메랄드 바다. 강렬한 태양, 끝없는 모래사장, 높지 않은 파도, 해변의 산호초, 그중의 압권은 바다 빛이다.

휴식과 힐링을 원하는 누구라도 만족시킬 수 있는 휴양지가 능궤다. 졸리면 자고, 일어나면 해변을 산책하고, 물이 그리우면 바다로 빠져든다. 신체가 반응하는 대로 마음이 내키는 대로 시간을 보내는 것이 능귀를 즐기는 방법이다. 하늘과 바다를 붉게 물들이는 일몰 또한 이곳의 자랑이다.

잔지바르를 떠난다. 잔지바르 항에서 출국카드를 작성하고, 출국심사를 받은 후 킬리만자로 호를 타고 다르에스살람으로 향했다.

▲ 고기잡이 떠난 남편을 기다리는 여인들

눈이 부시게 푸르른 날에 그리워할 나라

◦ 말라위 ◦

파도와 망고나무가 바람에 떠는 소리가 밤새 들리는 말라위 호수, 하얀 구름이 눈높이로 내려오고, 하늘은 더 높고 더 푸르다. 서정주 시인의 〈푸르른 날〉이 생각나는 나라, 눈이 부시게 푸르른 날은 그리운 사람을 그리워하자. 그리고 말라위도 그리워하자.

다르에스살람으로부터 말라위 국경은 900㎞로 예상 소요 시간은 16시간이다. 도시를 벗어나기 전 중국 마켓에 들러 식자재를 샀다. 첫날은 모로고로Morogoro까지 이동했다. 다음날은 미쿠미Mikumi 국립공원을 관통하는 국도를 달리며 공짜로 사파리를 했다. 귀 쫑긋 세우고, 조그만 소리에도 민감하게 반응하는 초식동물은 지천으로 널렸다.

▲ 미쿠미 국립공원 횡단 국도

햇볕으로 달궈진 아스팔트 위로 원숭이 수백 마리가 떼지어 나타났다. 상당히 공격적이라 창문을 열거나 차에서 내리면 안 된다. 원숭이는 사람을 무서워하지 않는다.

기린과 코끼리가 보인다. 다른 동물은 나무와 숲에 가려 보이지 않지만, 이들은 언제나 눈에 띈다. 어기적거리지만 빠른 걸음을 가진 기린은 물끄러미 우리

아스팔트 도로를 점령한 원숭이 무리

Zebra

를 쳐다보다 순식간에 시야에서 사라졌다. 더 많은 동물을 보려면 사파리 투어를 해야 한다. 역시 미투미 국립공원을 들어가려면 세렝게티 국립공원과 비슷한 입장료를 내야 한다.

아프리카는 빠르게 변하고 있었다. 비포장이 아스팔트로 바뀌고, 인터넷으로 세상사를 알게 되고, 나무로 얽었던 움막집은 벽돌집으로 바뀌었다. 대부분의 아프리카 국가가 빈곤, 기아, 질병 속에서 살고 있을 것이라는 고정된 관념에 균열이 가기 시작했다. 18세기 중엽 영국으로부터 시작된 산업혁명은 농업 중심에서 공업사회로 전환되는 사회 경제구조의 대변혁을 가져왔다. 불행하게도 아프리카 대륙은 유럽 식민지로 속속 편입되며 보편적 경제 질서에 편승하지 못하고 오히려 퇴행했다.

음베야Mbeya 삼거리에서 방향을 틀어 남쪽으로 가면 탄자니아 최대 곡창지대가 나온다. 황금물결을 이룬 너른 평야에는 곡식이 가득하고 완만한 야산에는 바나나와 파인애플 농장이 들어섰다.

송웨 국경 통제소Songwe Control Border는 탄자니아와 말라위 국경이다. 국경에서 제일 먼저 만나는 사람은 환전상이다. 쓰다 남은 돈과 앞으로 써야 할 돈을 바꿔야 한다. 국경 환전이 유리하다고 말하는 여행자들이 있지만, 경제구조에 대한 이해가 있는 사람은 이런 말을 하기가 쉽지 않다.

여행 중에는 예측 불허의 기상천외한 일이 발생한다. 환전상으로부터 돈을 받고 나서 확인해 보니 돈이 모자란다. 분명히 눈을 부릅뜨고 쳐다봤음에도 돈이 모자라는 것은 반으로 접어서 이중으로 카운트한 경우다. 국경의 마술사라고나 할까? 기가 막힌 손재주를 가지고 있다.

탄자니아 국경사무소에서 출국스탬프를 받기 위해 세관에 들렀다. 입국할 때 납부한 도로통행세 지불영수증을 보여 달라고 한다. 돈을 낸 적이 없으니 영수증이 있을 리 없다. 시간은 지체됐지만, 탄자니아 세관원의 과실로 판명됐다.

말라위 국경사무소에서 입국도장을 받고 세관에 들러 도로진입세Road Access Fee를 납부했다. 말라위에 입국하는 자동차는 미화 20불의 요금을 지불하고 납부확인서를 가지고 다녀야 한다. 확인서가 없으면 미화 500불의 페널티를 부과하니 명심해야 한다. 어두워져서야 말라위에 들어섰다. 국경선만 넘었을 뿐인데 주변의 분위기가 다르다. 포장도로는 낡았고, 자동차는 물론이고 오토바이조차 없다. 위험천만하게 밤길을 내달리는 자전거만 눈에 띈다.

놀라울 정도로 맑은 호수의 나라

칼롱가Kalonga에서 1박을 했다. 부킹닷컴에 나와 있는 숙소를 직접 방문해 가격을 흥정했다. 금액이 적으면 오케이고 더 비싼 값을 부르면 부킹닷컴의 가격을 제시했다. 통상 숙소 요금은 부킹닷컴에 나와 있는 금액보다 저렴하며, 유럽과 달리 디스카운트도 가능했다. 아침에 체크아웃을 위해 숙소 문을 열자 한 여자가 복도에 앉아 있다. 짐을 옮겨주고 팁을 받기 위해서다. 주차장으로 가니 시키지도 않았는데 세차를 한다. 역시 팁을 받기 위해서다.

▲ 맨발의 중학생에게 신발을 도네이션했다.

길 위를 걸어가는 사람의 절대 다수가 신발을 신지 않았다. 성장기의 어린이와 학생들은 맨발로 걸어 학교에 가고 그 발로 뛰어다니며 놀았다. 길가는 중학생을 세워 가지고 있던 운동화를 주었다. 자기 반에서 운동화를 신은 유일한 학생이 될지도 모른다.

▲ 시골장에서 신발을 구매했다.

▲ 기뻐하는 아이들. 멀리 뛰어오는 아이는 주지 못해 마음에 걸렸다.

음주주Mzuzu까지는 250㎞ 거리지만 차가 없으니 주유소가 있을 리 없다. 시골장이 열렸는데 신발장수가 좌판을 벌리고 짝퉁 크록스Crocs를 팔고 있었다. 20켤레를 구입해 맨발로 걸어가는 학생에게 한 켤레씩 나누어주는데 5분이 채 걸리지 않았다.

젊은 청년이 등짝이 다 찢어진 티셔츠를 입고 걸어간다. 남대문에서 카메라 살 때 서비스로 받은 티셔츠를 건네주니 눈을 크게 뜨고 고마워한다.

말라위는 말라위 호수를 경계로 모잠비크와 마주한다. 면적이 자그마치 30,000㎢에 이르니 우리 땅의 1/3에 달하는 바다 같은 호수다. 말라위 호수 주변으로 호텔과 리조트가 있다.

▲ 캠핑리조트 친테체 인

▲ 말라위 호수

롯지와 캠핑장을 겸하는 친테체 인Chintheche Inn은 유럽의 오버랜더에게 많이 알려진 곳으로 벨기에 사람이 운영한다. 파도소리와 망고나무가 밤새 바람에 떠는 소리를 들으며 잠이 들었다.

수도 릴롱궤Lilongwe로 가는 길은 푸른 하늘, 하얀 구름, 야트막한 구릉으로 이어지는 초지다. 하늘이 가장 맑고 푸른 나라는 어디? 말라위다.

부지런히 손님을 태우는 자전거 택시, 몇백원의 호사, 무거워서 미안하다.

치팔라파타Chipalapata 삼거리에서 우측으로 돌아 릴롱궤로 가는 국도로 올라섰다. 말라위에는 자전거 택시가 있다. 오토바이 택시는 봤어도 자전거 택시는 처음이다. 자전거 택시를 타려면 브레이크가 잘 듣는지 확인해야 한다. 브레이크

자전거 택시

패드가 닳아 발바닥으로 정지하는 기사가 있기에 그렇다.

▲ 한식당 Mom's Table

릴롱궤에 도착한 후 한식당 맘스테이블Mom's Table에 들렀다. 한국말로 수다를 떨고, 여행 정보를 얻고, 한국 음식을 먹을 수 있는 곳이 한국식당이다.

▲ 말라위 국도

여사장님은 여행하느라 고생이 많다며 김치와 참기름을 공짜로 주셨다. 여행자로부터 한 푼이라도 더 받으려 애쓰는 한국식당이 대부분인 외국에서 잊을 수 없는 선물과 환대를 받았다. 든든한 한국 음식으로 체력을 보충했으니 출발할 일만 남았다.

푸른 하늘이 그리울 때면 마음속에 떠오를 나라, 말라위를 떠나 잠비아로 간다.

세계 3대 폭포 빅토리아로 가는 길

• 잠비아, 짐바브웨, 보츠와나 •

폭포를 경계로 두 나라가 있다. 잠비아에서 빅토리아 호수를 보면 짐바브웨가 서운해한다. 4개국 국경이 접하는 경계에 초베 국립공원이 있다. 짐바브웨의 은행에는 돈이 없어 며칠을 기다려야 한다. 못살아도 좋아. 다 같이 못살면 그렇게 살아도 괜찮다.

말라위 카체베레Kachebere 국경을 통과해 잠비아로 들어왔다. 국경은 대체로 출입국 절차가 비슷하지만, 자동차 통관은 나라별로 다소 다르다. 말라위는 도로진입세Road Access Fee라는 명목으로 도로사용료를 받았고, 잠비아는 탄소배출Carbon Emission에 따른 환경분담금을 받았다. 잠비아 국경은 잠비아와 짐바브웨를 자유롭게 왕래하는 유니비자uni visa를 발급하지 않았다. 국경에서 수도 루사카까지는 520㎞다. 중간 도시 카테테Katete에서 루사카까지의 470㎞ 구간은 주유소가 아예 없으므로 급유하고 도로에 들어서야 한다. EU 지원으로 건설된 그레이트 이스트 로드Great East Road는 포장은 완벽했지만, 차량이 거의 없다.

루사카에 거의 다다르자 첨단시설의 톨게이트가 나타났는데 중국 자본과 기술로 만든 것이다. 국도를 운행하는 차량은 도로통행료를 내야 한다. 외국 차적의 자동차는 잠비아 대비 10배 비싼 금액을 지불해야 한다. 영수증을 다른 게이트에 제출하면 돈을 내지 않아도 되니 꼭 지참하자.

▲ 중국이 건설한 최첨단 톨게이트

비자를 발급받기 위해 나미비아 대사관High Commission of Namibia을 찾았다. 데스크 여직원이 말하기를 잠비아에 거주하지 않는 외국여행자에 대한 비자 발급이 중단됐다고 한다. '이건 또 무슨 소리?' 담당 영사의 면담을 요청했다. 그는 단호하게 고개를 저으며 한국인은 일본이나 중국 등의 인접국에서 비자를 받으라고 한다. 장기여행 중이라 중국이나 일본을 다녀올 수 없다 해도 발급을 불허한다는 영사의 생각은 변함이 없었다. 마지막 카드를 던졌다. 우리는 나미비아를 한국에 소개할 수 있는 위치에 있다고 본의 아니게 과장된 말을 했다. 영사의 질문이 벌처럼 되돌아 날아와 꽂혔다. 그럼 그렇지, 나미비아 관광청에서 한국관광객 유치를 위해 많은 홍보활동을 하고 있는데, 당신은 어떤 방법으로 홍보할 것이냐고 물어본다. 모 잡지에 자동차 여행기를 연재하고 있고 여행 파워블로거로 한국에선 나름 꽤나 알려져 있다고 허풍을 떨었다. 영사로부터 비자를 발급해 주라는 지시가 떨어졌다.

수도 루사카는 크지 않지만, 유럽풍의 깨끗하고 정돈된 시가지와 상업시설을 갖추고 있다. 대형 쇼핑몰은 한국과 유럽의 어느 도시에도 뒤지지 않는다. 루사카는 서구생활을 하기에 전혀 불편함이 없는 도시로 유럽 백인의 거주 비율이 높다. 영국의 오랜 식민 지배를 받아 모든 국민이 영어를 구사하며, 거지도 영어로 구걸한다. 텔레비전은 영어로 방영되고, 신문도 영자지다. 그리고 차량 운전자의 교통질서 의식 또한 유럽을 능가했다,

수도 루사카

선진국이 후진국과 구별되는 것은 도시와 농촌이 고르게 잘 사는 것이다. 그러나 잠비아 역시 도시와 농촌의 소득격차와 생활환경의 차이가 심했다. 나미비아 대사관을 방문해 26일짜리의 넉넉한 비자를 수령한 후 루사카를 떠났다.

빅토리아 호수의 거점 도시 리빙스턴까지는 나쁜 길과 좋은 길이 혼재된다. 시마발라 톨 플라자Shimabala Toll Plaza 게이트를 지나 속도를 올리자 앞 숲에 숨어있던 경찰이 스피드건을 발사했다. 차를 세운 여경은 승용차에 앉아 있는 남자경찰관에게 가라고 하는데, 단속보다는 속 깊은 다른 뜻이 있었다.

도로가 많이 파였다. 밤길에 운전하면 차량 손상이 일어날 정도다. 도로 보수 구간이 많았는데, 아스팔트로 덧씌우는 것이 아니라 점토 흙으로 구멍을 메운다. 아스팔트 생산과 조달이 원활하지 못한 것으로 보인다. 원주민의 주택은 나무로 엮고 짚으로 지붕을 올린 옛 모습 그대로다.

자전거로 여행하는 스위스 노부부를 만났다. 자동차로 하루 걸리는 길을 5일은 페달링 해야 할 것이다.

▲ 도로 보수

▲ 스위스 부부의 자전거 여행

잠비아에서 만난 세계 3대 폭포, 빅토리아

리빙스턴 동상

리빙스턴은 영국 선교사이자 탐험가다. 세상은 리빙스턴에게 빅토리아 폭포를 최초로 발견한 탐험가라는 수식어를 부여했다. 당시 이곳에 원주민이 살고 있었다. 최초로 유럽에 알린 사람이 리빙스턴이라는 표현이 맞는 말이다. 멀리서도 천둥소리가 들리고 물보라가 일어 원주민들은 '천둥 치는 연기'라는 뜻을 가진 모시 오아 튜냐Mosi-Oa-Tunya로 불렀다. 영국 여왕 빅토리아에게 헌정된 폭포 이름이 미래의 어느 날에는 원주민이 부르던 고유의 명칭으로 되돌려져야 할 것이다. 빅토리아 폭포는 잠비아와 짐바브웨 국경을 따라 흐르는 잠베지 강에 있다. 세계에서 가장 넓은 1,676m 폭과 108m 높이의 낙차를 가진 세계 3대 폭포의 하나다.

잠비아 국경에 있는 빅토리아 국립공원Victoria National Park으로 간다. 초입에 폭포를 바라보는 리빙스턴 동상이 있다.

하늘과 땅을 집어삼킬 듯한 천둥소리를 따라가자 숲 사이로 폭포가 보인다. 폭포 안의 계곡은 물안개로 가득하고, 칼날다리Knife Edge Bridge 위로 커다란 무지개를 활짝 피웠다.

리빙스턴에서 하루를 보내고 짐바브웨 국경을 넘었다. 짐바브웨에서 빅토리아 폭포를 다시 볼 예정이다.

▲ 빅토리아 호수 in Zambia

하늘에서 쏟아지는 '천둥 치는 연기', 빅토리아 폭포

잠베지 강에는 철도와 도로가 다니는 복합 교량이 놓여있다. 빅토리아 폭포를 정면에서 볼 수 있는 가장 멋진 뷰 포인트는 다리다.

짐바브웨 국경사무소에서는 짐바브웨와 잠비아를 마음대로 오가는 카자 유니 Kaza Uni 복수비자를 발급한다. 자동차 통관을 위해서 환경부담금Carbon Tax과 도로사용료Road Access Fee를 납부하고 자동차보험에 가입해야 한다. 우간다로 입국할 때 가입한 자동차보험증서COMESA를 제시했다. 세관 직원이 말하기를 COMESA는 동아프리카 국가의 거주민을 위한 것이니 짐바브웨 보험에 새로 가입하라고 한다. '그것은 너희들 생각이고' COMESA의 약관을 확인하고 유럽 그린카드까지 예를 들어 설명하느라 시간이 많이 지체됐다. 잘못된 생각을 지닌 공무원을 설득하는 데에는 상당한 인내가 필요하다. 결국 COMESA를 가지고 국경을 통과했다.

폭포에 가까워졌다. 희미하게 들리던 소리가 점점 지축을 흔드는 천둥으로 변해갔다. 상류로 가면 폭포를 향해 돌진하는 잠베지 강 상류의 호탕한 물줄기를 볼 수 있다. 1,676㎞ 폭에서 쏟아 낸 물은 일제히 좁은 협곡으로 모여들어 흐르다 좌우로 벌어지고 좁혀지기를 반복한다. 1억 8천만 년 전 용암 분출로 생겨난

현무암 지대를 흐른 잠베지 강은 두부침식의 과정을 통해 상류로 이동했다. 지금의 위치는 8번째다.

▲ 빅토리아 호수 in Zimbabwe

빅토리아 폭포는 짐바브웨와 잠비아 두 나라가 가진 중요한 관광 자산이다. 한 곳만 보아야 한다면? 당연히 짐바브웨다.

짐바브웨, 잠비아, 나미비아, 보츠와나 4개 국경의 꼭짓점, 초베 국립공원

보츠와나 국경은 사파리 지역 안에 있어 사자와 코끼리가 때때로 나타난다. 특이하게도 개가 많았다. 맹수에게 먹히지 않으려면 국경 검문소에서 멀어지면 안 된다는 것을 기가 막히게 아는 것이다.

▲ 짐바브웨와 보츠와나 국경

초베 국립공원Chobe National Park은

짐바브웨, 잠비아, 나미비아, 보츠와나 4개국의 국경이 만나는 꼭짓점에 위치한다. 아프리카 국경은 도통 원칙이란 것이 없었다. 아프리카를 식민지배한 유럽 국가의 이해관계에 따라 멋대로 국경이 그어졌기 때문이다. 사파리 탐방은 오전에는 보트 사파리, 오후에는 게임 드라이브를 하는 것으로 이루어진다.

면적이 110,000㎢인 초베 국립공원은 야생동물의 멸종을 막기 위해 지정되었다. 아침 일찍 사냥을 끝낸 맹수는 밀림으로 들어가고 초원은 임팔라 세상이 됐다. 먹이사슬의 최하위에 있어 맹수에게 잡아먹혀도 그만큼의 임팔라가 태어난다. 워터벅Waterbuck 세 마리가 나타났다. 포식자로부터 도망가기 쉽게 호수와 가까운 숲에서 산다.

리조트에서 점심 식사를 마치고 게임 드라이브를 위해 초베 국립공원으로 이동했다. 개인이 소지한 사륜구동 차량만 공원 안으로 들어갈 수 있지만, 길이 좋지 않으므로 각별한 주의가 요구된다.

초식동물이 많은 곳은 당연히 맹수들이 있지만, 낮에는 쉽사리 보이지 않는다. 흰색의 가로줄 무늬를 몸통에 두른 쿠두Kudu는 덩치 큰 소과의 포유류다. 300㎏에 육박하는 대형동물로 무리를 지어 생활하는 습성이 있다. 또 빠른 속도로 이동하며 9m까지 도약한 예가 있다고 하니, 감히 '날아가는 소'라고도 하겠다.

▲ 지천으로 널린 야생동물

초베 국립공원이 다른 사파리와 차별되는 점은 초베 강의 풍부한 수자원을 기반으로 한 탁월한 조류 서식 환경이다. 초베의 대표동물은 개체 수가 120,000마리나 되는 코끼리다. 우기에는 초베를 떠나 남동쪽으로 이동한다고 하여 못 볼까 싶었는데, 한 무리의 코끼리 떼가 한낮의 더위를 물속에서 보내고 숲속으로 들어가고 있었다.

▲ 초베 국립공원의 대표동물

한편 기린은 물을 마시거나 낮은 곳의 먹이를 먹기 위해 앞발을 좌우로 벌리는데 이때 목을 노리는 사자가 있어 조심스럽다.

사상 최악의 인플레이션, 100조 달러 지폐

짐바브웨는 1888년 영국의 식민 지배를 받았다. 1963년 영국연방이 해체됐지만 자치 식민지로 남았다. 그리고 1980년이 되어서야 뒤늦게 독립을 선언한 특이한 이력을 가지고 있다. 이후 짐바브웨는 사회주의를 표방하며 친(親) 공산주의 노선을 걸었다. 그리고 백인을 차별하는 정책으로 서방 국가와 지속적인 마찰을 빚었다. 그 결과 서방 원조와 차관의 중단, 계속되는 마이너스 성장률, 세계 최고의 인플레이션으로 힘든 시기를 보내는 중이다.

잡지에 사진과 글이 실렸다. 꼬마가 가슴에 가득 안고 있는 돈으로 무엇을 살 수 있을까? 짐바브웨는 계속되는 인플레이션으로 고액의 화폐를 발행하며 시장을 지탱했으나 결국은 화폐가치를 완전히 상실했다.

◀ 짐바브웨 구 화폐

당시 발행된 화폐에는 0이 14개나 있는 100조 달러One Hundred Trillion Dollars 지폐가 있었다. 이 고액권으로 살 수 있는 것이 고작 닭 한 마리였다, 이 화폐는 관광객과 화폐 수집가에게 대략 미화 2달러 선으로 팔렸다. 지금은 기껏해야 500억 달러Fifty Billion Dollars 화폐를 구할 수 있는데, 그래도 0이 10개다. 현재 짐바브웨는 미화달러를 통화 화폐로 사용한다.

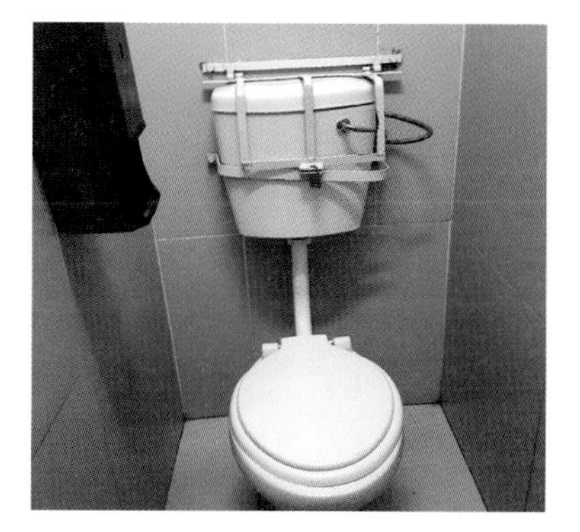

▲ 변기 수조

화장실에 들어가니 수세식 변기의 수조를 철판으로 용접해 놓았다. 건물에 둘러친 철조망에는 전류가 흐른다. 돈 되는 것은 누군가 가져가니 이런 험한 세상이 되었다. 형편없이 파헤쳐진 국도에도 톨게이트가 있는데 경제가 어렵다 보니 길가를 달리는 모든 차량에 통행세를 부과한다. 그러니 도로에 차가 보이지 않는다.

달러를 뽑으려고 현금인출기를 찾으니 돈 떨어진 지 한 달이 지났다고 한다. 은행 앞에는 아침부터 사람들이 줄을 서서 은행 문이 열리기를 목 빠지게 기다린다. 그나마 다행스러운 것은 현금인출이 힘든 반면에 신용카드가 어디서나 잘 통용된다는 점이다.

남부 아프리카 종단

| 내 차로 가는 아프리카 여행 |

흑백의 화해와 관용의 길

• 남아프리카공화국, 모잠비크 •

흑인과 백인, 부자와 빈자, 지배자와 피지배자의 신분은 예나 지금이나 변하지 않았다. 1994년, 인종차별정책이 폐지됐으나 흑과 백은 서로 다른 곳을 보며 살아간다. 만델라, 그가 꿈꿨던 흑백이 더불어 같이 사는 세상은 Utopia였을까?

대한민국이 남한이니 북한이니?

짐바브웨에서 남아프리카공화국으로 가는 국경은 베이트 브리지 보더Beit Bridge Border다. 빈번하게 들어오는 국제버스에서 내린 사람들로 무척 혼잡했다. 출입국 사무소의 관리가 "비자가 왜 없냐?"라고 물어본다. 너의 나라와 사증 면제협약이 체결되어있어 비자가 필요하지 않다고 말했다. 인터넷을 검색한 후 관리가 하는 말이 걸작이다. "무비자 사증을 맺은 대한민국이라는 나라가 북한인지 남한인지 어떻게 아냐?"라고 하며 입국 스탬프 날인을 거부했다. 줄 서 있는 사람이 너무 많아 뒤로 밀리면 한두 시간을 더 기다려야 한다. 이민국 상담원Advisor을 찾아가 데스크 여직원이 사증 면제협약을 맺은 한국이란 나라가 남한인지 북한인지 몰라 입국 수속을 거부하고 있다고 고자질했다. 상담원Advisor이 여직원에게 당장 입국 스탬프를 찍어주라고 지시했다. 당연히 여직원의 입술이 댓 발이나 튀어나왔다. 당연하고도 엄연한 사실에 대해 예상치도 못한 태클이 걸리는 것을 쉽게 접하는 곳이 국경이다. 국경을 예상보다 두 시간이나 늦게 통과했다. 국경을 넘을 때는 되도록 밤 시간을 피하는 것이 좋다. 처음 들어오는 국가의 밤거리를 내비게이션에 의지해 달리는 것만큼 위험하고 긴장되는 일은 없다.

300년 흑백 분리 정책의 앙금이 언제나 사라질까?

국경도시 무시나Musina에 있는 게스트하우스에서 숙박을 했다. 백인 부부가 운영하는 숙소는 내부 공간도 넓고 침구의 청결 상태도 좋았다. 울타리는 전류가 흐르는 철조망 펜스이고, 입구에는 무장 보안 서비스Armed Security Service라는 무시무시한 경고판을 붙였다. 남아프리카 인구의 80%가 흑인이고, 그들 다수가 경제적 빈곤 상태인 것을 감안하면 도둑이나 강도는 대부분 흑인임을 전제로 하는 것인데, 흑인 도둑이 많아서인지 아니면 흑백 사이의 상호불신 때문인지 모르지만,

후자에 한 표를 주고 싶은 것은 대략 10년을 주기로 일어난 흑인 폭동 사태 때문이다. 흑인 인권 운동을 하다 체포되어 27년간의 수감생활을 마치고 1990년 감옥에서 출소한 넬슨 만델라는 국민에게 이렇게 외쳤다.

"300년 이상 지속된 흑백 분리 정책이 10년 만에 모두 해소되기를 바랄 수는 없습니다."

용서와 화합을 강조한 넬슨 만델라는 백인에 대한 보복보다 상생을 추구했다. 흑인을 차별했던 백인을 용서한 화해, 관용, 평등의 지도자 만델라는 흑인의 영웅이고 백인에게는 구세주가 되었다. 지금 남아공은 얼마나 흑백의 화합과 평등을 이루었을까? 이것이 문제로다.

백인 소유 토지의 무상몰수 법안 통과

2018년 2월 27일, 남아공 의회에서 백인의 소유 토지에 대한 무상몰수를 허용하는 법안이 통과됐다. 인구의 10%도 안 되는 백인이 전체 농지의 73%를 차지하는 기형적인 토지 지배 구조를 바꾸어 흑인에게 재분배하고자 하는 급진적인 농지개혁이다. 백인은 사유재산 침해이고 경제재앙을 염려하지만, 흑인은 백인에게 빼앗긴 땅을 다시 찾는 것이라고 한다. 실제 백인들의 농지는 17세기 이후 네덜란드계 보어인과 영국인에게 빼앗긴 흑인 반투족의 땅이다. 백인은 농장자산에 대한 보상을 요구하지만, 흑인은 이렇게 이야기한다.

"땅을 훔친 범죄자에게 보상이란 있을 수 없다."

아, 어쩌란 말이냐?

넬슨 만델라가 외친 흑백 화해와 관용은 새로운 시험대에 올랐다

남아프리카공화국의 최대 국립공원 크루거Kruger로 가는 왕복 2차선 하이웨이의 제한속도는 120㎞다. 국립공원 근처에 세계 3대 캐니언의 하나인 블라이드Blyde 리버 캐니언 자연보호구역이 있다.

쓰리 론다벨스Three Rondavels 주위로는 가로와 세로로 분리된 붉은색의 대단층이 펼쳐진다. 푸른 송림 사이에서 45m 낙차로 단정히 떨어지는 모습이 일품인 베를린 폭포Berlin Falls는 남아공을 소개하는 책자에 자주 등장한다.

▲ Three Rondavels

신의 창문God's Window을 통해서는 두 절벽 사이로 보이는 하늘과 푸른 사바나 초원을 마음의 액자 안에 담을 수 있다. 첨탑 바위Pinnacle Rock는 크루거 국립공원이 내려다보이는 곳에 있는 일자의 돌출된 규암 기둥이다. 도시 넬프루트Nelpruit에 도착해 하루를 묵었다.

▲ 베를린 폭포

크루거 국립공원은 야생동물 보호구역이지만, 일반차량의 출입이 가능하다. 말레레인 게이트Malelane Gate를 지나 처음으로 마주친 동물은 임팔라다. 하도 많이 마주쳐 어떤 감흥도 주고받을 수 없는 사이가 됐지만, 맨 처음 만나는 이유로 반갑다. 낮에는 움직임 뜸한 맹수들로 인해 편안히 지내지만, 밤이 되면 사느냐 죽느냐 그것이 문제가 되는 힘겨운 사투를 벌여야 한다.

▲ 사파리에서 가장 눈에 잘 띄는 기린

나무가 많은 곳에서 발견하기 좋은 동물은 기린이다. 슬로우모션처럼 흐느적거리며 걸음을 옮기지만 시속 50㎞의 준족이다. 산 위에서 코끼리 가족이 내려오고 있었다. 어린 새끼를 데리고 바삐 가는 것을 보면 물 마시러 호수에 가는 것이다. 사파리 면적이 2만㎢로 넓다 보니 공원에는 주유소도 있다.

▲ Elephants Family

공원은 동물 종류와 개체 수가 많아 세계 최대라고 홍보한다. 하지만 면적이 크고 수풀이 우거져 볼 수 있는 동물이 오히려 많지 않았다. 마지막으로 멋진 갈기를 가진 수사자를 만났지만 도통 누워서 일어나지를 않았다.

너희들 이러면 평생 백인들의 지배에서 벗어나지 못한다

국립공원을 빠져나가 좌회전하던 중 흑인 교통경찰에게 걸렸다. 횡단보도에서 '일시정지' 하지 않았으니 경찰서에 가서 범칙금을 내라고 한다. 고지서를 달라고 하니 과태료가 조금 전 얘기와 다르게 10배가 올랐다. 한국 차량이라는 사실, 그리고 모잠비크로 가고 있다는 사실이 경찰을 유혹했을 것이다. 즉 일부를 자신에게 달라는 이야기다. 여러 국가를 여행하다 보니 눈치만 늘었다.

▲ 수도 마푸투 다운타운

남아공과 모잠비크를 연결하는 4번 고속도로를 따라 레봄보 국경 통제소Lebombo Border Control로 간다. 1개월 유효한 도착비자를 발급받고 만일을 대비해 자의로 자동차보험에 가입했다.

수도 마푸투Maputo에서 숙박한 게스트하우스 여직원은 오로지 포르투갈어만 구사해서 하마터면 차 안에서 잘 뻔했다. 모잠비크는 1498년 포르투갈의 항해자 바스코 다 가마Vasco Da Gama의 내항으로 유럽에 알려졌다. 이후 포르투갈의 지배를 받았으며 1975년에 독립했다. 그리고 남아프리카공화국의 주선으로 1995년 영국연방에 가입했다. 영연방은 영국의 식민 지배를 받고 독립한 국가로 구성된 연합체로 대략 53개국이 구성원이다. 식민 지배를 받은 것만도 땅을 치고 억울할 듯한데, 이들은 영연방의 일원이 되어 '여왕 폐하 만세'를 외친다.

인도양 해안은 천혜의 해수욕장으로 수심이 낮아 수백 미터를 들어가도 사람 한 키가 되지 않는다. 아름답고 평화로운 자연에는 어디나 쓰레기와 오물이 있었다. 외국인 관광객을 유치할 수 있는 사회적 환경이 아직 성숙되지 않았다.

아프리카 대륙을 자동차로 여행하며 놀란 것은 현지인의 교통법규 준수다. 어디서도 경적소리가 없었고, 급히 끼어들거나, 신호나 차선을 위반하는 차량이 없었다. 두 나라를 빼고 하는 이야기다. 하나는 이집트고 다른 하나는 모잠비크다.

맵스미에 나와 있는 마푸토의 관광지는 세 곳에 불과했다. 한 곳은 폐허였고, 다른 한 곳은 정체불명의 농장이다. 나머지 한 곳은 재래시장이다. 먹고 사는 것이 절박한 모잠비크에서 관광을 얘기한다는 것은 배부른 사람의 사치일 뿐이다.

▲ 모잠비크 해협

아프리카 대륙의 최남단

• 남아프리카공화국, 에스와티니, 레소토, 보츠와나 •

비옥한 토지, 풍부한 지하자원, 온화한 기온, 청정한 자연환경, 대서양과 인도양의 교차, 유럽인이 사랑한 지상낙원이 남아공이다. 에이즈와 살인율이 높은 에스와티니와 레소토를 겁먹지 않고 들러본다. 보츠와나에서는 경비행기를 타고 오카방고 델타가 품은 광활한 습지를 내려다 보았다.

모잠비크와 에스와티니 사이에는 두 곳의 육로국경이 있다. 한 곳은 나마차 국경통제소Namaacha Border Control이고, 다른 한 곳은 고바 국경Goba Fronteira이다. 물류와 인원 통과가 많은 메인 국경을 피해 고바 국경을 통과하기로 한다. 한적한 시골의 역사쯤 되는 작은 국경은 이미그레이션도 스탬프 쾅, 커스텀도 쾅, 모든 것이 일사천리로 끝났다.

에스와티니로 입국했다. 수도 음바바네Mbabane까지 달려야 할 거리는 130㎞다. 에스와티니는 우리나라의 17%에 불과한 작은 영토와 인구 140만 명의 소국이다. 스와지족이 97%인 부족 왕국이며, 단일 민족으로 구성됐다. 남아공과 함께 영국의 식민지배를 받았으며 1968년 남아공의 합병 요구를 단호히 거부하고 독자적으로 독립했다.

▲ 수도 음바바네 다운타운

최근 독립 50주년을 맞아 과거 국명 스와질란드가 스위스와 비슷해 혼란을 준다는 이유로 에스와티니Kingdom of Eswatini로 변경했다.

남아공에 둘러싸인 입헌군주제 국가

왕복 2차선 하이웨이는 수도가 가까워지자 4차선으로 넓어졌다. 인구도 땅도 적은 나라에서 꼭 이런 하이웨이를 건설할 필요가 있었을까? 수도 음바바네는 유럽의 어느 중소 도시와 다르지 않았다. 대형 쇼핑센터에는 사람이 많았고 없는 물건이 없다. 아프리카는 못 살고 못 먹는다는 이야기를 늘상 들어왔던 사람들은 풍족한 문명의 혜택을 누리는 아프리카를 보며 놀란다.

반면 에스와티니는 세계 에이즈 감염률 1위의 불명예를 안고 있으며, 성인 남녀의 25%가 에이즈 감염자다. 우리는 하루에도 수없이 많은 에이즈 감염자들을 만나고 헤어진 것이다.

에스와티니의 가족 공동체 생활을 볼 수 있는 만텡가 민속촌Mantenga Cultural Village에 들렀다. 대가족 공동체 생활을 하는 에스와티니는 현 국왕 음스와티 3세가 15명의 왕비와 살고 있다. 놀랍게도 그의 아버지는 왕비가 무려 125명이었다고 한다. 아프리카에서 가장 가난한 나라 중 하나임에도 음스와티 3세는 최근 롤스로이스 19대 이상, BMW 120대를 사들여 입방아에 올랐다. 어머니와 15명의 부인, 그리고 23명의 자녀를 위해 구입한 것으로 알려졌다. 그리고 국내외로부터 가난한 사람들에 대한 군주의 오만과 무

▲ 만텡가 민속촌

▲ 짐승과 적을 물리치는 전통 춤

시의 노골적인 표시라는 비난을 받았다.

하얀 코뿔소로 유명한 옴라우라 자연 서식지Mlawula Nature Reserve 옆 하이웨이에서 누적 주행거리 10만㎞를 찍었다. 한국에서 에스와티니까지 10만㎞를 달려온 것이다.

라부미사 국경통제소Lavumisa Border Control로 간다. 남아공 국경을 통과해 더반Durban으로 향했다. 광활한 토지와 비옥한 땅, 대서양과 인도양이 만나는 해상교통의 요지, 수려한 자연경관, 청정한 대기와 수질 환경…. 남아공을 '아프리카의 지상낙원'이라고 부른다.

1961년, 남아공은 식민 지배를 종식하고 독립했지만, 백인들은 이 땅을 떠나지 않았다. 그들은 정치·사회적으로 득세하고, 경제를 장악하여 지배계층으로 살아간다.

더반은 남아공 제3의 도시로, 최대 무역항이 있으며 상업과 금융의 중심이다. 더반은 우리나라와 친근한 도시이기도 하다. 2011년 7월 7일, 인터내셔널 컨벤션 센터에서 열린 IOC 총회에서 2018년 동계 올림픽 개최지로 평창을 선정했다.

과연 남아공은 위험한 곳일까? 호텔에서 얻은 지도에 자동차 운전자에 대한 안전 수칙Safety Tips이 적혀 있다.

더반

'운전 중에는 차의 문을 모두 잠그세요.'

'길 위의 통행자나 동물을 주의하세요.'

'차를 이탈할 때는 눈에 보이는 어떤 것도 차 안에 두지 마세요.'

더반은 메트로폴리탄이다. 하지만 오후 7시에 시내 중심으로 들어서니, 고층 빌딩은 벌써 불을 껐고, 상점은 문을 닫았으며, 거리에는 사람이 보이지 않았다.

소국 레소토Lesotho로 간다. 남아공 동부의 내륙에 있는 레소토는 인구 약 200만 명의 산악국가다. 주요 국경은 세 군데다. 동쪽으로는 사니 패스 국경Sani Pass Border, 서쪽에는 마세루 다리Maseru Bridge, 남쪽에 카차스 넥Qachas Nek이 있다. 사니패스Sani Pass는 사륜구동 차량이 권장되며 겨울에는 폭설로 출입이 제한된다. 당나귀와 조랑말을 타고 넘던 고개가 자동차 도로로 바뀌었다. 자연 비경을 감상하려면 사니 국경을 통과하는 것이 좋다.

레소토는 바소토족의 부족 왕국으로 1968년 독립했다. 레소토는 바소토Basotho족이 99.7%인 단일민족이다. 온화한 아열대 기후를 보이지만, 연교차가 크기에

국토 전체가 해발 1400m이상, 세계 유일의 고도 국가

북부 말라셀라Mahlasela에는 아프리카에서 유일하게 스키 리조트가 있다. 국토 대부분이 해발 1,800m 이상이며, 낮은 곳도 1,400m이다. 산악지형을 이용한 댐 건설을 통해 확보한 수자원을 상수도와 공업용수로 남아공에 수출하고 있으며, 주변은 보타닉가든과 수생생태계를 이용한 관광지로 활용한다. 에이즈 환자가 전체 인구의 25%, 강간 범죄율이 세계 1위라는 좋지 않은 타이틀도 있다.

말레추냐네 폭포Maletsunyane Falls는 레소토가 자랑하는 대표 관광지다. 말레추냐네 강이 한 물줄기로 쏟아내는 낙차 192m의 폭포는 남부 아프리카에서 가장 높다. 폭포의 좌우로 아름다운 단층대 협곡이 있고, 폭포의 아래는 365일 햇빛이 들지 않아 겨울에는 눈까지 내린다.

▲ 말레추냐네 폭포

수도 마세루Maseru는 낮은 빌딩이 모여 있는 사이로 녹지가 보이는 평범한 전원도시다.

학교 수업이 끝난 학생들이 쏟아져 나온다. 학원에 갈 일 없는 아이들의 표정은 밝고 건강하다. 테니스코트와 축구장에 모여 방과 후 체육을 하는 모습은 유럽의 학생들과 다르지 않다. 대형 쇼핑몰에서 물건을 사고 가족이 모여 식사하는 모습 또한 우리네와 같다.

국경을 통해 남아공으로 다시 돌아간다. 레소토와 에스와티니는 까르네가 필요 없다. 굳이 내밀고 찍어 달라면 마다하지 않지만, 한 장이라도 아쉬운 까르네를 필요치 않은 나라에서 소모할 이유가 없다.

빛과 그늘이 공존하는 도시, 요하네스버그

요하네스버그Johannesburg로 간다. 짧지 않은 거리지만 피곤하지 않은 것은 크루즈컨트롤로 정속 주행할 만큼 차선이 넓고 차량 통행이 드물었다. 도로변으로 흑인들의 집단거주지가 나타났다. 두 세평 남짓의 허름한 함석집이 집단으로 모여 있는 거주지는 도로에서 볼 수 없게 높은 펜스를 쳐 놓았다. 대다수의 흑인은 절대적 빈곤 상태로 높은 실업률을 보인다. 거리에는 걸인과 행상이 많았다. 건널목과 교차로에 차를 세우면 차창을 닦고, 물건을 팔고, 구걸하는 사람이 달려드는데 모두가 흑인이다.

요하네스버그는 유럽의 어느 대도시에 뒤지지 않는다. 깨끗한 시가지와 높은 빌딩, 도심을 관통하는 고속도로와 순환도로는 여기가 아프리카인가 싶을 정도다. 고층빌딩과 슬럼가, 가진 자와 없는 자, 백인과 흑인이 서로 다르게 살아가며 공존하는 도시다.

▲ 신시가지 샌튼 시티

샌튼 시티Sandton City는 요하네스버그의 신도시다. 흑인 소요사태 등으로 중심가 치안이 불안하고 인구 과밀로 교통이 혼잡해지자 신도시를 조성해 외국계 기업과 유명 호텔, 금융기관 등이 옮겨와 새로운 타운으로 각광받는다. 넬슨 만델라 광장 주변에 대형 쇼핑센터와 카페, 복합 쇼핑몰, 레스토랑, 문화시설이 몰려있다. 이곳에서 먹고, 마시고, 쇼핑하고, 즐기는 사람은 모두 백인이다. 흑인 인권 운동의 발상지 소웨토로 간다.

인구 약 200만 명이 거주하는 소웨토Soweto는 1900년대 일자리를 찾아 도시로 이주한 흑인들이 집단으로 거주하며 조성된 빈민가다. 1945년 이후 정부의 빈민가 철거작업과 주거환경 개선사업을 통해 도시와 주택의 형태를 갖췄다. 1976년 흑인 소요사태가 소웨토를 중심으로 발생해 600여 명의 사상자가 발생했다. 이후 소웨토는 흑인 인권 운동의 상징도시가 됐다.

▲ 소웨토 흑인 거주 지역

▲ 결혼식 들러리

소웨토는 대형 쇼핑몰과 상가, 유명 프랜차이즈, 자동차 딜러점 등 모든 편의시설을 갖춘 흑인들의 집단거주지역이다. 많은 여행자가 과거의 이야기와 잘못된 정보로 소웨토를 무섭고 지저분한 동네라고 평한다. 보이는 사람이 모두 흑인이라는 것, 다소 작고 초라한 집에 산다는 것만 빼면 그냥 평범한 흑인 서민들의 도시다.

한 소년의 죽음이 가져온 아파르트헤이트의 종말

▲ 경찰 총에 맞아 숨진 헥터 피터슨

헥터 피터슨 박물관Hector Pieterson Museum에 들렀다. 1976년 6월 16일 흑인 시위 도중에 경찰 총에 맞아 숨진 12세 소년 헥터 피터슨의 축 늘어진 시신을 품에 안고 울부짖으며 달려가는 청년의 사진이 외신에 크게 보도됐다. 헥터 피터슨을 추모하는 기념관이다. 1961년, 백인 학생의 1인당 교육예산은 644랜드, 흑인은 44랜드였다. 당시 흑인학교는 교실당 100명이 넘는 학생을 수용했다. 다부제 수업을 했으며, 하루 두세 시간 만에 수업을 종료하고 집으로 보냈다. 1962년부터 1971년에는 오히려 가정교육을 권장했으며, 영어 외에 네덜란드어를 교육언어로 지정했다. 반발하는 학생들이 등교를 거부했으며, 젊은 흑인들을 중심으로 소웨토 소요사태가 촉발됐다.

▲ 만델라 하우스 내부

만델라Mandella하우스로 간다. 만델라는 흑인 인권운동가로 세계 인권운동의 상징적 인물이다. 그가 반정부 활동을 이유로 종신형을 선고받고 체포될 때까지 거주했던 집이다. 그는 27년간 복역하고 1990년 2월 11일 석방되었으며, 1993년 노벨평화상을 수상하고, 1994년 남아공 최초의 흑인 대통령에 선출됐다. 이후 극단적 인종 차별정책인 아파르트헤이트Apartheid가 폐지되고 350년 지속된 흑백 인종의 분규가 공식적으로 종식됐다.

프리토리아Pretoria는 남아공의 행정수도다. 요하네스버그로부터 왕복 12차선의 널찍한 하이웨이로 연결된다. 볼트레커 기념관Voortrekker Monument Museum은 남아공에 최초 정착한 네덜란드인의 이주와 정착 과정을 보여주는 역사기념관이다.

▲ 프리토리아 전경

원주민에게는 침략자에 불과한 이주민들을 네덜란드는 개척자pioneer라고 한다. 역사란 것이 남이 어떻게 보든지 간에 자기 민족의 생각과 관점에서 서술되는 것이다.

▲ 볼트레커 기념관

▲ Union Buildings

대통령궁Union Buildings 아래에는 1차 세계대전 추모비가 있고, 넬슨 만델라의 커다란 전신 동상이 있다. 보츠와나로 가기 위해 북으로 향했다. 올라가는 길에 있는 선 시티Sun City에 들렀다. 복합 엔터테인먼트 시설을 갖춘 위락단지로 에버랜드를 능가하는 시설과 규모다.

플라스틱 의자에서 꾸벅대던 경찰관 3명이 우리를 반갑게 맞았다

보츠와나 국경으로 간다. 도로가 갑자기 징글징글한 비포장으로 바뀐다. 되돌아 다른 국경으로 가기엔 너무 멀리 들어왔다. 도로의 좌우로는 모두 사파리다. 사자가 출몰하니 조심하라는 경고판이 보인다. 길가로 나온 초식 동물은 차 소리에 놀라 도망가기 바쁘다.

80㎞를 지긋지긋하게 달려 국경 더데푸르트 국경통제소Derdepoort Border Control에 도착했다. 하루에 차량 10대나 통과할까 싶은 작은 국경에서 우리를 맞이한 사람은 플라스틱 의자에 나란히 앉아 뻑뻑 졸고 있던 3명의 경찰관이다. '오랜만에 일 좀 해 볼까?' 기지개를 켜며 일어서더니 합동으로 차량검색을 시작했다. 이런 검색은 난생처음이었다. 자동차 안의 짐을 모두 내려 검사하는 것은 몸풀기에 불과했다. 한 경관은 아예 루프로 올라가 걸터앉더니 미친 듯이 백을 뒤졌다, 보닛을 열어 차량 내부를 살피고, 스페어타이어 바람을 빼내 냄새를 맡으며, 차량 하체로 기어서 들어갔다 나오고, 심지어 노트북을 켜 보기까지 했다. 월급 값은 해야겠다고 단단히 마음먹은 모양이다. 다른 경관이 가루로 된 상비약을 발견하고는 마약이라고 하며 의사의 처방전을 보여 달라고 한다. 없다고 하자 "빅 프로블럼"이라며 의사를 불러와 약 성분을 검사해야 한다고 한다. 의사가 오는 데 2시간이 걸리니 기다리라고 하며 수작과 엄포를 놓는다. "너무 심하게 검사하는 것 아니냐?" 하니 정당한 공권력의 행사를 방해하지 말라고 아주 근엄하게 말한다.

'니네 마음대로 해라. 기다릴게.'

우리는 이들이 무엇을 원하는지 알고 있었다.

보츠와나 국경을 빠져나와 수도 가보로네Gaborone로 간다. 보츠와나가 자랑하는 관광지는 두 곳이다. 하나는 짐바브웨에서 다녀온 초베 국립공원이고, 다른 한 곳이 오카방고 델타Okavango Delta다.

▲ 장장 400㎞의 대초원

가보르네에서 오카방고 델타의 거점도시 마운Maun은 서울과 부산을 왕복해야 하는 850㎞의 거리다. 하루 자고 가야 하지만 끊어갈 만한 중간 도시가 없어 가는 데까지 가기로 했다.

팔라페Palapye에서 좌회전해 북으로 달린다. 장장 400㎞에 걸쳐 대초원이 나타났다. 이렇게 넓고 큰 초원은 카자흐스탄에서 보고 처음이다. 카자흐스탄 초원이 불모의 땅이라면, 보츠와나는 가축을 기르고 농사를 짓는 생명의 땅이다. 도로 위에 대우Daewoo라는 반가운 간판이 보인다. 경찰에게 물으니 대우가 건설해 기증한 도로라고 한다. 밤늦은 시간에 마운에 있는 라하Laha호텔에 도착했다.

높이 나는 새가 멀리 본다. 거칠고 메마른 사막 속의 오아시스

오카방고 델타는 세계에서 가장 큰 내륙 삼각주로 아프리카 7대 자연경관의 하나다. 경비행기를 타고 델타를 둘러보기로 했다. 마운 국제비행장 정문 입구에 항공여행사가 몰려있다. 소개받은 마크 에어Mark Air는 풀 부킹이라 옆에 있는 메이저 블루 에어Major Blue Air로 갔다. 비행 요금은 대당 가격이 정해져 있다. 한 명이 타면 혼자 부담하고, 여러 명이 타면 그 숫자만큼 덜 내는 구조다.

마운 국제 비행장

흐르지 않는 강, 오카방고는 앙골라 중부로부터 1,600㎞를 흘러와 보츠와나 칼라하리Kalahari 사막에서 흐름을 멈춘다. 200만 년 전, 대규모 지각변동으로 강의 출구가 막혔다. 인도양으로 흘러가던 오카방고 강이 이곳에서 휴식을 취한 덕분에 칼리하리 사막 일대로 흘러든 강물로 내륙 삼각주와 영구 습지대가 형성됐다. 그리고 계절에 따라 범람하는 물을 담는 초원지대가 주위로 생겨났다. 델타는 202만ha의 면적과 230만ha의 완충지대를 가진다. 우리나라 국토면적 44%에 달하는 엄청난 땅이다. 삼각주에 막힌 오카방고 강의 물은 칼라하리 분지의 모래사막으로 스며들고 증발하며 소멸한다. 강물의 유입과 흡수, 증발이 균형을 이루는 과정은 신비로운 자연의 조화다. 우기에는 델타 면적 202만ha 중 최대 180만ha가 물에 잠긴다. 델타 수위가 높아

▲ 비행기에서 내려다본 오카방고 델타

져 저지대가 물에 잠기면 동물은 높은 곳으로 이동해야 한다.

경비행기를 타고 끝도 없는 칼라하리 분지를 내려다보았다. 초원 위로 코끼리, 사자, 기린, 코뿔소, 버펄로, 임팔라 등이 보인다.

▲ 모코로 타고 델타 속으로....

경비행기 투어로 커다란 그림을 봤으니 다음은 모코로를 타고 델타 안으로 들어갈 차례다. 모코로는 델타의 좁은 수로와 낮은 수심을 다니기에 적합하게 만든 전통의 카누다. 두 명이 타는 모코로는 좁은 수로를 빠르게 헤쳐나갔다. 맑고 푸른 하늘을 담은 물 위로 유유자적 구름이 흐른다. 그리고 연꽃과 야생화는 물 위로 울긋불긋한 꽃밭 정원을 만들었다. 하늘과 땅의 정취에 취해 깜빡 이 세상을 잊어버리고 천상을 헤맸다.

섬에 상륙해 사파리 트래킹을 했다. 초원에는 누Wildebeest와 제브라가 서식한다. 누에게 있어 제브라는 눈물겹게 고마운 존재다. 후각이 발달한 제브라는 사자와 치타 같은 맹수의 접근을 귀신같이 감지한다. 제브라가 도망가면 누는 따라서 뛰면 된다.

누와 제브라

코끼리가 단체로 등장했다. 위협적이고 난폭한 동물이다. 사람이 만든 경계도 무지막지한 몸무게와 두꺼운 피부로 부숴버린다.

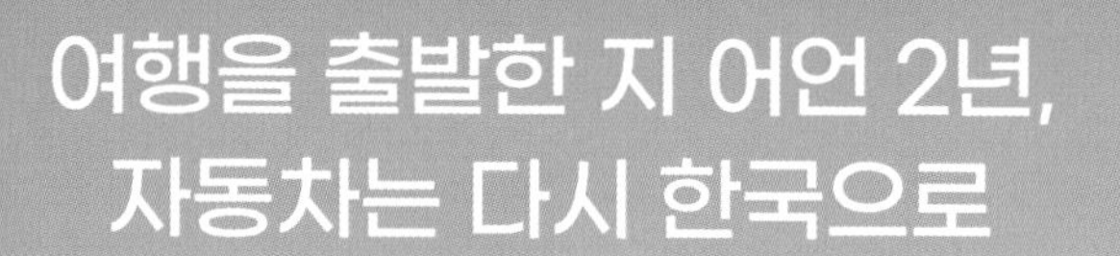

여행을 출발한 지 어언 2년, 자동차는 다시 한국으로

• 나미비아, 남아프리카공화국 •

사막에도 산이 있다. 대지가 붉게 물드는 일출과 일몰이 아름다운 나미비아 사막, 독일 지배를 거쳐 남아공의 70년 식민 지배를 받은 나미비아, 레스토랑의 손님은 모두 백인, 종업원은 모두 흑인이라는 것이 우리를 슬프게 했다. 모하비는 남아공 케이프타운에서 화물선에 실려 한국으로 간다.

부시맨이 그려놓은 암각화가 지천, 『사막의 루브르』 초디로

초디로Tsodilo로 가는 길은 오카방고 델타 완충지대다. 우기가 되어 델타 수위가 오르면 동물의 엑소더스가 시작된다. 마을은 맹수로부터 사람과 가축을 보호하기 위해 나무와 철조망으로 울타리를 쳤다. 전통 복장을 입은 아주머니를 만났다. 처음에는 어색해하더니 잊을 수 없는 환한 웃음을 띠고 포즈를 취했다.

▲ 전통 복식의 현지인

칼라하리 사막에 우뚝 솟은 초디르 바위산은 네 섹션으로 나뉘는데, 각각 남편, 부인, 자식, 손자를 상징한다. 부시맨은 바위를 파내고 동굴을 만들어 대가족 20여 명이 함께 살았다. 바위산 곳곳에는 3000년 전 부시맨이 새겨놓은 암각화가 있다. 무려 4,500개소에서 발견되어 '사막의 루브르'라고 부른다. 암각 선명도와 사실적 표현, 밀집도에 있어서 세계 제일이다. 기린, 제브라, 코뿔소, 타조 등 동물을 소재로 한 석화가 있으며, 고래나 물고기의 암각화를 그린 것은 부시맨의 활동 반경이 매우 넓었음을 보여준다.

▲ 부시맨이 그린 암각화

보츠와나 북서부 모헴보Mohembo 국경은 24시간 국경이 아닌 주간 국경이라 늦기 전에 서둘러 달려야 한다. 문이 닫히면 맹수가 다니는 들판에서 밤을 지내야 한다.

짐을 옮기는 사이에 누군가 모하비의 문을 열고 침낭을 훔쳐갔다

작은 시골농장 같은 나미비아 국경을 나서니 봐브와타 국립공원Bwabwata National Park을 관통하는 비포장도로가 나온다. 코끼리가 많이 출몰하는 지역이다. 아프리카 국가는 큰 땅을 가지고 있지만, 인구밀도가 낮아 도시가 발달하지 않았다. 노숙하지 않으려면 긴 거리를 이동해야 한다. 룬두Rundu에 있는 게스트하우스에서 짐을 옮기는 잠깐 사이에 누군가 침낭을 훔쳐갔다. 1초라도 차를 이탈할 때는 문과 창을 잠가야 한다. 일반인이 남의 물건을 탐하는 것은 도둑보다 더 지탄받을 일이다.

에토샤Etosha 국립공원 메인게이트Von Lindequist Gate로 간다. 나무토니Namutoni 리셉션에서 입장료를 지불했는데, 요금은 한화로 7,000원, 자동차는 870원이다. 사파리 공원 중에서는 최고로 저렴한 금액이다. 혹시 싼 게 비지떡? 아니다. 무지개떡이다. 22,270㎢ 면적을 가진 에토샤는 세렝게티 국립공원보다 넓다. 가운데로는 공원 면적의 23%를 차지하는 큰 소금호수가 있다. 승용차와 사륜구동 구분 없이 차를 가지고 게임 드라이브를 즐길 수 있으며, 도로는 넓고 평탄한 비포장이다. 처음 들른 워터홀은 기린과 임팔라가 득실득실했다. 나중에 다시 가니 임팔라 몇 마리만 보였다. 같은 장소라도 시간에 따라 보이는 동물과 숫자가 다르다. 소금호수 근처의 작은 워터홀에는 누 떼가 몰려와 목을 축이고, 숲속에는 임팔라가 지천이다.

유독 많이 보이는 타조는 2.4m의 큰 키와 160kg의 몸무게지만, 달리는 속도는 90km의 준족으로 사자보다 빠르다.

▲ 시속 90km로 달리는 타조

▲ 치타의 강력한 포스

숲속에 앉아있는 치타를 발견했다. 쭉 빠진 근육질의 날렵한 몸매, 양 눈의 안쪽에서 입으로 이어지는 검정 줄무늬, 온몸을 휘감은 얼룩무늬는 세상에 무서운 것 없는 맹수의 모습이다. 공원을 빠져나가며 진흙을 몸에 잔뜩 바른 코끼리 대부대를 만났다.

▲ 육지에 사는 동물 중 몸집이 가장 큰 코끼리

영토는 우리의 8배, 인구는 고작 260만 명인 나라

1840년경 독일 선교사들이 처음으로 나미비아에 도착했다. 독일은 한 발 늦게 발을 디딘 영국과 영유권 분쟁을 겪은 후, 1885년 나미비아를 식민지로 삼았다. 나미비아를 '아프리카의 독일'로 부르는 이유다. 독일은 1920년 세계대전에서 패망하고 식민지에서 철수했다. 나미비아는 이후 남아공의 식민 지배를 받았으며, 1990년에야 뒤늦게 독립했다.

빈트후크Windhoek의 랜드마크는 크리스투스교회Christuskirche라는 루터파 교회로, 1907년 8월 11일 건축됐다. 교회를 돌아 나가는 유서 깊은 원형 교차로를 중심으로 여행이 시작된다.

▲ 크리스투스교회와 원형 로타리

나미비아 독립기념관, 어느 나라나 아프고 슬픈 역사가 있다

나미비아 역시 많은 원주민들이 노예로 팔려나간 슬픈 역사가 있다. "노예들이 흘린 피가 없었다면 오늘의 나미비아는 없었다."

그들은 노예 동상을 세우고 지난 역사를 기억한다. 유럽 백인에 의해 자행된 흑인 노예무역은 400년간 지속됐고, 아프리카를 통틀어 그 숫자는 최소 2,000만 명에서 최대 4,000만 명에 이른다. 독립기념관에는 노예로 팔려 간 원주민의 수난사와 나미비아 독립투쟁의 과정이 기록되어 있다.

▲ 노예해방과 식민독립

나미비아는 독일이 떠난 후 1920년부터 70년 동안 남아프리카공화국의 지배를 받았다. 남아공의 극단적 인종차별정책은 나미비아에도 시행되어 흑인은 여행과 거주 이전의 자유가 제한되고, 교육의 기회를 박탈당했다. 1971년 국제사법재판소는 남아공의 나미비아 통치를 불법으로 규정하고 철수를 권고했으나 거부당했다. 나미비아는 무장 독립투쟁을 통해 1990년에 들어서야 독립할 수 있었다. 조국해방을 위한 애국 투쟁을 이끈 샘 누조마Sam Nujoma는 대통령이 되고 국부로 추앙받았다.

▲ 샘 누조마와 김일성

그의 외교적 성과를 기록한 기념관에 들렀다. 외국 정상과 찍은 사진이 걸려 있었는데, 분명히 우리가 아는 누군가의 사진도 있을 것 같았다. 아니나 다를까, 역시 우리의 추리력은 최고의 경지에 올랐다. 북한 김일성과 찍은 사진이 중국 장제스보다 높은 곳에 걸려 있었다.

나미비아는 아프리카라는 일반적 관점으로 보기에는 많이 차별된다. 널찍한 도로와 잘 정비되고 구획된 시가지, 유럽 스타일의 주택, 잘 닦인 고속도로는 유럽 중소 도시와 같다. 다운타운의 쇼핑몰은 지금은 남남이 된 브래드 피트와 안젤리나 졸리가 쇼핑한 곳으로 해외 토픽에 소개되었다.

▲ 빈투후크

빈트후크에서 묵은 숙소는 고객 평점이 높았다. 주차장, 넓은 주방과 거실, 가성비가 좋았다. 깊은 인상을 준 것은 화장실이다. 옷장 문을 열고 들어가면 화장실이다. 주인의 재치 하나로 손님에게 깊은 인상을 남기는 것도 놀라운 재주다.

여사장이 이전에 호텔에 오지 않았느냐고 물어본다. 김이라는 한국 성이 많기는 하다

나미비아 여행의 중심, 대서양에 면한 제2의 도시 스와코프문트Swakopmund로 간다. 우리는 아프리카가 무질서하고, 야만적이며, 난폭하고, 낙후된 생활을 하고 있다는 잘못된 교육, 일반상식, 무책임한 정보를 버리고 걸러야 한다. 자동차로 달리며 놀란 것은 아프리카인들의 교통법규 준수와 질서 의식이다. 뒤따라오는 차량이 추월하기 쉽게 갓길로 차를 빼 주는 것은 아프리카에서는 낯선 광경이 아니다. 숙박업소 등록명부에 'Kim'이라고 쓰니 여사장이 전에 이 호텔에 오지 않았느냐고 물어본다. '김'이라는 한국인 성이 많으니 눈과 귀에 익은 모양이다.

호텔이 인상에 남은 것은 와이파이 때문이다. 네이버를 포르노로 분류해 놓아 아예 접속을 차단했다. 한국인들이 얼마나 많이 이용하기에 그럴까 싶으면서도 호텔의 야박함이 좋게 보이지 않았다.

케이프 크로스 물개 보호구역Cape Cross Seal Reserve으로 가는 도중에 도로에 놓인 ㄱ자의 넓은 철판을 밟아 타이어가 찢어졌다.

"아! 300불 날렸다"

펑크 수준이 아니라 타이어를 버릴 지경이 되면 가슴이 미어진다. 40도가 넘는 사막 도로에서 타이어를 교체하느라 땀깨나 쏟으며 자책했다. 나미비아는 국도에만 아스팔트 포장이 되어 있다. 정부 공식통계에 따르면 포장도로가 13%이고 나머지는 비포장이다.

▲ 세계 최대 물개보호구역

물개보호구역에 다다르자 독한 암모니아 냄새가 코를 찌른다. 모래사장에 올라온 물개와 바다에 떠 있는 물개가 지르는 소리로 시끄럽다. 풍부한 수산자원, 적정한 수온, 따뜻한 모래, 자연환경, 보호구역 지정 등 서식하기 좋은 환경으로 매년 약 10만 마리의 물개가 이곳을 찾는다.

대서양과 맞닿은 모래톱에서 시작된 모래사막은 내륙과 남부로 넓게 펼쳐진다

대서양에서 발달한 모래톱에서 시작되는 나미비아 사막은 내륙과 남부로 넓게 펼쳐진다. 모래사막에는 다양한 액티비티가 있다. 그중의 제일은 사륜 오토바이Quad Bike를 타고 사막 투어를 하는 것이다. 우리 가이드는 톰 크루즈와 안젤리나 졸리를 안내했던 매튜Mathew다.

▲ 나미비아 사막

바닷가에 들어선 'The Tug Restaurant'은 여행 잡지에 소개된 유명한 식당이다. 예약이 완료됐다는 것을 사정사정해 예약자가 올 때까지 식사를 완료하는 것으로 하고 자리에 앉았다. 손님의 100%가 백인이고 종업원의 100%가 흑인이다. 나미비아 역시 전체 인구의 7%인 백인들이 경제와 소비를 주도한다. 호텔, 게스트하우스, 여행사, 레스토랑, 타이어점, 심지어 세차장까지 백인이 운영하며, 종업원은 안타깝고 슬프게도 모두 흑인이다. 식민지 시대를 종식하고 독립을 이뤘지만, 백인들은 역시 이 땅을 떠나지 않았다.

백사장에 들어간 모하비가 모래에 빠졌다. 낚시하러 왔던 백인이 자신의 차량으로 견인하던 중에 견인줄의 고리가 빠졌다. 난감한 상황이 되자 백인은 멀리 도심에 있는 친구의 차량을 호출했다. 타이어 펑크로 멈추거나, 사막에 빠졌을 때 도와주는 것을 당연하게 여기는 사람들이 살고 있는 땅이 아프리카다. 남부 사막으로 간다.

지질학적으로 나미비아 동부는 초원지대이고 서부는 사막지대다. 빈트후크를 중심으로 한 동부에 인구가 밀집되어 있으며, 서부와 남부는 사람과 도시가 거의 없는 건조한 사막이다. 수백 킬로를 달려도 사람 한 명 볼 수 없으며, 가물에 콩 나듯 만나는 것은 여행자의 렌터카뿐이다.

▲ 모래사장의 모하비

민낯의 맨땅이 주는 솔직함은 숲으로 덮인 산의 어수선함보다 더 좋다

▲ 사막에도 산이 있다.

나미비아 사막을 달리면 그 매력에 깊숙하게 빠진다. 산에 나무가 있어야 한다는 것은 우리의 고정 관념이다. 민낯의 맨땅이 주는 솔직함은 숲으로 덮인 산의 어수선함보다 좋다. 풀 한 포기, 나무 한 그루 없는 사막과 산이 이토록 아름다울 수 있는 것인가?

솔리테어Solitaire는 여행자 편의시설이 있는 마을이다. 서부 개척 시대 영화에나 나옴직한 분위기의 마을은 카페, 주유소, 롯지가 전부다. 주유소 매니저가 "한국 사람들이 요즘 많이 오는데 무슨 이유 때문이냐?"고 묻는다. 나미비아는 한국 여행자가 선호하는 아프리카 여행지다. 그중에서도 나미브Namib 사막이 유명하다.

듄 45

소서스블레이

세스림Sesreim 캠핑장에 도착해 자리를 배정받고 텐트를 설치했다. 엘림듄Elimdune은 아름다운 일몰이 일품이다. 다음 날 이른 새벽, 듄45를 올라 사막을 붉게 물들이며 떠오르는 해돋이의 장관을 보았다. CNN이 선정한 세계의 놀라운 풍경 31선에서 1위로 선정된 소서스블레이Sossusvlei로 가는 길은 요철이 심한 모래로 되어 있어 사륜구동만이 들어갈 수 있다.

마지막 방문지 피시 리버 캐니언 공원Fish River Canyon Park으로 간다. 도시 케이트만스호프Keetmanshoop에서 일박하며 찢어진 타이어 2짝을 교체하고, 차량용품점 'Cymot'에 들러 타이어 교체용 십자 렌치와 에어컴프레서를 구입했다.

나미비아의 비포장도로는 제한속도가 100㎞에 이를 만치 노면 상태가 좋다. 대신 길이 미끄러워 전복 사고가 많이 일어나니 주의해서 운전해야 한다. 로드하우

▲ 피시 리버 캐니언

스 휴게소에 도착했다. 올드카로 치장한 자동차 카페로, 롯지, 주유소, 레스토랑, ATM, 수영장 등 여행객을 위한 편의시설을 갖추고 있다.

피시 리버 캐니언 공원Fish River Canyon Park에는 1,500m 깊이로 침식된 협곡을 따라 160㎞의 강이 흘러간다. 가이드를 따라 하이킹을 하고 계곡을 지나며, 강에서 수영하고, 별과 달을 보고 잠드는, 자연과 동화되는 잊을 수 없는 소중한 추억을 쌓는다.

먼 길을 오고 가는 자동차 여행자에게 오아시스와 같은 곳

▲ 남아공과 나미비아 연결 국도

길을 재촉한다. 자동차 여행자가 쉬었다 가는 조그마한 마을 그루나우Grunau가 있다. 사막 가운데에 을씨년스럽게 서 있는 그루나우 컨트리 호텔Grunau Country Hotel은 먼 길 오가는 여행자에게 오아시스와 같은 곳이다. 주유소에 들러 자동차를 좌우로 흔들며 탱크가 넘치도록 연료를 채웠다. 얼마를 가야 주유소가 있을지 가늠되지 않기에 1ℓ의 기름이라도 더 넣어야 한다.

남아공으로 연결되는 나미비아 국경은 노르도우어Noordoewer와 카라스버그Karasburg이다. 멀리 돌아가지 않는 노르도우어Noordoewer 국경을 선택했다. 사막 도로는 산을 돌고, 들판을 가로지르며, 물 마른 강을 건넜다. 그리고 남아프리카공화국으로 들어왔다. 초원에는 방목되는 가축이 넘치고, 들녘에는 수천과 수만 평의 포도밭과 끝도 보이지 않는 경작지가 있다. 또 마을마다 눈에 거슬리게 누추한 주택 단지가 보인다. 백인 농장에 노동력을 제공하며 살아가는 흑인들의 주거지다. 백인들은 이야기한다. "흑인은 게으르고 책임감이 없으며 생각이 없다. 흑인을 지배하고 먹여 살리는 것을 그들은 고맙게 생각해야 한다." 넬슨 만델라가 추구했던 백인과 흑인이 어울려 사는 평등한 세상이 언제 올지 궁금할 뿐이다.

케이프타운은 입법수도다. 폴스 베이False Bay를 지나 시몬스 타운Simon's Town을 거쳐 볼더스비치Boulder's Beach를 연결하는 해안도로 M4는 멋진 드라이브 코스다. 볼더스비치는 아프리카 펭귄의 서식지다. 과거 1,500만 마리의 펭귄이 있었으나 지금은 10%밖에 남아있지 않다.

▲ 아프리카 펭귄

아프리카 신항로는 15세기에 개척되었다. 포르투갈의 바르톨로메오는 세 척의 선단을 꾸려 리스본을 출항했다. 그리고 1488년 희망봉 인근에 상륙했다. 10여

년 뒤 바스쿠 다 가마는 유럽에서 희망봉을 돌아 인디아로 가는 해상루트를 발견했다. 유럽에서 아시아로 가는 첫 상업 항해가 시작된 것이다.

▲ 희망봉

아프리카 대륙의 최남서단 희망봉Cape of Good Hope에 도착했다. 바르톨로메오가 발견하고 바스쿠 다 가마가 개척한 신항로가 펼쳐지는 바다가 바로 앞이다.

▲ 흑인 집단 거주지역

돌아오는 길에 흑인 집단 거주지역 칼리처Khayelitsha를 찾았다. 경제적 약자인 흑인들이 판잣집을 짓고 사는 남아공의 대표적 빈민촌의 하나다. 교민들이 위험하다고 만류했지만 어떤 곳인지 눈으로 직접 보고 싶었다. 거주 인구가 200만 명이나 되니 대구광역시 인구와 맞먹는 어마어마한 규모다. 남아공은 아름다운 나라다. 유명한 관광지와 유럽에 버금가는 도심의 외곽에 이런 거대한 흑인 집단구역이 있다는 것은 아이러니다. 교육의 기회를 평등하게 누리지 못하고, 직업의 질과 선택에 있어 불이익을 받으며, 경제적 빈곤의 굴레에서 벗어나지 못한 평범한 흑인들의 일상이 있는 곳이다.

가장 쉬운 도둑질, 차량의 유리를 깨고 물건을 훔치는 것

▲ Table Mountain

200㎞ 멀리서도 보인다는 테이블마운틴은 대서양과 인도양을 항해하는 선박의 길라잡이로, 케이프타운의 랜드마크다. 케이블카의 승강장 주위에 무료주차장이 있는데 주변을 둘러보니 깨진 자동차 유리가 땅바닥으로 널렸다. 차창을 깨고 물품을 훔치는 도둑이 많은 것이다. 주차 안내원에게 사례를 하고 차량을 지켜 달라고 하니 내려올 때까지 그 자리를 떠나지 않았다.

테이블마운틴은 5억 2천 년 전 지층 융기로 생겨났다. 정상의 평평한 고원에서는 케이프타운 시내와 대서양이 한눈에 보인다. 넬슨 만델라는 '하늘이 남아공에 내려준 선물'이라고 극찬했다. 바로 인근의 시그널 힐Signal Hill은 야경 명소로 유명하다.

▲ 케이프타운 시내 전경

▲ 베르겔레겐, 포도밭, 와이너리, 박물관이 있다.

남아공에 또 다른 식민 역사가 있었다. 케이프타운 근교에 있는 베르겔레겐Vergelegen은 영국에 앞서 남아공에 상륙한 네덜란드 총독이 1700년 르네상스 양식의 궁전을 짓고 넓은 영지에 화려한 정원을 조성한 데에서 시작되었다.

남아공으로 유럽인이 들어온 것은 1488년 포르투갈인이다. 그들은 이 지역에 별 관심을 기울이지 않았다. 이후 1652년 네덜란드 동인도회사가 동양으로 가는 선단의 보급기지를 건설하기 위해 케이프타운에 상륙한 이후 이주를 본격화했다. 그들은 원주민의 토지를 약탈하고 노예사회를 만들고자 했다. 이후 영국은 인도 무역의 중계지로 삼기 위해 네덜란드를 물리치고 1815년 정식으로 남아공을 영국 식민지로 만들었다. 그러나 네덜란드계 이민자들은 이곳에 남아 정착했다.

우연히 만난 한국인이 추천해 준 와이너리가 있다. 무라티Muratie, 1699년에 설립한 오랜 역사의 와이너리에서 테스팅을 하고 와인을 구매했다.

▲ 프링글 베이

현지 교민 분을 따라간 프링글 베이Pringle Bay는 사람 없는 한적한 해변이다. 이곳을 찾은 것은 전복을 채취하기 위해서다. 해안가의 바위틈 사이로 자연산 전복이 붙어 있었다. 깊은 물질이 필요없는, 바짓단 걷어 올리고 들어가 따는 전복이다. 전복이 이러할진대 골뱅이는 곳곳에 널려 발에 밟혔다.

아프리카의 최남단이자 대양의 경계, 아굴라스

▲ 아프리카 대륙 최남단

아프리카 대륙의 최고 남단은 어디일까? 아굴라스Agulhas다. 희망봉이 절벽이라면 아굴라스는 평탄한 해안으로 인도양과 대서양이 교차하는 경계다.

시내로 들어가 보캅(Bo-Kapp)으로 간다. 파스텔 톤으로 알록달록하게 페인트를 칠한 마을은 17세기부터 18세기까지 인도네시아, 말레이시아, 인도, 스리랑카에서 온 동양권 노예가 집단 거주한 마을이다. 앞바다에 있는 로벤 섬Robben Island은 넬슨 만델라가 27년 동안 갇혔던 정치범수용소가 있는 섬이다.

야경을 보기 위해 시그널 힐Signal Hill에 다시 올랐다. 야경은 화려하지 않았지만, 까만 도화지 위에 모래알을 뿌린 듯한 아기자기함이 있다.

▲ 코가 떨어져 나간 로데스 동상

다음날 찾은 케이프타운 대학은 백인을 위한 대학으로 설립했으나 아파르트헤이트 폐지 이후 흑인도 입학을 허용했다. 뒷동산에 오르면 로데스 기념관Rodhes Memorial이 있다. 로데스Rodhes는 케이프타운을 위한 건설, 금융, 교육 등의 분야에서 많은 공헌을 했지만, 흑백 인종 차별정책을 지지하고 옹호했다. 1999년 흑인들의 시위로 로데스 동상의 코가 잘리고 동판은 붉은색 스프레이가 뿌려지며 훼손됐다. 오늘도 누군가 동상에 오줌을 누고 가는 것으로 로데스의 흑백 인종 차별을 항의한다.

유명한 와이너리, 그루트 콘스탄시아 와이너리Groot Constantia Winery는 시내에 있어 접근성이 좋다. 발로 밟아 포도즙을 내던 수조는 파란 하늘을 비추는 연못이 되었고, 양지바른 넓은 포도밭에서 수확한 열매로 빚어내는 와인은 역사만큼이나 훌륭한 맛과 향을 품는다. 남아공에 와본 적도 없는 프랑스 나폴레옹이 제일 좋아한 디저트 와인은 이 와이너리가 자부하고 자랑하는 대표 와인이다.

모하비를 한국으로 보내고 찾은 지중해 동부의 섬

· 키프로스, 북키프로스터키공화국 ·

모하비는 바다를 홀로 항해 중…. 비행기로 찾은 세계 최고의 지중해 휴양지, 창문을 열면 바다가 보이고 몇 걸음 디디면 바다에 닿는다. 들녘으로 넘실대는 청보리가 정겹다. 아프로디테의 탄생 신화와 그리스의 고대 유적까지 있어 여행이 풍요롭다. 그리고 세계가 인정하지 않는 국가 북키프로스 터키공화국이 있다.

불법체류자로 추방당하는데 400불을 달라고?

▲ 자동차를 컨테이너에 실어 한국으로 보낸다.

남아공의 체류 연장을 위해 이민국을 찾아가는 길에 한국 교민을 우연히 만났다. 그는 자신이 교민들의 영주권과 비자 관련 비즈니스를 하고 있다며 도와주겠다고 한다. 그가 누군가 접촉하고 나서 우리에게 제시한 안은 체류 만료일 후에 이민국에 출두해 '불법 체류 사실을 신고하고 자진 출국하는 것'으로 하자고 한다. 그러면서 수수료로 일 인당 400불을 달라고 한다. "아니, 불법체류로 추방당하는데 400불을 받아?" 간혹 아무것도 하는 일 없이 숟가락만 얹자고 하는 이런 불량한 교민을 만난다.

케이프타운에서 2년에 걸친 자동차 여행을 마쳤다. 체류만료일이 오늘이라 내일부터는 불법체류자가 된다. 떠나는 것은 우리만이 아니다. 모하비 역시 한국으로 가야 한다. 일시수출로 반출된 차량은 한국으로 재수입되어야 한다. 일시수출의 기간은 수출 신고처리일로부터 연장을 포함해 2년을 초과할 수 없다고 규정되어 있다. 관련 법령에 따라 한국으로 돌아가 일시 수출입 절차를 다시 밟아 2년의 여행을 다시 시작하기로 했다. 모하비를 컨테이너에 실어 보세구역으로 보낸 후 남아공을 급하게 빠져나왔다. 허가 시한을 넘겨 출국하면 5년 내 재입국이 거절될 수 있다. 비행기를 타고 두바이를 경유하여 키프로스Cyprus로 간다.

키프로스는 유럽인들이 즐겨 찾는 사계절 휴양지다. 연평균 19도의 온화한 날씨, 아름다운 자연과 바다를 가진 섬이다. 라르나카Larnaca로부터 여행을 시작한다. 해변을 따라 쭉 뻗은 야자수가 있고 어디로 시선을 돌려도 시원하게 탁 트인 바다가 눈에 들어온다. 밤에는 은은한 조명이 비치는 산책로를 걸으며 몽돌과 파도가 들려주는 바다의 교향곡을 듣는다.

▲ 라르나카

앞바다는 세계 10대 다이빙 포인트로 알려진 지노비아 렉Zinovia Wreck으로 수심 20m 아래에 난파된 여객선이 수장되어 있다. 세계 5대 난파선의 하나를 볼 수 있는 포인트다. 난파선 선미는 해수면 아래 16m에 있어 가장 좋은 시야를 자랑한다.

▲ 쿠리온 고대유적지

쿠리온Kourion 고대유적지를 찾았다. 기원전 310년부터 기원후 7세기 중반의 고대 유적지다. 쿠리온 원형 극장The Theatre은 BC 2세기 말에 지어진 원형 오케스트라 공연장이다. 최근 리모델링을 마쳤으며 약 3,000명을 수용할 수 있으나 너무 말끔하게 복원해 다소 실망스럽다. 기원후 4세기, 유적지에 강력한 지진이 찾아왔다. 많은 유적이 파손됐으며 AD 1세기 말에서 2세기 초 지어진 '지진의 집Earthquake House'도 그중의 한 곳이다.

키프로스는 파란만장한 역사의 현장이다. 지리적으로 동·서유럽과 중동, 아프리카, 아시아를 잇는 해상항로의 중심에 있어 많은 나라의 침략과 지배를 받았다. 기원전부터 그리스 지배를 시작으로 페니키아, 아시리아, 이집트, 페르시안, 로마, 아라비아, 베네치아, 제노바의 식민 지배와 통치를 경험했다. 1878년 영국령이 되었다가 1960년 독립했으나, 아크로티리Akrotiri 와 데켈리아Dhekelia 두 지역은 영국의 해외 군사기지라는 이유로 반환되지 않았다.

▲ 민족과 종교, 전쟁, 키프로스는 굴곡진 역사를 이어왔다.

미의 여신, 아프로디테가 태어난 곳

아프로디테Aphrodite 바위는 미와 사랑의 여신인 아프로디테가 태어난 곳이다. 아프로디테는 우라노스의 잘린 남근의 주변에 생긴 흰 거품에서 탄생했다는 신화

아프로디테 바위

아자수 해변에서 체스 두는 노인들

를 가지고 있다. 바위를 둘러싼 바다는 백사장 깊숙이 낮은 높이로 올라왔다 내려가는 파도로 유독 거품이 많았다. 비록 신화 속의 허허실실한 이야기이지만 미의 여신 아프로디테를 이곳에서 만나 볼 수 있다.

도시 파포스Paphos는 그리스신화에 나오는 키프로스 왕 피그말리온의 딸 이름이다. 항구에 펠리컨Pelican레스토랑이 있다. 호객행위를 하는 기특한 펠리컨은 월급 한 푼 받지 않는 직원으로 관광객의 인기를 독차지한다.

유네스코 세계문화유산으로 지정된 왕의 무덤Tomb of Kings은 귀족과 갑부들이 묻히며 커다란 고분군이 형성됐다.

터키를 제외하고 국제적 승인을 얻지 못한 나홀로 국가

1960년 영국으로부터 독립한 키프로스는 그리스계와 터키계의 분쟁이 끊이지 않았다. 급기야 1964년 양측 분쟁을 감독하고 감시하기 위해 유엔 평화유지군이 파병됐다. 키프로스는 그리스계 77%와 터키계 18%의 인구 구성비를 가지고 있었다. 1974년 그리스와의 합병을 요구하는 군사 쿠데타가 일어나자, 터키는 터키 민족을 보호하고 자국 지배력을 강화하기 위해 무력으로 키프로스를 침공했다. 이후 키프로스는 그리스계의 키프로스 공화국과 터키계의 북키프로스 터키공화국으로 분리됐다. 당시 터

▲ 키프로스와 북키프로스 터키공화국 국경사무소

키 군의 니코시아 공중 폭격과 처절하고 잔인한 살육은 전 세계의 비판과 공분을 일으켰다. 이후 키프로스는 유엔 중재로 완충지대Buffer Zone를 경계삼아 남북으로 분단됐다.

국경검문소에 'THE LAST DIVIDED CAPITAL'이라는 문구가 적혀 있다. 니코시아 국경의 출입국사무소를 통해 북키프로스 터키공화국으로 입국했다. 키프로스가 유럽이라면 북키프로스는 터키 스타일의 도시로, 이슬람 건축과 문화의 향내가 물씬 풍긴다. 아이들의 낭랑한 웃음소리가 들리는 골목길을 따라 돌아본 구시가지는 협소하고 주택은 낡았다. 많은 국가가 북키프로스 터키공화국을 국가로 인정하지 않지만, 엄연한 별개의 국가다.

▲ 아이야 나파 곶

아이야 나파 곶Ayia Napa Cape은 주차장 관리인이 꼭 가보라고 가르쳐 준 곳이다. 현지인들이 추천하는 곳은 꼭 들러야 한다. 아름다운 지중해와 따뜻한 햇살, 단층 단애의 돌출된 리아스식 해안이 있다. 노란 야생화가 만발한 들판을 지나면 푸르고 연한 바다와 넘실거리는 파도로 가슴이 트인다. 해안 동굴Sea Caves은 키프로스를 소개하는 여행 잡지에 나오는 명소로, 거센 파도가 만들어낸 해식 동굴이 일품이다.

키프로스를 떠나 북키프로스 터키공화국으로 다시 입국했다. 에르칸 국제 공항Ercan International Airport에서 터키로 간다.

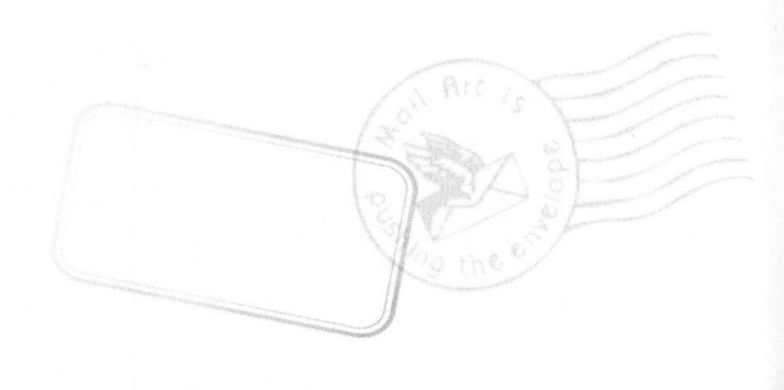

중부 아프리카 종단

| 내 차로 가는 아프리카 여행 |

다시 시작된 아프리카 여행, 나미비아를 지나 북으로

• 앙골라 •

짐을 탈탈 털린 채로 더반 항에 상륙한 모하비, 어떤 놈이 훔쳐 갔나? 도로를 무단 횡단하던 당나귀와 충돌할 뻔했다. 야간 운전을 하지 말자. 자동차 여행 중 위기는 언제나 앞과 옆에 있다. 앙골라 하면 내전, 그러나 우리가 잊지 않았을 뿐이다. 알고 있는 사실보다 안전하고 안정된 나라 앙골라에 도착했다.

남아공 더반Durban 항으로 모하비가 도착했다. 'Sharaf Shipping Agency'를 찾았으나 항만 노조의 파업으로 자동차 통관이 다음 날로 미뤄졌다. 다음날 차를 찾고 보니 누군가 차량 내부와 루프에 올려놓은 짐을 훔쳐 갔다. 중요한 물품은 루프 박스에 넣고 두툼한 자물쇠까지 거듭 채웠는데, 영특한 도둑은 맞은편 경첩을 풀고 물건을 훔쳤다. 해상운송 중에 일어난 일인가? 항구의 하역과정에서 벌어진 일인가?

우리는 해상운송에 비중을 두었다. 모하비의 보닛과 윈드실드 위의 루프가 찌그러진 것은 도둑놈이 차량 전면 보닛을 딛고 루프로 올라간 것이다. 차량을 다닥다닥 붙여 선적하는 자동차 전용 운반선에서나 있을 수 있는 일이다. 또 도둑이 개봉한 캔 김치가 시커멓게 고체 화석으로 변한 것은 아무리 이곳 날씨가 덥다 한들 하루 이틀 사이의 일이 아니었다. 더욱이 도둑이 두고 내린 자동차 호출 센서를 트렁크 안에서 발견했는데 한글이 선명한 한국산이다.

그러나 형사 콜롬보 빰치는 우리의 완벽한 수사 결과는 오리발 앞에서 무너졌다. 선박회사 감사실로 도둑을 잡아달라고 이메일을 보냈다. 답신은 실망스러웠다. 5차례에 걸쳐 선체를 수색했지만, 도난물품을 발견하지 못했으며, 월급과 복리후생이 뛰어난 선원들이 도둑질을 할 리 없다는 답변을 받았다. 아니 정치인들이 수억의 뇌물을 받는 것이 돈이 없어서인가? 아울러 더반 항만의 현지 하역인부에 의해 도난당한 것으로 추정된다는, 남에게 미루는 치사한 언사가 덧붙여졌다. 그럼 그렇지, 인간 사회에서 서로의 이해 충돌이 얽히면 남에게 미루는 책임 회피는 피할 수 없는 일이다.

지구 반대편 남아공에서 우리가 할 수 있는 일이 없었다. 배 떠난 항구에서 할 수 있는 것이라고는 도둑놈은 배, 우리는 항구라는 노래를 부르는 일밖에 없었다. 그나저나 우리는 여행을 계속해야 했다.

가든 루트Garden Route를 따라 케이프타운으로 간다. 먼저 할 일은 나미비아 대사관을 방문해 비자를 받는 일이다. 한국 음식점 성북정에 들러 와인에 곁들여 참치회와 삼겹살을 먹으며 즐거운 시간을 보냈다. 사장님은 다시 만나 반갑다고 하시며 돈을 받지 않았다.

서부 아프리카는 대략 25,000㎞의 거리다. 자동차 타이어를 오프로드용으로 교체하며 펑크 한 번 없이 무탈하게 달리기를 기도했다. 떠나기 전날 한호기 교민회장 내외분, 게스트하우스 투 오션Two Oceans 사장님과 양고기 바비큐와 와인을 곁들여 저녁 식사를 하며 남아공의 마지막 밤을 보냈다. 나미비아로 향한다. 줄기차게 운전하고 갈 일만 남았다.

케이트만스호프에서 일박하고 빈트후크에 도착했다. 에토샤 국립공원을 우회하여 국경에 인접한 도시 온당와Ondangwa에서 하루를 묵었다. 앙골라 국경이 코앞이다. '앙골라에서는 어떤 일이 우리를 기다리고 있을까?'

대통령령으로 발표된 비자 간소화 조치도 모르는 국경사무소

나미비아 국경도시는 오쉬캉고Oshikango이고 앙골라는 산타클라라Santa Clara다. 이미그레이션에서 앙골라 비자의 소지 여부를 확인했다. 앙골라 비자의 소지 여부를 나미비아에서 물어보는 것은 앙골라 국경에서 도착비자를 발급하지 않기 때문이다.

그러나 앙골라 정부는 대통령령을 통해 단기 방문하는 관광객의 경우 온라인상으로 단기사증의 발급신청을 할 수 있도록 했다. 그리고 인터넷으로 발급받은 입국 승인증명서를 국경에 제출하면 비자를 발급받을 수 있도록 절차를 간소화했다. www.visaangola.com

산타클라라 국경으로 들어가 입국 승인증명서를 제시하니 처음 보는 것이라고 한다. 국경사무소 직원들은 우왕좌왕했다. 출입국관리소장이 어디론가 전화하고 왔다 갔다 한 뒤에야 전산 시스템이 개통되었다. 오후 3시, 비자를 받고 입국스탬프를 찍는데 무려 5시간이 걸렸다. 자동차 통관을 위해 세관으로 이동했다.

앙골라는 어떤 나라보다 통관 절차가 까다롭고 복잡했다. 차량 임시수출입 통행요청서를 작성하고 까르네, 여권, 국제운전면허증 복사본을 제출했다. 자동차의 전, 후, 측면 사진을 찍어 제출하고 자동차세Road Fund를 은행에 납부했다. ATM기에는 돈이 없어 국경의 환전상과는 거래하지 않는다는 나름의 원칙을 어쩔 수 없이 버려야 했다.

400여 년의 포르투갈 지배 후 1975년 독립한 앙골라의 공용어는 포르투갈어로, 국경에는 영어를 구사하는 직원이 한 명도 없었다. 설령 언어가 통하지 않는 국가라고 해도 통관 절차가 복잡하지 않아 별문제가 없었으나 앙골라는 달라도 너무 달랐다. 그러나 통관 중개인Fixer이 있으니 너무 걱정하지 않아도 된다. 영어와 포르투갈어를 적당하게 구사하는 이 친구 덕분에 통관작업을 수월하게 마쳤다. 수고비로 30불을 주었는데, 무척 고마워하는 것을 보니 좀 많이 주었나 싶었지만, 그만한 역할을 한 대가라고 생각하기로 했다.

갈 길이 바빠졌다. 비자 발급과 통관 지연으로 오후 4시가 넘어서야 국경을 나섰다. 어둠이 내리고 있었다. 지금부터 서울과 부산 거리인 440㎞를 달려야 한다. 예측을 불허하는 곳, 여행자의 뜻과 계획대로 되지 않는 곳이 국경이다.

밤길을 달리는데 갑자기 당나귀가 나타났다.

국도는 일부 구간을 빼면 모두 아스팔트 도로다. 가끔 포트홀이 있지만, 이 정도면 훌륭하다. 제한속도 120㎞로 달리는 도로 위로 두 마리의 당나귀가 앞서거니 뒤서거니 길을 건넜다. 속도를 급히 줄이며 핸들을 갓길로 틀어 당나귀를 피했다. 모하비가 전복될 뻔한 철렁한 순간이었다. 아프리카 같은 오지는 되도록 야간 운전을 자제해야 한다. 길을 무단으로 횡단하는 동물이 많고, 어두운 밤길을 걸어가는 사람이 있으므로 조심하고 주의해야 한다.

▲ 루방고

제2의 도시 루방고Lubango에 도착했다. 부킹닷컴을 통해 예약한 호텔을 찾았으나 그 위치에 없었다. 교통단속을 하는 경찰관에게 도움을 요청하자 직접 찾아주겠다며 근무를 팽개치고 같이 돌아다녔다. 세상에 공짜는 없는 법이다.

▲ 툰다발라

트립어드바이저가 선정한 앙골라 제1의 관광지 툰다발라Tundavala는 루방고 외곽에 있다. 정성껏 관리되는, 앙골라의 몇 안 되는 자연유산이 다. 수백 미터 절벽이 압권인 툰다발라는 전쟁포로나 정적의 눈을 가리고 손을 묶어 절벽 밑으로 밀어 죽인 사연을 가진 곳이다.

동부아프리카와 남아프리카공화국, 나미비아 여행은 너무나 행복했던 여행

▲ 부실한 주거환경. 지붕은 돌을 얹고, 상하수도 시설이 미비하여 하천에서 목욕하고 빨래를 한다.

루방고의 원주민 거주지역은 누추하고 지저분하며 열악했다. 상하수도 시설이 미비하고 산더미 같은 쓰레기가 곳곳에 쌓였다.

지붕은 바람에 날아갈세라 돌을 얹었고, 하천에는 빨래하고 목욕하는 사람들로 가득했다.

수도 루안다Luanda는 인구 550만 명의 대도시이다. 앙골라가 세계인의 관심과 주목을 받은 것은 앙골라 내전을 통해서다. 정부와 반정부단체의 권력 쟁탈로 촉발된 내전은 미국과 구소련이 개입하며 공산주의와 민주주의의 대리전 양상으

▲ 수도 루안다

로 흘렀다. 미국에는 남아공이 가세하고 구소련에는 쿠바가 참여했다. 앙골라 내전은 미소 냉전 시대의 마지막 산물로 30년간 지속되다가 2002년에서야 끝났다. 피비린내 나는 내전으로 수많은 인명이 살상되었으며 아직도 곳곳에 부서진 탱크와 장갑차, 허물어진 건물 등 내전의 상처가 남아있다.

평범과 일상을 거부하는 고난의 도로

• 콩고민주공화국, 콩고공화국 •

어렵게 찾은 국경, 최악의 도로를 만났다. 정글 속으로 나 있는 도로는 반군이 출몰하는 지역이다. 길 위에서 만나는 경찰과 좋지 않은 추억을 새록새록 쌓는다. 이제야 리얼한 아프리카로 들어왔다. 앙골라 고립영토 카빈다를 지나 콩고공화국으로 가는 길은 고난의 질주다.

숙소를 아침 7시에 나섰지만, 교통체증으로 루안다 시내를 벗어나는 데 무려 2시간 30분을 허비했다. 서부 아프리카로 들어오니 구글, 맵스미, Sygics의 지도 데이터가 잘 맞지 않았다. 어느 내비를 따라갈까? 구글맵이 가리키는 짧은 노선을 따르기로 했다. 아스팔트 포장길이 순식간에 험한 비포장으로 바뀐다. 그것도 잠시, 이번에는 차 한 대 다니기도 벅찬 산길로 들어섰다.

앙골라에서 콩고민주공화국으로 가는 길은 평범과 일상을 거부한 고난의 행군

"왜 구글은 이 길로 우리를 안내했을까?"

하반신이 없는 여성 장애인이 두 손으로 걷고 있었다. 차를 멈추고 10불의 자선을 했는데, 잠시 한눈파는 사이에 다른 여자가 그 돈을 빼앗았다. 혼내고 다시 손에 쥐여준 돈은 다른 남자가 채갔다.

▲ 콩고민주 국경 가는 길

▲ 길에서 만난 사람들

동부와 남부 아프리카는 여행자의 발과 땀으로 쓰인 국경 정보가 넘친다. 그러나 서부 아프리카는 참고할 만한 국경 정보가 전무했다. 몸소 부딪히며 해결하는 수밖에 없다. 맵스미를 통해 인근에 있는 다른 국경을 찾았다.

▲ 앙골라 국경 출입국 관리사무소

▲ 닫혀있는 국경 게이트

콩고민주공화국으로 들어갔다. 'Posto de Fronteira de Quimb', 국경사무소장이 앙골라에 가 있어서 입국할 수 없다고 한다. 오후 5시가 다 돼서야 입국 확인을 받고 세관으로 갔으나 그곳에도 직원이 없다. 한참 후 오토바이를 타고 온 세관장은 까르네를 처음 보는 듯했다. 주저하는 손을 억지로 끌어당겨 서명날인을 받았다.

이래저래 입국 절차를 마무리했으니 출발하는 일만 남았다. 자! 출발이다. 그리고 국경을 잘못 들어왔다는 것을 깨닫기까지는 채 1분도 걸리지 않았다. 비자 엔트리가 단수라 앙골라로 돌아갈 수도 없고 오로지 고를 외쳐야 하는 신세다.

▲ 으스스한 국경 마을

최악의 오프로드를 100km 달려야 한다. 설상가상으로 날씨까지 어두워졌다. 그나마 다행인 것은 건기라는 것 하나다.

공권력이 미치지 않는 반군 지역, 국가로부터 버림받은 땅

정글 사이로 험한 비포장도로가 나타났다. 비가 한 톨이라도 내리면 수렁으로 변하는 길이다. 딱딱하게 굳은 점토질의 흙이 깊은 골을 이루었다. 차체가 땅바닥에 걸려 바퀴가 허공을 맴돌았다. 한쪽 타이어를 한쪽 둔덕에 얹어놓고 삐딱하게 기울여 달려야 했다. 수시로 나타난 다리는 나무만 살짝 걸쳐 놓아 타이어가 빠질세라 간담이 서늘했다. 길가에는 필요한 부속을 떼어가고 버려진 자동차가 보였다.

▲ 100km의 험난한 정글도로

제일 무서운 것이 사람이라고 했나? 소리 지르며 쫓아오는 사람도 있었고, 게다가 반군들의 아지트가 있는 지역이다 보니 두려움이 앞섰다. 미리 알았다면 오지 않았을 길이다. 정확하게 100km 거리를 8시간 넘게 달렸다. 멀리 길의 끝으로 검문소가 보이는데 바리케이드가 내려와 있었다. "그것도 도로라고? 국경 도로를 이용한 통행료를 내라고?" 고생한 것도 억울한데, 통행료를 내야 한다니 기가 막힌다. 출발하려 하니 이번에는 경찰들이 자기들한테도 돈을 납부하라고 한다. 이건 또 무슨 시추에이션이지? 왜 돈을 줘야 하냐고 물으니 이유도 없다. 경찰과 대판 싸움이 붙었다. "당신 이름이 뭐야?" 칼 뽑은 무사는 호박이라도 찌르는 법이라 쉽사리 물러서지 않았다.

"내가 너희들 신고할 거야."

결국 생수 한 통 주고 통과했다. 앞으로 예상치 못한 일들이 많이 일어날 것 같은 불길한 예감이 들었다. 비포장도로 끝에서 만난 도로는 앙골라와 수도 킨샤사를 이어주는 메인 국도다. 국경을 잘못 선택해 생고생한 것이다.

▲ 자동차와 사람들

국도에는 차량이 많았다. 저속의 노후 차량, 시커먼 연기를 뿜어내는 트럭, 5백 미터마다 서 있는 고장 난 자동차, 지붕에 올라탄 승객들, 뒷문에 매달려 가는 사람들, 높은 짐을 얹고 달리는 차는 리얼 아프리카의 모습이다. 대략 15㎞마다 검문소가 있었고, 경찰관은 원하는 것을 얻을 때까지 우리를 보내주지 않았다.

눈에 띄는 외국 여행자의 자동차는 놓칠 수 없는 먹잇감

언어도 통하지 않는 경찰의 검문에 꼬박꼬박 응하며, 시간을 허비하고, 실랑이를 벌이고, 부당한 거래를 요구받는 것은 심한 고통이다. 교민이 검문소 통과요령을 농담 반 진담 반으로 가르쳐 주었다. 첫째, 경찰이 세우면 창문을 조금만 열고, 둘째, 면허증을 달라고 하면 복사본을 주며, 셋째, 말을 못 알아듣는 척하라는 것이다.

우여곡절을 겪은 후 새벽 2시가 넘어 수도 킨샤사에 도착했다. 닫힌 호텔 문을 이곳저곳 두드리길 여러 차례 한 뒤에야 겨우 파김치 된 몸을 침대에 눕힐 수 있었다.

아침에 보니 차가 만신창이다. 조수석 문짝은 찌그러졌고, 뒤 범퍼가 들렸으며, 앞 범퍼는 양옆이 터졌다. 파키스탄 사람이 운영하는 정비공장에 들러 차량을 수리했다.

한국 식당 개업한 지 4년, 관광객은 우리가 두 번째

수도 킨샤사에 한인식당Yewon Restaurant Coreen이 한 곳 있다. 사장이 말하기를 개업한 지 4년 되었는데, 관광객은 우리가 두 번째라고 한다. 그의 말에 따르면 서부 아프리카에서는 콩고민주공화국이 최악의 나라라고 한다. 물론 나중에 보니 콩고민주공화국보다 나쁜 나라도 많았지만….

저녁 무렵 한인식당에서 호텔로 가기 위해 로터리를 통과했다. 교차로에는 신호등이 있지만, 신호를 지키는 차량은 단 한 대도 없었다. 정지 신호에 나 홀로 서 있는 것도 뒤통수가 불안한 일이다. 앞차를 따라 사거리를 통과하자마자 라이트를 끄고 숨어있던 순찰차가 따라왔다.

'넌 내 밥이었어….'

교민이 말하기를 순찰차에 지급되는 연료가 부족해 도망가도 쫓아오지 못한다고 한다. 실제로 주유소에서 코카콜라 페트병으로 휘발유를 얻어 가는 오토바이 경찰을 보았다.

▲ 보노보 원숭이

킨샤사에서 갈 수 있는 여행지는 많지 않았다. 처음으로 들른 곳은 보노보 보호 센터Lola ya Bonobo로 보노보 원숭이의 집단 보존구역이다. 사람에 근접한 DNA를 가지고 있어 직립보행을 하고, 소리를 질러 상호 의사소통을 한다. 페트병을 가지고 굴렁쇠 굴리듯 땅에 대고 달리는 모습은 코흘리개 동네 꼬마들이 노는 모습과 흡사하다. 먹이를 달라고 손짓하거나, 사람을 향해 흙을 던지고, 유리를 두드려 사람을 자극하는 행동을 보이는 것은 의사 표현의 지능이 있기 때문이라고 가이드는 말한다. 원숭이 유치원에서는 어린이 원숭이들이 사육사 선생님과 즐거운 시간을 보냈다. 사육사 등에 업히고 품에 안긴 모습은 엄마와 아이의 모습이다.

▲ 원숭이 유치원과 선생님

마 발레Ma Vallee로 간다. '마'라는 계곡에 있는 유원지다. 호수 주위로 산책로가 있고 카페와 놀이시설, 짚라인이 설치되었다.

수도 킨샤사는 자동차 여행자에게는 중요한 베이스캠프다. 여러 국가의 비자를 발급받고, 본격적인 서부 아프리카의 여행을 준비해야 한다.

북으로 가는 길은 두 가지다. 첫째는 소형 화물선으로 콩고 강을 건너 콩고공화국의 수도 브라자빌Brazzaville로 가는 것이고, 다른 하나는 마타디Matadi 대교를 건너 앙골라 고립영토인 카빈다Kabinda를 거쳐 콩고공화국으로 들어가는 길이다.

직접 항구로 나가 확인하니 자동차를 배에 싣는 'Shore Ramp'도 없고 리프트 장비도 보이지 않는다. 그냥 널빤지를 깔아 배로 싣는 것이다. 배는 차 한 대 실으면 꽉 찬다. 그리고 운반비용 또한 바로 앞인데도 1,000불이 넘었고 콩고공화국에서는 별도의 비용이 추가될 것이다. 그래서 앙골라 카빈다를 경유해 육로국경을 통해 콩고공화국으로 들어가기로 당초 계획을 수정했다.

콩고공화국 대사관을 들러 트랜싯 비자를 신청했다. 당일 발급받으려면 두 배의 비용을 지불해야 한다. 우리는 금요일에 신청하고 월요일에 찾았다. 콩고 비자를 받은 후 바로 옆에 있는 앙골라 대사관으로 갔다. 콩고공화국을 육로로 들어가려면 앙골라의 고립영토 카빈다를 경유해야 한다. 자동차 여행 중에 두 번씩 비자를 발급받은 국가는 앙골라와 나미비아다. 직원에게 시간이 없다고 사정해 당일 발급받았다. 이번에는 가봉 대사관을 찾았다. 슬리퍼를 신고 가니 세이프티가 예의에 어긋난다며 문을 열어주지 않았다. 대단하게 예의범절이 있는 국가다. 일부 정보에는 도착비자가 있다는 설이 있어 담당 외교관과 이야기해 보니 맞는 말이 아니다. E-Visa가 있지만, 공항에만 적용된다. 가봉 비자는 특이하게도 3일과 60일을 체류하는 두 타입이 있다. 3일 내로 가봉을 여행하는 것은 불가능해 60일로 신청했다. 발급까지 걸리는 기간은 2박 3일이고, 급행비자는 당일 1시간에서 2시간 이내로 발급되지만, 비용은 일반비자의 두 배이다. 대사에게 사정사정하여 익일 발급받는 것으로 했다.

서아프리카 국가의 비자 발급 비용은 천정부지, 설상가상, 점입가경이다. 앞서

간 도보 여행자가 말했다. "서아프리카를 종단하려면 중고차 한 대 값이 필요하다." 사실에 가까운 이야기다.

수도 킨샤사에서 일주일 동안 머물며 콩고공화국, 앙골라, 가봉 비자를 취득했다. 앙골라 고립영토인 카빈다를 경유해서 콩고공화국, 가봉, 카메룬까지 일사천리로 올라갈 수 있게 됐다.

서부 아프리카는 여행 정보가 부재한 지역이다. 어떤 국경과 도로가 자동차 여행을 위한 최적의 선택인지 불분명하다. 수시로 바뀌는 출입국 정책으로 비자 발급이 중단되기도 하고 때로는 국경이 폐쇄된다.

교민식당에서 추천한 음부디 자연휴양지Mbudi Nature에 들렀다. 콩고 강을 볼 수 있는 킨샤사 외곽이다. 손닿을 듯이 보이는 강 건너편이 콩고공화국이다. 콩고 강은 폭은 차치하고라도 최고 깊이가 1,500m라고 하는데 누구도 이런 깊이의 강이 존재하는 이유를 밝혀내지 못한다. 한강보다 넓은 콩고 강의 물살은 몹시 거칠다. 강가에는 공부하고 뛰어놀아야 할 어린이들이 망치와 정으로 바윗돌을 깨어 자갈을 만들고 있었다. 발목에 족쇄만 채우지 않았을 뿐이지 강제 노동에 동원된 형국이다.

킨샤사를 떠나며 차들로 뒤엉킨 혼잡한 틈을 이용해 차 안에서 사진을 찍었다. 귀신같이 알아본 경찰이 차를 세우더니 카메라를 내놓으라고 한다. 콩고민주공화국은 자국의 열악한 실상이 외부세계에 알려지는 것을 꺼려하여 공개된 장소에서 사진 찍는 것을 엄격하게 금지한다. 특히 외국인의 사진 촬영을 불법으로 간주하며, 적발될 경우에는 몰수하도록 지도한다.

킨샤사를 떠나 앙골라 마타디로 가던 도중에 모하비의 엔진 경고등이 점등됐다. 그리고 엔진 출력이 급격히 떨어지며 가속이 되지 않았다. 언덕을 비실비실 겨우 넘었는데 불량 연료가 원인인 것으로 보였다. 수백 미터마다 고장나거나 버려진 차를 보면 납량 공포영화를 보는 듯하다. 경찰 검문소는 왜 이렇게 많은지 이십 군데는 되는 듯했다. 경찰은 차량이 도주할까 봐 육탄으로 차를 막아 세웠다.

밤늦게 마타디Matadi 호텔을 찾는데 도통 보이지 않는다. 구원투수로 등장한 현지인의 도움으로 전혀 엉뚱한 장소에 있는 호텔을 찾았다. 다음날 다시 찾은 그 친구와 함께 정비공장으로 이동해 연료필터를 교체했는데 원인은 역시나 불량경유였다.

마타디는 대서양에서 콩고 강을 거슬러 대략 160㎞를 들어온 내륙의 항구도시다. 콩고 강을 따라 마타디 항구로 올라오는 대형 컨테이너선과 화물선이 빈번하다. 4,370㎞를 흘러온 콩고 강은 호수같이 넓어진 강에서 숨 고르기 하듯 잠시 머물다 바다로 흘러들어 소멸한다. 아프리카 남부와 서부를 육로로 이어주는 마타디 대교는 두 개의 주탑을 가진 사장교다. 대교 옆 공터에 차를 세우고 콩고 강의 아름다운 경치를 사진에 담았다. 콩고민주공화국에서 가슴이 탁 트이는 감동을 느껴보기는 처음이다.

▲ 마타디 대교

하지만 그것도 잠시, 어디선가 권총을 찬 군인이 나타나 "왜 사진을 찍었느냐?"며 부대로 가자기에 손이 발이 되도록 봐 달라고 사정했다.

앙골라 국경까지 240㎞를 가야 한다. 국경 전 90㎞ 지점부터 완전한 비포장이다. 입국할 때와 마찬가지로 출국하는 자동차에 대해서도 국경 통행료를 받았다. 입국할 때와 출국할 때 두 번씩이나 돈을 받는 나라는 콩고민주공화국이 유일하다.

국경 업무가 종료되었다고 근처에서 자고 내일 아침에 오라고 한다

▲ Policeman

구글맵은 국경 가는 길이 아예 없었고 맵스미에는 실낱같은 선이 보인다. 역시나 길 같지 않은 외길을 달려야 한다. 90㎞를 가는 내내 십여 군데의 검문소가 있었다. 대여섯 명의 경찰관이 길을 완전히 차단하고 검문을 하는데 운전면허증을 보여주면 쳐다보지도 않았다. 자기네가 원하는 것이 무엇인지 잘 알면서 무슨 엉뚱하게도 면허증을 내놓느냐는 것이다. 한마디로 우리가 답답하다는 이야기다.

먼지를 흠뻑 뒤집어쓰고 콩고민주공화국과 앙골라 국경에 도착했다. 예마 국경Fronteria Do Yema, 도착시간은 오후 5시 10분, 입국관리소에서는 5시에 국경 업무가 끝났다며 근처에서 자고 내일 아침에 오라고 한다. 그럴 수 없다고 사정하자, 매니저는 퇴근하는 직원을 불러 처리해 주라고 지시했다. 여행자의 이야기를 경청하고 원만하게 해결해 주려고 노력하는 자세는 아프리카인들의 커다란 장점이다. 그리고 카빈다Cabinda에 도착했다. 앙골라 내전으로 국가 이미지와 대외신인도가 많이 손상된 앙골라. 선입견과 다르게 서부 아프리카의 다른 국가에 비해 사회 기반 인프라가 잘 갖춰져 있다.

수월하게 패스한 마사비 국경Massabi Border을 지나 콩고공화국으로 간다. 대서양 연안에 면한 푸앵트 누아르Pointe-Noire는 프랑스인이 사랑하는 휴양도시다. 까르띠에, 몽블랑 등의 명품매장이 보인다.

▲ French Bakery Shop

▲ Total Oil Station

서부 아프리카는 프랑스의 오랜 식민지배를 받았다.

프랑스 자본의 Total 주유소는 세차, 카페, 카 케어의 복합매장으로 유럽이 부럽지 않았다. 그러나 신용카드 사용이 불가능하고 달러와 유로화가 통용되지 않아 ATM에서 현지 화폐를 인출해야 한다.

밤늦은 시간에 돌리지Dolisie에 도착했다. 이리저리 헤매다 겨우 찾은 KM호텔은 부킹닷컴에 나오지 않는 미니호텔이다.

사장은 퇴근하고 경비원밖에 없었다. 말이 전혀 통하지 않는 그들과 손짓발짓으로 대화를 나눈 후에야 겨우 룸으로 들어갔다. 와이파이가 되냐고 물으니 "그게 뭡니까?"라는 대답이 돌아왔다.

정직한 사람이 사는 땅, 우리는 아프리카를 얼마나 알고 있을까?

아침에 출근한 사장은 직원이 객실료를 많이 받았다며 5,000세파프랑을 돌려주었다. 사장의 당연한 정직함에 깊게 감동했다.

본격적으로 달리기에 앞서 연료 풀 주입은 기본이다. 가봉 국경을 향해 정북방향으로 북상할 예정이다. 무코로Moukoro 국경까지는 240㎞의 거리다. 톨게이트가 있지만, 돈을 받지 않았다. 공사가 안 끝났거나 비포장이기에 좋아할 일이 아니다.

미개통 톨게이트

아니나 다를까? 10㎞를 달리자 본격적으로 험한 비포장이 등장했다. 2차선이 순식간에 좁은 1차선으로 변했다. 다시 돌아갈까도 생각했지만, 포장도로는 아프리카에서만큼은 사치스러운 길이다. 다른 국경으로 가려면 2,000㎞를 우회해야 한다, 또 그 길이라고 탄탄대로의 아스팔트가 깔려있다는 보장도 없다. 그럼 죽더라도 가야만 하는 길이다.

▲ 집 마당의 무덤

마을은 독특한 장묘 문화를 가지고 있었다. 부모나 자식이 죽으면 집 앞마당에 무덤을 만들고 매장했다. 길가에 나와 있는 어린아이에게 사탕을 주었는데 껍질을 벗기고 먹는 것이 처음인 듯 어색했다. 차를 멈추자 소녀들이 파인애플을 들고 나타났다. 차 몇 대 지나지도 않는 길에서 파인애플을 팔기 위해 온종일 서 있는 것이다. 길이 좁아지고, 깊은 웅덩이가 나타나고, 요철이 심해졌다. 잠시 잠깐에 끝나는 것이 아니라 100여km를 이렇게 달려야 한다.

▲ 콩고 출입국관리사무소

맵쓰미가 안내한 국경을 찾으니 마을 동사무소다. 콩고 국경통제소는 가봉 국경으로 표기되었으나 실제로는 아예 가봉 영토 안으로 들어가 있었다. 구글이나 맵쓰미 등 인터넷 포털이 보여주는 아프리카 지리정보의 현주소가 이러했다.

마침내 콩고공화국 국경통제소에 도착했다. 이미그레이션 1명, 커스텀 1명, 경찰관 1명이 근무하는 산간 오지의 작은 국경이다.

밀림의 성자 슈바이처 박사와 한국 최초의 세계 여행자 김찬삼 교수

• 가봉 •

국경에 국경사무소가 없다. 슈바이처 박사의 인류애 봉사 현장인 람바레네, 1963년에 이곳을 찾은 한국인 김찬삼 교수, 그는 배로 왔지만 우리는 자동차를 타고 찾았다. 세월이 그만큼 흘렀다.

콩고공화국을 떠나 가봉 무코로 국경Moukoro Border으로 들어왔다. 국경사무소는 국경에서 40㎞ 떨어진 도시 은덴데Ndendé에 있다. 문제는 이런 사실을 자국민만 알고 외국인은 모른다는 것이다. 근무시간은 7시 30분부터 오후 3시 30분이다. 웃기는 것은 입국 수속을 다음날 받아야 하니 하루만큼 부득이 불법체류자 신세가 되어야 한다는 점이다.

람바레네

람바레네Lambaréné로 출발했다. 의사, 철학자, 신학자, 음악가였던 슈바이처 박사. 그는 30세까지 학업과 예술에 집중하고, 이후로는 봉사하며 살겠다는 신념으로 35세에 의사가 됐다. 3년 후인 1913년, 아내와 함께 람바레네에 들어와 병원을 짓고 한센병, 전염병, 기생충, 질병, 열대 풍토병의 예방과 치료에 전념했다. 1952년, 인류애와 헌신적인 박애 정신을 인정받아 노벨평화상을 수상했다.

▲ 슈바이처 병원

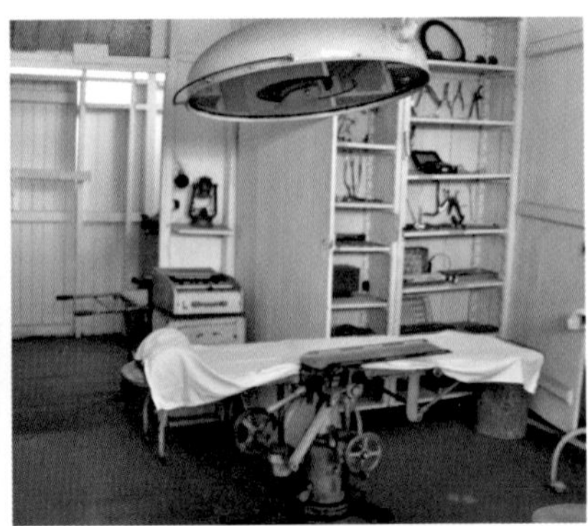
▲ 당시 슈바이처 박사 수술대

1965년, 향년 90세를 일기로 사망한 후에는 외동딸과 손녀로 대를 이어 슈바이처 병원을 운영하고 있으며, 각국에서 온 의사들이 병원에서 의료 봉사 활동을 한다. 슈바이처 박물관은 생전에 가족과 살았던 집이다. 뒤편에는 슈바이처 박사, 부인, 딸, 이곳에서 활동하다 숨진 동료 의사와 간호사들의 묘역이 있다.

▲ 슈바이처 박사와 봉사자 묘역

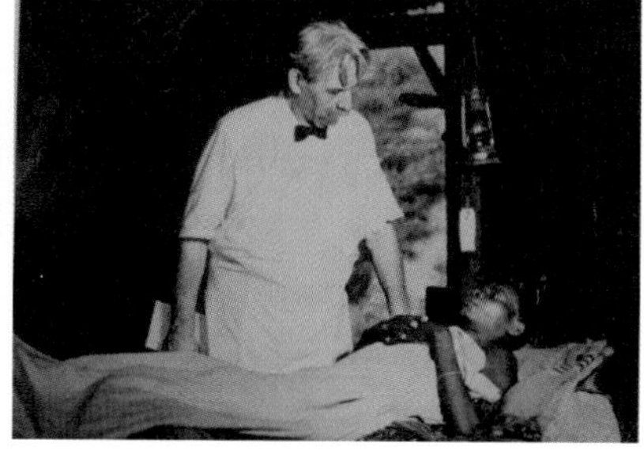

▲ 밀림의 성자 슈바이처 박사

커다란 등불이 되어 세상의 어두운 곳을 밝혀온 슈바이처 박사, 그의 소박한 묘역을 보는 순간 뭉클한 감동이 밀려왔다. 인류애를 위한 자기희생과 봉사 정신, 초라하게 남긴 작은 십자가는 후대에 커다란 교훈으로 남았다.

1963년, 한국 최초 세계여행가 김찬삼 교수와 슈바이처의 만남

박물관에는 눈길을 끄는 사진이 있다. 1963년, 슈바이처 박사를 제일 존경한다는 한국 최초의 세계여행가 김찬삼 교수가 이곳을 찾아 15일간 자원봉사를 하고 떠났다. 슈바이처 박사가 별세하기 2년 전이었으니 조금 늦었으면 못 만날 뻔했다.

▲ 슈바이처 박사와 김찬삼 교수

김찬삼 교수가 슈바이처 박사와 함께 찍은 사진과 김 교수가 저술한 세계여행 책자가 박물관에 영구전시된다. '밀림의 성자' 슈바이처 박사와 '여행의 아버지'라고 불리는 김찬삼 교수의 만남이 있었던 장소에 서니 새삼 감회가 새롭다. 한국 최초의 세계여행가 고(故) 김찬삼 교수는 세계라는 큰 창문을 열어 넓은 세상을 보는 눈과 큰 뜻을 품는 가슴을 갖게 해 준 분이다.

▲ 한국 최초의 세계여행가 김찬삼

질레Zile 호수로 간다. 파피루스로 가득한 질레 호수는 희귀 조류의 보고이며 하마가 관측된다. 호수 안의 큰 섬은 프랑스군의 옛 주둔지로 무기와 철선 잔재가 아직도 남아있으며, 작은 성당에서는 지금도 사람들이 모여 미사를 본다. 섬으로 다가가 손뼉을 치자 소리에 놀란 새들이 일제히 비상했다.

람바레네를 떠난 후 수도 리브르빌까지 5시간이 걸렸다. 정작 달린 시간은 4시간이고, 나머지는 검문받는 데 걸린 시간이다. 특이한 점은 검문소마다 차량을 등록해야 한다는 사실이다.

집권자가 장기집권하고 있는 나라는 군인과 경찰이 많다

1967년에 집권한 오마르 봉고는 2009년 죽어서야 정권을 내려놓아 세계 최장의 집권자로 군림했다. 현 대통령 알리 봉고 온딤바는 직업이 대통령이라는 말을 들었던 오마르 봉고의 아들이다. 대통령은 이제 봉고 집안의 가업이 되었다. 기아자동차의 봉고라는 소형트럭이 오마르 봉고의 이름에서 따왔다는 믿거나 말거나 한 이야기도 있다.

▲ 수도 리브르빌

리브르빌Libreville에 도착했다. 앞으로 방문할 국가의 비자를 발급받아야 한다. 가나 대사관은 월·수·금요일, 오후 1시부터 4시까지 비자업무를 취급한다. 부르키나파소 대사관에서는 멀쩡하게 생긴 외교관이 어떻게 영어를 한마디도 못 하는지 구글 번역기로 대화했다. 서부 아프리카의 거의 모든 국가는 프랑스어를 공용어로 사용한다. 말리대사관에서는 호텔 예약증을 요구했는데, 까르네를 제시하고 차 안에서 숙박할 것이라고 했다. 비자 발급에 필요한 숙박 예약증, 비행기 왕복 티켓 등과 같은 서류는 까르네로 대체가 가능하다.

▲ 리브르빌 생마리 대성당

리브르빌에는 구경할 곳이 몇 군데 있었다. 리브르빌 생마리 대성당에 들렀다.

1848년, 사하라 이남에 세워진 최초의 가톨릭 성당이다. 대통령궁 앞의 남대서양 해안에 리브르빌의 상징인 자유의 석상이 있다. 1849년, 세네갈에서 출발해 브라질로 향하던 272명의 흑인 노예가 프랑스 해군에 의해 풀려나 리브르빌에 정착했다. 자유의 석상은 두 개의 돌기둥과 쇠사슬을 끊은 반남반녀의 흑인 노예 동상이다.

▲ 자유의 석상, 반남반녀의 흑인노예

카페에서 한국 교민 분들을 우연히 만났다. 그분들의 도움으로 10여 일 동안 사용하지 못한 노트북을 수리했다. 주차 안내원이 카페로 헐레벌떡 들어왔다. 나가보니 불법 주정차로 적발되어 바퀴에 족쇄를 채웠다. 주차비까지 냈는데 알고 보니 주차금지 구역이었다.

가봉의 1인당 GDP는 8,000불 내외로, 수치로만 본다면 아프리카의 부국이다. 그러나 아프리카 국가를 돌아보며 느낀 것은 9,000불이나 900불이나 사는 것은 그게 그거라는 점이다. 가봉은 인구가 220만 명을 상회하는 작은 나라이고, 산업구조가 단순하고 외세 의존적이라 1인당 GDP가 실질가치에 미치지 못한다.

▲ 주력산업이 벌목, 운전자가 중국인이다.

가봉의 주력 수출품은 석유와 목재다. 해양 굴기 정책에 따라 아프리카에 진출한 중국의 해외자원 확보는 가봉에서도 예외가 아니다. 길 위에서 자주 만나 친숙한 벌목 운반용 트레일러의 운전자 대부분이 중국인이다.

차량에 갑자기 이상이 감지되었다. 언덕에서는 아무리 가속을 해도 시속 60㎞를 넘지 못해 화물차와 저속차량을 추월할 수 없었다. 도시 미찍Mitzic의 카 케어에 들러 연료필터를 열어보니 별 이상이 없었다. 경유를 보충했지만 엔진 출력은 개선되지 않았다. 도시 오옘에 도착해 하루를 묵으며 몇 군데 정비공장에 들러 차를 수리하려 했으나, 보닛을 열어보고는 고개를 흔든다.

▲ 국경가는 길

비탐Bitam 국경에 도착하니 국경사무소가 보이지 않는다. 지나친 도시 비탐까지 30㎞를 되돌아갔다. 예정에 없는 지체를 하게 되면 그날은 강행군해야 하는 날이다. 서부 아프리카에는 국경에 국경사무소가 없는 나라가 많다. 근접한 대도시를 주시해야 하는 이유다.

인근의 세관에 들렀다. 매니저는 입국할 때 날인받은 까르네 바우처에 세관원이 아니라 폴리스 스탬프가 찍혔다며 자동차 통관을 해 줄 수 없다고 한다. "다시 갔다 오라고?" 우리가 폴리스인지 커스텀인지 어떻게 아느냐며 보스와 실랑이했다.

▲ 카메룬 국경 출입국사무소

가봉 국경을 넘어 카메룬으로 들어왔다. 달려가는데 뒤에서 소리친다.

"야! 너희들 입국 신고도 안 하고 어디 가냐?"

건물이 작고 초라해 화장실인가 했지, 국경사무소인 줄은 차마 몰랐다.

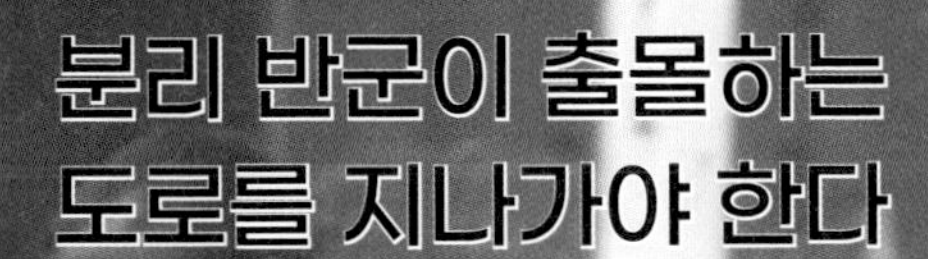

분리 반군이 출몰하는 도로를 지나가야 한다

· 카메룬 ·

카메룬 북부는 분리 독립을 요구하는 반군의 거점지역이다. 이곳을 지나지 않으면 북으로 갈 수 없는 외통수 길이다. 반군이 지배하는 바멘다를 삼엄한 경계 속에 통과해 북으로 달린다. 경미한 자동차 접촉사고는 묻지도 따지지도 말고 그냥 가던 길을 가면 된다.

화장실인 줄 알고 그냥 지나쳤는데 출입국관리소였다

두 명이 근무하는 미니 출입국사무소다. 오후 5시면 국경을 폐쇄한다. 전기가 없어 일할 수 없으니 저녁 있는 삶을 사는 것이다. 수도 야운데Yaunde로 가는 길에는 검문소가 많았다. 경찰, 군인, 세관, 출입국관리소, 운송국에서 나온 공무원이 단독으로, 때론 합동으로 도로를 막고 검문했다.

▲ 수도 야운데

야운데는 역동적인 도시다. 넓은 길을 꽉 채운 자동차, 오토바이, 넘쳐나는 행인들, 시끄럽고 활발하지만 무질서하고 혼란스럽다.

서방 언론은 향후 아프리카에서 내전이 발생한다면 그곳은 카메룬일 거라고 말한다. 우리에게 친숙한 카메룬의 속살을 보니 장기집권과 지역분쟁 등 아프리카 특유의 고질적인 문제를 많이 안고 있었다. 제1차 세계대전 종전 후 국제연맹은 패전국 독일의 식민지였던 카메룬을 프랑스와 영국이 두 지역으로 각각 분할 통치하는 것을 승인했다.

카메룬의 비극은 독일, 프랑스, 영국, 국제연맹에 의해 시작되었다

프랑스가 통치한 지역은 1960년 독립하고, 영국 통치지역은 1961년에 독립했다. 그리고 서로 통합해 카메룬이라는 단일국가가 되었다. 프랑스어와 영어가 카메룬의 공용어가 된 이유다. 인구 2,200만 명 중 80%가 프랑스어권으로 압도적이다. 2016년, 오랫동안 차별받아온 영어권Anglophone에서 평화적인 항의 시위가 일어났다. 2017년 11월에는 앵글로폰의 분리주의 무장세력과 정부군의 무력 충돌이 도시 바멘다Bamenda를 중심으로 한 북서지방에서 발생해 쌍방 간에 수십 명의 군경과 민간인 사상자가 발생했다.

▲ 바멘다

나이지리아로 가려면 영어권 지역의 중심도시 바멘다를 통과해야 한다. 주카메룬 한국대사관의 안전 정보를 확인하니 분리 독립을 요구하는 반군 활동의 중심도시가 바멘다였다. 카메룬 하면 축구가 생각나듯 건강하고 튼튼한 국가로 알았다.

그런데 북동부는 보코하람에 의해 지배당하고 북서부는 분리 반군과의 분쟁으로 국가 공권력과 통치력이 심하게 훼손되고 있었다. 중앙아프리카와 차드를 거쳐 니제르로 우회할 수도 있으나, 역시 극심한 내전과 반란으로 여행자 안전이 심히 우려된다. 나이지리아 수도 아부자를 포함한 북부지역도 반군들의 주요 거점이다. 이리 갈까? 저리 갈까? 차라리 돌아갈까? 어느 노선을 선택하든지 안전하지 않은 공통의 문제를 안고 있었다.

모하비 수리·점검을 위해 수도 야운데에 있는 기아 서비스를 찾았다. 한국인이 매니저로 근무하고 있는데, 그도 우리가 통과하려는 지역이 매우 위험한 곳이라고 말한다. 그러면서 현지인 직원들에게 휴가를 줄 테니 우리와 동행해서 갔다 오라고 하니 다들 고개를 설레설레 흔든다. 달리 선택할 루트가 없었다. 결국 바멘다로 향했다.

▲ 야운데 기아모터스

바멘다는 무척 큰 도시 임에도 지독하게 험한 비포장도로를 달려야 도심으로 들어갈 수 있었다. 역시나 영어권의 분리 독립 요구의 발단은 험상궂은 도로에서 시작됐다. 영어권 주민들은 자신들이 낸 세금이 중앙정부와 프랑스권을 위해서만 쓰이고 있다는 불만을 지녔다. 그리고 자신들은 프랑스권의 대통령과 정부에 의해 차별과 핍박을 받고 있다고 주장한다. 장기집권하고 있는 현 대통령은 부패하고 무능하기에 하야해야 하며, 더 나아가 영어권 지역의 분리 독립을 요구한다. 여행자에게 그나마 다행스러운 것은 반군들이 보코하람 같은 인종, 종교, 사상이 복합된 국제 테러단체가 아니라, 단순히 민주화를 요구하는 정치적 상황에 따라 생긴 내부 반란 조직이라는 것이다.

정부로 보면 분리 반군이지만 이들은 민주화 투쟁 중

바멘다 호텔은 밤 9시에 출입문을 폐쇄했다. 조금 늦었으면 분리 반군이 장악하는 길거리에서 노숙할 뻔했다.

바멘다에서 나이지리아 국경으로 가는 200㎞ 도로에는 중화기와 소총으로 무장한 수십 군데의 군경 체크포스트가 있었다. 완전무장한 정부군은 일부 구간에서 통행료를 징수했으며, 모든 여행자는 차에서 내려 신원을 확인하고, 차량검색을 받아야 했다. 그동안 여러 나라에서 무수한 검문을 받으며 때로는 무시하고, 부르면 못 들은 척하고, 눈치껏 도망도 많이 쳤지만, 여기는 달랐다. 이 구간에서는 총 맞을지 모르니 순한 양처럼 고분고분 말을 잘 들어야 한다.

▲ 군경 체크포스트

서부 아프리카는 대체로 정치 상황이 불안한 나라가 많았다. 정치 사회적으로 안정된 동부와 달리 민주화 과정이 지연됐고, 장기독재로 인한 부정과 부패가 유독 심했다. 또 경제가 파탄 난 국가가 많았다. 그리고 근본적으로 서부아프리카를 지배한 프랑스, 벨기에 등 유럽 국가는 식민국 통치와 지배를 통해 자원을 수탈하고 흑인 노예무역을 통해 막대한 경제적 이득을 얻었다. 하지만 지역과 지역민에 대한 투자, 개발, 지원은 철저히 회피한 것이 서부 아프리카 정치 불안과 경제 파탄의 주된 원인이다.

▲ 정부군과 반군 충돌지역

카메룬 에콕Ekok 국경에 도착했다. 출입국사무소는 휴무일 없이 오픈하지만, 세관은 토요일과 일요일이 정상적인 휴일이고, 월요일까지 휴무라고 한다. 관리들이 집에 갔다 오는 데 시간이 오래 걸린다는 이유에서다. 도착한 날은 일요일. 커스텀 유니폼을 입은 직원에게 까르네에 스탬프를 찍어 달라 하니 자기 일이 아니라 한다. 그에게 집에 안 가고 국경 인근의 숙소에 있는 직원이 있으면 전화해 달라고 부탁했다. 마침 집에서 자고 있던 보스를 사무실로 나오게 해 자동차 통관 수속을 완료했다. 사사로운 문제에 봉착했을 때마다 우리 뜻대로 일이 풀려간 것은 아프리카인의 순박하고 순진한 심성, 남의 이야기에 귀를 기울여주는 따뜻한 마음이 있기에 가능한 일이다.

▲ 에콕 국경으로 가는 길

국산 차 모하비를 끌고 이집트 시나이반도에서 시작한 아프리카 일주 여행은 종반으로 접어들었다. 수없는 시행착오와 난관을 거치며 아프리카 대륙의 끝을 향해 달린다. 북부 이집트 문명부터 시작된 아프리카 일주는 변화하는 아프리카를 느낀 동부와 아프리카의 유럽이라고 불리는 남아공, 진정한 리얼 아프리카인 서부를 관통해 북으로 간다.

불법이 판치는 국경과 도로, 이런 나라는 그 어디에도 없다

• 나이지리아 •

피해갈 수 없는 나라, 많은 여행자들이 서부 아프리카를 포기한 이유는 나이지리아가 있기 때문이다. 나라 절반은 반군들의 손에, 나머지 절반은 관리들에 의해 점령당했다. 입국해서 출국까지 공무원들과의 불편한 만남과 헤어짐은 수십 차례 계속된다. 나이지리아 대통령에게 물어본다. 공무원에게 월급을 주고 있습니까? 공짜로 일을 시킵니까?

나이지리아 국경은 혼잡과 무질서의 극치로 도떼기시장이 따로 없었다. 그러나 입국 수속은 주변 사람들의 양보와 도움으로 오래 걸리지 않았다. 국경을 나서자 군인, 이민국, 경찰, 세관원이 곳곳에서 도로를 차단하고 검문·검색을 하고 있었다.

카메룬-나이지리아 에콕 국경

마을 청년들이 못을 박은 각목을 도로 바닥에 깔아 놓고 차량을 검문하고 있었다

기가 막혔던 것은 마을 청년들이 대못을 박은 각목을 도로 바닥에 깔아 놓고 차량을 세웠다. "왜 너희들까지 난리냐?" 자율경찰대, 약칭으로 자경대라고 불리는 청년들은 자동차를 세우고 노골적으로 마을통행세를 요구했다. 본격적인 드라이빙이 시작되며 무수한 검문이 있었다. 임의의 장소에 빨랫줄을 도로 양쪽으로 걸어놓으면 그곳이 바로 체크포스트가 되었다. 좋게 얘기하면 이동식 검문소다.

빨간 모자 경찰, 검정 모자 경찰, 모자 안 쓴 경찰, 챙 달린 모자 쓴 경찰, 검은 베레모 군인, 철모 쓴 군인, 일반 모자 군인, 맨머리 군인, 출입국관리소 직원, 연방 안전청, 관세청 직원, 티셔츠 입은 사람…. 소속도 모르고 정체도 모르는 무수한 정부기관에서 나온, 통칭하여 공무원들이 일부는 자동소총, 누구는 권총, 최소한 곤봉을 들고 길가로 떼를 지어 나와 검문하고 있었다. 도로를 달리라고 만든 것인지 검문하려고 만든 것인지 모를 일이다.

검문하는 경찰에게 이렇게 말했다. "너희가 검문하는 것이 백 번째다." 자기네들끼리 배꼽을 잡고 웃는다. 하지만 아무에게나 이런 얘기를 하면 안 된다. 성깔 있는 놈 만나면 차 지붕까지 올라가 짐 검사를 하기 때문이다. 같이 한참을 웃고 나서 이들이 하는 말이 또 걸작이다. "저기 앞에 가면 또 있다." 아니나 다를까? 커브 길을 돌아가자 다른 팀이 있었다. 200m도 떨어지지 않는 곳에 더욱 막강한 군인들이 자동소총을 들고 우리를 기다리고 있었다. 검문하는 자들과 즐겁지 않은 추억을 새록새록 쌓으며 에누구Enugu에 도착했다. 검문에 막히고, 사람에 치이고, 비포장 웅덩이에 지친 하루다.

▲ Check Post

라고스

라고스에 입성하는 날이다. 제법 도로가 갖추어져 있다. 비포장도 있지만, 그런대로 달려 라고스에 도착했다. 나이지리아는 2억 명이 넘는 세계 7위의 인구 대국이다. 국내 총생산액은 아프리카에서 제일 높지만, 1인당 GDP는 2,000불 내외의 빈곤 국가다. 여성 인구의 절반이 19세 이하로 폭발적인 인구 증가를 피할 수 없어 앞으로도 실질적 소득이 늘어나기는 어려워 보인다.

▲ 심난한 길거리 풍경

제1의 도시 라고스는 자동차로 여행하기 힘든 도시다. 넘쳐나는 인파, 난폭하고 무질서한 자동차, 도심을 덮은 쓰레기와 오물, 악취, 노후한 포장도로와 비포장도로, 몰려드는 행상과 걸인들, 그리고 심각한 교통체증을 빚고 있었다.

제일 먼저 부르키나파소 대사관에 들러 비자를 발급받았다. 처리기한이 24시간이지만 영사를 면담하고 즉시 발급받았다. 그리고 베냉 대사관을 찾아갔으나 관광비자 발급은 인터넷을 통해 E-visa를 신청하는 것으로 바뀌었다고 한다. www.evisa.gouv.bj/en/, 베냉 대사의 말로는 세메Sèmè국경에서 트랜싯 비자를 발급하니 그곳에서 발급받으라 한다. 대사가 확인해 준 것이니 믿어도 될 것 같았으나 그렇지 않았다.

교체할 부품이 없는 것이고 한국에서 조달받으려면 최소 3주일이 소요된다.

기아서비스에 들렀다. 진단기를 돌려 나온 결함은 엔진 출력을 증가시키는 터보차저 부스트 컨트롤Turbocharger Boost Control 센서의 고장이다. 문제는 교체 부품이 없는 것이고, 한국에서 조달받으려면 최소 3주일이 소요된다고 하는데, 그것도 우리가 직접 구해 오라고 한다.

"그래? 그럼 그냥 가는 거야."

그냥 갈 데까지 가보자며 그렇게 다시 길 위로 올라섰다.

나이지리아는 산유국으로 경유가 휘발유보다 비싸다. 경유 차량이 거의 없으며 작은 주유소는 아예 취급하지도 않았다.

라고스에서 묵은 'De Rigg Place' 호텔은 아프리카 대륙을 통틀어 가장 잘 터지는 와이파이와 안전한 주차장을 가지고 있었다. 나이지리아에서 오직 한 군데, 칭찬할 만한 곳이 이 호텔이다.

외국 여행자들이 꼽는 최악의 국경을 향해 라고스를 떠났다. 시내를 벗어나려면 차 바퀴가 잠기는 썩은 물웅덩이를 통과해야 하고, 차량 하부가 쿵쿵 닿는 요철을 지나야 한다. 또 길 가운데에 떡하니 고장나 서 있는 차량으로 지체와 정체를 밥 먹듯이 했다.

교차로는 서로 먼저 가겠다고 달려든 차들이 엉켜 오도 가도 못 하는 난장판이 됐다. 길이 막히면 차를 돌려 역주행을 불사했고, 무단으로 도로 횡단하는 사람들로 아수라장이다.

시내를 벗어나 베냉 국경으로 가는 길은 나이지리아의 민낯을 고스란히 보여주는 도로다. 악명 높다고 소문난 국경으로 가며 얼마나 많은 검문이 이뤄지는지 세어보니 모두 13회다.

제복 입은 도둑놈들, 군인과 경찰이 행인을 약탈하는 무법천지

모하비를 보고 그냥 보낸 경찰은 단 한 명도 없었다. 차를 세우라는 경찰의 수신호를 무시하고 가버리니 우사인 볼트처럼 전속력으로 뛰어와 손을 벌렸다. 조금 달리자 연방보안관Federal Security이 차를 세운다. "소화기 있냐? 예비 타이어 있냐?"라고 물어본다. 있다고 하니 오프로드 타이어는 공도로 나오면 불법이라며 펑크를 내야 한다고 송곳으로 찌르려 한다. 미친 짓 하지 말라고 항의하니 이번에는 나이지리아의 법과 규정에 따라 차를 압류하겠다고 한다. 그리고는 운전면허증을 단속 팀장에게 넘겼다. 잠시 후 다른 직원이 우리에게 다가와 돈으로 해결하라고 충고한다. 또 잠시 후에는 다른 직원이 오더니 "쟤가 얼마를 불렀느냐?"라고 묻는다. 자기들끼리도 서로 못 믿는 것이다. 부정한 방법으로 돈을 취해 월급을 보충하는 삥땅이 매우 일상적이고 관행화되어 있었다.

쉬지도 않고 장장 4시간을 달려 도착한 나이지리아와 베냉 국경은 세메-크라케Sèmè-Kraké다. 커스텀에 들러 통관승인을 받은 후 출입국관리소까지 가는 100m 남짓한 거리에 서로 다른 기관에서 나온 검문이 네 차례였다. 모두 권총과 자동소총으로 무장하고 있었다.

"비켜라."

정지하라고 해도 무시할 만큼의 분노와 정의로움이 가슴에서 치밀었다. 국경사무소 또한 가관이다. 패스포트에 스탬프 찍으면 끝나는 원스톱의 출국 절차가 이곳에서는 다섯 군데를 통과해야 했다. 첫 번째, 예방 접종 카드를 확인했다. 출국하는 여행자를 대상으로 예방접종 카드를 확인하는 나라는 나이지리아가 독보적이다. 황열병 접종 카드를 보여주니 공무원은 듣도 보도 못한 접종 카드를 꺼내 허공으로 흔들며 의기양양하게 그것 말고 '이것'을 내놓으라고 한다. 얼마나 오랫동안 써먹었는지 접종 카드는 걸레가 되어 있었다. 그런 예방접종은 듣도 보도 못했다고 항의하니까, 없으면 출국할 수 없다고 엄포를 놓으며 막무가내다. 병원에 가서 접종 주사를 맞고 오겠다고 하니, 백신 효과를 보려면 7시간을 기다려야 하는데, 꼭 돈 내고 맞을 필요가 있냐고 물어본다. 이쯤 되면 개그맨 뺨치는 개그 수준이다. 입국할 때는 황열병 접종 카드를 확인하고, 출국할 때는 다른 접종 카드를 내놓으라 하는 생트집은 돈을 달라는 것이나 다름없다. 옆 사무실로 옮겼다. 출입국 신고서를 작성하는 곳이다. 여기도 머니. 그리고 그 옆 사무실로 갔다. 출입국카드를 작성하고 명부에 등록해야 한다. 이곳도 머니. 자기 부서는 담당 인원이 5명이니 많이 생각해 달라고 한다. 마지막으로 들어간 곳은 여권에 출국 스탬프를 찍는 매니저의 방이다. 이곳도 머니. 한 사람도 예외 없이 오로지 머니만 불러댔다.

나이지리아여? 어디로 가시나이까?
"Guo Vadis Nigeria?"

턴 지갑도 다시 보자, 외국인 여행자를 탈탈 털어 보내자!

국경을 넘는 마지막 순간까지 부패한 관리들의 탐욕스러운 금품 요구는 한도 끝도 없었다. 자전거를 타고 2006년 서부 아프리카를 여행한 행창 스님께서 신문 기고를 통해 '나이지리아는 제복 입은 군인과 경찰이 행인을 약탈하는 무법천지' 라고 했다.

"스님, 지금도 전혀 변하지 않았습니다."

국가 공권력의 주체인 공무원들이 권한과 영향력을 부당하게 사용하며 사회질서에 반하는 사적 이익을 취하는 부정과 부패는 그 끝도 보이지 않았다. 수도 아부자를 포함한 국토의 절반쯤이 보코하람 반군에게 농락당하며 국가 체면이라곤 돌아볼 겨를이 없는 나이지리아…, 모자 쓰고 완장 차고 그것도 권력이라며

▲ 도처에서 벌어지는 경찰검문

어깨에 힘준 하찮은 미생 관리들… 길 위를 달리며 직접 체험한 부정부패의 만연과 시름 깊어지는 속내를 보니 세상에 이런 나라도 있구나 싶다.

비자 없이 국경을 넘어가 불법체류자 신세가 되었다

• 베냉, 토고, 부르키나파소 •

비자 없이 입국해 불법체류자가 되었다. 아데바요르의 조국 토고, 부두족 마을에서 로아에 홀려 엑스터시에 이르도록 춤을 추었다. 아름다운 산을 가진 부르키나파소, 악어와 즐거운 시간을 보내고 사하라 사막을 바라보며 북으로 간다.

베냉으로 들어가자 국경사무소가 물에 잠겼다. 배수시설이 없어 비가 오면 침수되는 것이다.

▲ 침수된 베냉 국경사무소

입국 비자를 발급해 달라고 하니 국경경찰은 도착비자 자체를 알지 못했다. 다른 사무실에 근무하는 직원을 불러 이야기를 나눈 폴리스 매니저Police Manager는 한국인의 경우 3개월 미만의 체류는 무비자라고 하며 여권에 입국 스탬프를 '꽝' 하고 찍었다. 한국과 베냉 사이에는 사증 면제협약이 없어 무비자 입국은 상식에 반하는 일이다. 반면 폴리스가 문제없다며 입국하라는데, 도착비자 내놓으라고 계속 우기는 것도 웃기는 일이다.

"그래, 가라면 가야지."

그렇게 베냉으로 입국했다.

베냉은 서부 아프리카에서는 드물게 정치적으로 안정된 나라다. 국경에서 가까운 포르토 노보Porto-Novo가 수도다. 상업시설이나 정부 기관이 코토누로 이전했어도 포르토 노보는 아직 헌법상 수도로 남아 있다.

베냉 제일의 도시는 코토누Cotonou로 상업과 행정의 중심지며, 옛 다호메 왕국의 수도다. 《론리 플래닛》에서 추천하는 몇 안 되는 관광명소 중 하나인 단톡파

Dantokpa는 서민들의 일상적인 삶을 들여다볼 수 있는 재래시장이다.

코토누시가지

시뻘겋게 녹슨 함석지붕으로 조각조각 연결된 재래시장은 노쿠에Nokoue 호수까지 길고 넓게 이어진다. 50만 명의 인구를 가진 코토누에 이렇게 큰 상설시장이 있는 것은 소비생활의 중심이 이곳이라는 것을 말해준다.

▲ 재래시장 단톡바

▲ 붉은 함석지붕이 호수까지....

▲ 장 보러 나온 여인

우이다Ouidah로 이동했다. 17세기부터 19세기 말, 강제로 끌려온 흑인 노예들은 이 도시를 거쳐 브라질과 카리브로 팔려 갔다. 포르투갈이 구축한 요새로부터 해변까지 가는 4㎞ 구간을 '노예의 길'이라고 부른다.

바다에는 노예선이 흑인들을 기다리고 있었다. 돌아올 수 없는 문Gate of No Return은 결코 돌아올 수 없는 길을 떠난 흑인 노예의 가슴 아픈 사연을 간직한 조형물이다.

▲ 노예의 길 조형물

▲ Gate of No Return

베냉을 떠나 토고로 간다. 도로는 말끔하게 포장됐고 국민들의 질서의식이나 교통 규칙 준수는 훌륭하다. 신호등 앞에 일렬로 늘어선 오토바이 행렬이 인상적이었다. 불필요한 검문이 거의 없었고, 있다 해도 호감으로 대했다.

졸지에 불법입국자 신세?

베냉 국경에 도착했다. 경찰이 "비자가 어디 있냐?"라고 물어본다. 그런 것 없다고 하니 우리보고 불법입국자란다. "뭐? 불법 입국?" 입국할 때 비자도 없는데 여권에 왜 입국 스탬프를 찍었냐고 항의하니 자기들끼리 웅성웅성 회의하고 난리다. 결론은 출국하며 입국비자를 받는 황당한 일이 벌어졌다.

토고는 우리나라 절반 남짓의 땅을 가진 국가다. 인구는 약 800만 명이며, 1960년 프랑스로부터 독립했다. 1967년, 쿠데타로 집권한 냐싱베 에야데마는 38년을 장기집권하고 심장마비로 죽었다. 이후 아들이 집권했는데, 그가 아버지의 롱런을 갱신한다면 부자간 80년 집권도 불가능한 일이 아니다.

토고는 도착비자를 발급했다. 도착비자는 시간과 비용을 절약하는 최고의 선택이지만, 안타깝게도 서부 아프리카에서 토고 같이 도착비자를 발급하는 국가는 많지 않다. 발급 비용은 아프리카 전체를 통틀어 제일 저렴한 편이나, 체류 기간은 불과 7일이다.

▲ 토고에서 만난 사람들

토고는 대중교통인 버스가 없는 나라다. 국민들 누구나 오토바이 한 대씩을 가지고 있어 우리는 토고를 '아프리카의 베트남'이라고 불렀다.

자동차로 달려 본 토고는 1인당 GDP가 670불로 최빈국에 속하지만, 서부 아프리카의 어느 국가보다도 안정되고 건실해 보였다. 국도 등의 사회 기반 인프라가 잘 갖추어져 있고, 도시와 시골의 건물과 주택 또한 깨끗하고 단정했으며, 국민의 질서 의식도 수준이 높았다.

자동차 여행자에게는 바람에 구름 흐르듯 달리다 멈추는 곳이 그날의 목적지다. 카라Kara는 수도 로메와 부르키나파소를 잇는 국도에 자리한 도시다. 아프리

▲ 길 위에서 만난 아이들

▲ 코타마코

▲ 문 앞에 세워 놓은 고깔 모양의 부적 그리고 짐승의 뼈로 만든 전통 모자

카에서는 큰 도시가 아니면 숙박할 수 없기에 당일의 운행 일정을 잘 짜야 한다.

공터에는 축구를 하는 어린이가 많이 보인다. 토고 출신의 아데바요르 같은 유명 축구선수가 되어 그라운드를 훨훨 누비는 꿈을 꾸고 있을 것이다.

좀비를 신봉하는 부두족, 세상 만물이 그들의 신이다

유네스코 세계문화유산에 등재된 코타마코Koutammakou를 찾았다. 원시 부족인 부두족이 사는 전통 마을이다. 우리를 맞이하러 전 주민이 마을 입구로 나왔다. 전통적인 토착 신앙과 생활방식으로 살아가는 부두족은 모든 물체에 신이 있다고 믿는 애니미즘을 신봉한다.

미국 뉴올리언스나 서인도 제도에서 널리 믿어지는 부두 신앙은 서부 아프리카에서 끌려간 흑인 노예들에 의해 전파된 종교다.

모든 집 앞에는 풍요를 기원하고 출산을 순조롭게 해달라는 고깔 모양의 부적을 세워 놓았다.

우리에게도 익숙한 좀비Zombie는 부두족이 숭배하는 뱀의 신에서 유래했다.

이후 되살아난 시체를 뜻하는 말이 되었고, 반쯤 죽은 무기력하고 정신 나간 사람을 일컫는 말로 쓰인다.

▲ 전통 가옥. 입구를 좁게 만들어 짐승 침입을 막았다.

마을 추장에게 돈을 지불하면 부두족의 전통 공연을 볼 수 있다. 부두교는 산천초목과 무생물인 사물에 있다고 믿는 로아Loa라는 혼령, 그리고 죽은 사람의 영혼에 대한 숭배다.

▲ 부두족 전통춤

북소리에 맞추어 마을의 풍요와 부족 안녕을 기원하는 춤은 로아에 홀린 엑스터시에 이르러 클라이맥스에 도달한다.

부두족의 전통과 관습이 후대로 계승되기를 바라며 우리는 다시 길 위에 올랐다.

▲ 녹 동굴에서 내려다 보이는 평원

녹 동굴Les Grottoes de Nok은 유네스코 세계문화유산이다. 아프리카 하면 사막과 밀림을 떠올리지만 녹 동굴로 가는 길은 우리나라 산하와 크게 다르지 않다. 드넓은 평야와 경작지, 방목되는 가축, 주변을 둘러싼 낮은 산 등 나름 풍요로운 전원풍경이 펼쳐진다.

▲ 동굴 내부

▲ 알로에, Caltux를 약재와 정화제로 사용

녹 동굴은 예전에는 바오바브나무로 만든 나무줄기를 타고 들어갔지만, 지금은 철제사다리가 놓였다. 17세기에서 19세기, 노예로 팔려 가지 않기 위해 피신한 흑인들이 구획을 나누어 살았던 동굴이다. 자연 동굴의 협소한 공간에서 최대 100명이 거주했다. 굴 안에는 거주 시설 외에 여성을 위한 공간, 곡식 창고, 회의실과 같은 다목적의 방이 있었다. 곡물을 비축하는 저장소는 34개나 되고 말라리아 약재로 쓰이는 알로에와 물을 정화하기 위한 'Caltux'를 재배했다.

높이 450m 절벽에 있는 동굴은 외부에서 보이지 않는 난공불락의 요새였다. 앞으로는 넓은 대평원이 있어 서부 아프리카의 그랜드캐니언이라고 불린다.

▲ 녹동 굴에서 만난 어린이들

서부 아프리카는 외로운 땅이다. 입장료를 받는 사람이 가져온 방명록을 보니 우리가 일주일 만에 온 방문객이다. 아프리카의 어디서든 관광객을 찾아와 관심을 기울이는 어린이들이 있다. 우리가 나눠 준 사탕에 감격하고 사진에 어색했던 순진하고 착한 어린이들과 헤어져 다음 도시로 간다.

도시 다파옹Dapaong에서 하루를 마감했다. 아침 일찍 성당을 찾았다. 미사 시작을 알리는 북소리에 맞춰 사제가 입장하자 신도들이 어깨춤을 추며 노래한다. 이어 성가대의 찬양이 시작되자, 파도타기 하듯 몸을 흔들더니 벌떡 일어나 스텝을 밟으며 춤을 추었다.

▲ 성당 미사, 춤추는 신도들

▲ 서부 아프리카에는 육교가 없다.

다파옹을 출발해 부르키나파소로 간다. 토고의 로메 항과 부르키나파소를 오가는 컨테이너 트럭이 이용하는 메인 국경은 친카쎄Cinkassé다. 입구에 있는 'Ticket UEMOA'에서 까르네를 제출하고 고지서를 발부받았다. 길 건너의 수납처에 대금을 납부하고 Ticket de Paiement를 발급받았다. 메인 오피스로 이동하여 여권에 스탬프를 찍고, 커스텀에 들러 까르네에 날인을 받음으로써 입국 절차가 끝났다.

부르키나파소는 1960년 오트볼타공화국으로 독립했으나 지금의 이름으로 변경했다. 부르키나파소는 청렴결백한 사람들이 사는 나라라는 뜻이다. 수도 와가두구Ouagadougou로 가는 길가로 보이는 시골 풍경은 평화롭기가 그지없지만 240㎞를 달리는 동안 변변한 마을이나 도시가 없었고, 아프리카에서도 일상적인 교통수단인 자동차가 보이지 않았다. 유독 자전거를 탄 사람이 많은데, 자동차는 고사하고 오토바이조차 경제적으로 부담되는 것이다.

▲ 자전거와 오토바이가 주된 교통수단

▲ 오아시스로 물 마시고, 목욕하러 나온 가축의 무리

작고 낮은 건물이 늘어선 수도 외형은 일면 초라하고 단출하다. 우리가 묵은 숙소는 Residence Hotel Lwili로 부킹닷컴 평점이 매우 높았고 와이파이가 잘 터졌다. 숙박자 이용 후기는 주인의 친절함에 많은 호평을 주었다. 역시나 물건을 구입하러 가는 길에 직접 운전을 하며 동행해 주고 구입처를 알려주는 등 호의를 베풀었다.

수도 와가두구와 북부지역은 해마다 되풀이되는 이슬람 반군 테러로 위험한 지역

▲ 수도 와가두구

▲ 프랑스 식민지배 후 1960년 독립했다.

여행자는 백인들이 많이 출입하는 식당이나 공공장소를 피해야 한다. 특히 프랑스와 관련된 시설은 조심해야 한다. 해마다 무장 테러로 수십 명의 백인이 사망하는데, 그들 대부분이 프랑스인이다. 반군들은 식민지 독립 후에도 프랑스 영향에서 벗어나지 못하는 정권에 대해 피의 웅덩이에 빠질 것이라고 경고한다. 많은 사람이 우려하는 것은 반군들의 수도 와가두구에 대한 공격이다. 수도 테러는 전국적 확산을 가져올 수 있어 제2의 나이지리아가 되는 것이 아니냐는 우려가 있는 것이다. 같은 처지에 놓인 부르키나파소, 차드, 말리, 모리타니, 니제르는 이슬람 극단주의 반군을 분쇄하기 위해 프랑스 주도로 아프리카 연합군을 결성하고 EU, 미국, 사우디의 재정지원을 받는다.

말리로 가는 길에 바줄레 Bazoulé 호수에 들렀다. 사막의 오아시스는 지역 주민에게는 생명수 같은 존재다. 호수에는 200마리의 악어가 사는데, 사람을 해치지 않는다. 악어가 있음에도 호수로 들어가 물을 긷는 아이가 있다. 사육사는 수영해도 괜찮다며 우리보고 호수에 들어가라고 하지만, 그 말을 듣고 들어갈 정신 나간 여행자는 없을 것이다.

▲ 바줄레 호수의 악어와 안내인

▲ 우리는 악어, 안내인은 차에 관심이 많았다.

안내인이 휘파람 소리를 내자 커다란 악어 두 마리가 육지로 올라와 마치 주인 말을 알아듣는 애완견처럼 바짝 엎드렸다. 이쯤이면 던져주겠지 하며 애타게 기다리던 치킨을 던지니 큰 입을 '쩍' 하며 벌려 받아먹는다. 악어가 이렇게 착해도 되는지 모를 일이다. 우리는 악어에 관심이 많았고 사육사들은 한국에서 온 모하비가 신기했다.

부르키나파소를 떠나 말리 국경으로 이동한다. 커스텀은 국경에서 20㎞ 전방에 위치하므로 도로 주변으로 시선을 주어 달려야 한다. 직원은 까르네를 처음 봤는지 이곳저곳에 문의하느라 바쁘다. 그가 말하기를, 우리가 가는 길은 매우 위험한 지역으로, 오후 6시 이후는 통행이 불가하다고 한다. 차를 서행해야 하며 군인과 경찰의 검문이 엄해질 것이라고 경고한다. '잘못 들어왔나?' 도로에는 한 대의 차량도 없고, 사람 또한 그림자도 보이지 않았다. 국경이 가까워지면 나타나는 그 흔한 검문소나 마을도 없었다. 논밭의 가운데로 성토하여 돌출된 도로는 숲속에 숨은 무장반군이 공격하기에 좋게 노출된 곳이라 목덜미가 서늘해지도록 느낌이 좋지 않았다. 이런 곳은 시속 150㎞ 이상으로 밟아 신속하게 벗어나야 한다.

국경에 도착하니 전쟁터 막사를 연상케 했다. 완전무장한 군경이 주둔하고 있었다. 부르키나파소 북부는 철수 권고지역이다. 불가피하게 통과하는 여행자는 '국경과 도로에 일반인 통행이 빈번한지?', '현지 차량들이 이용하는지?', '주변에 마을이나 도시가 있는지?' 등을 현지인에게 확인해 통과지역의 안전 여부를 사전에 체크하는 것이 좋다. 국경사무소는 국경선이 통과하는 곳에 있는 것이 원칙이다. 그렇지 않은 경우는 국경이 험한 오지에 있거나, 반군이 출몰하거나, 치안이 불안한 지역일 경우가 많다.

▲ 당나귀 타고 가는 형제

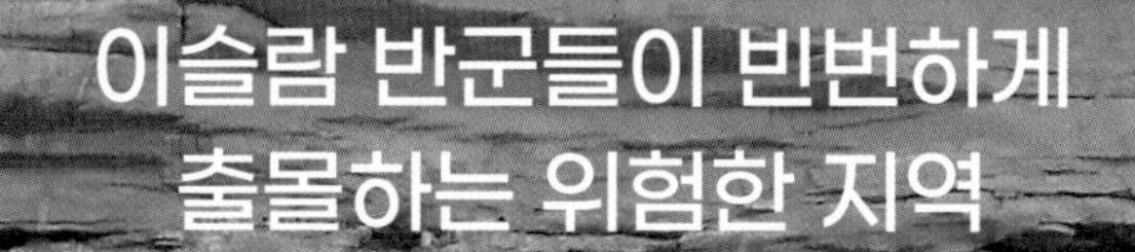

이슬람 반군들이 빈번하게 출몰하는 위험한 지역

• 말리 •

차 한 대 달리지 않고, 사람 한 명 지나지 않는 국경은 처음이다. 완전무장한 국경사무소는 전쟁이 따로 없다. 도곤족이 사는 절벽 마을 반디아가라, 기원전 도시 젠네에 들러 이 천여 년 이어온 문명을 돌아보고, 수도 바마코로 들어왔다.

말리국경사무소 역시 국경에서 23㎞ 떨어진 도시 코로Koro에 있다. 이슬람 반군이 빈번하게 출몰하는 위험한 지역이다. 출입국사무소는 벙커와 바리케이드를 설치하고 중화기를 걸어놓아 전시상태를 방불케 했다. 우리는 모르고 들어왔으니 무식하고 용감했다. 그러나 분위기는 살벌하고 엄중해도 경찰과 군인은 매우 친절했다. 한 장교는 한국 대통령의 실명까지 알고 있었다. 북한 김정은 국방위원장의 이름을 아는 사람은 수없이 만났어도 이런 경우는 처음이다.

▲ 아버지는 나귀 타고 장에 가시고 … 주된 교통 수단이 우마차

사하라 사막의 남부 가장자리를 사헬Sahel이라고 한다. 사헬 국가는 말리, 부르키나파소, 니제르, 챠드, 모리타니 등 5개국이다. 이들 나라는 사헬 연합군을 조직하고, 이슬람 반군에 공동으로 대처한다. 반군 공격으로 2014년 이후 1,100명이 사망하고, 2016년 한 해에만 약 6만 명의 사헬 난민이 더 안전하고 나은 삶을 찾아 유럽으로 향했다. 프랑스를 비롯한 EU는 사헬지역의 정치적 안정과 경제발전이 난민 유입을 막을 유일한 대안으로 보고 있다. 이에 따라 정치, 군사, 경제적 지원을 통해 난민과 반군 문제를 해결하려고 노력하고 있다.

▲ 이정표 밑 가판대가 주유소다.

주야교대? 낮에는 정부군, 밤에는 반군

▲ Safaty Guard

말리 북부로 온 것은 두 군데의 볼 것을 찾아서다. 첫째가 반디아가라Bandiagara 절벽이다. 우리가 묵은 호텔은 반카스에 있는 노모 호텔Nomo Hotel로 전통 양식으로 지은 건물이다. 서양 여행자에게 꽤 알려져 있으며 사장은 드물게도 영어를 구사했다. 호텔 사장의 말에 따르면 이 지역은 주간에는 안전하지만, 경찰이 철수하는 야간에는 매우 위험하다고 한다. 호텔은 총을 든 무장 경호원이 24시간 동안 철통같이 지킨다. 한국에서 차를 끌고 왔다는 말에 화들짝 놀라 "서프라이즈!"라는 사장과 기념사진을 남기고, 종업원들의 따뜻한 배웅을 받으며 반디아가라로 향했다.

반디아가라 절벽에는 도곤Dogon족이 산다. 메마른 땅 니제르Niger 평원과 척박하

절벽 마을 반디아가라

고 건조한 사헬을 가로지르는 붉은 암벽지대는 220㎞에 이르며 이 주변에 사는 도곤족은 30만 명이 넘는다.

접근하기 힘든 폐쇄적인 생활과 주변 환경으로 인해 그들만의 전통문화를 지켜왔다. 자동차 여행자에게 허락된 마을은 세 곳이다. 나머지 마을은 걷거나 당나귀를 타고 가이드를 대동해 들어가야 한다. 텔리Tely는 첫 번째 마을이다. 제일 높은 집은 호곤Hogon이라는 최고 연장자가 살며, 제사장 역할을 한다. 집의 입구에는 그들이 신봉하는 뱀과 거북, 악어 조각을 만들어 세웠다.

▲ 모든 주택에는 도곤족이 신봉하는 동물의 조각이 있다.

마을의 심장에 해당하는 중앙에는 토구나Toguna라는 회의공간을 두어 마을 대소사가 논의되고 결정된다. 흥미로운 것은 논쟁 중에 벌떡 일어나 뛰쳐나가는 것을 막기 위해 지붕 높이를 1m 내외로 낮게 한 점이다.

▲ 어린이 키 높이의 토구나 그리고 호텔 컴프몽 앨리

여행자를 위한 호텔 컴프몽 앨리Hotel Compement Aly에서는 매트리스 한 장을 받아 들고 옥상으로 올라가 밤하늘과 별을 이불 삼아 자야 한다. 비록 열악하지만, 원주민의 생활 체험을 중시하는 사람에게는 나름 인기가 있다.

마을의 모든 주택에는 일 년 치 양식을 보관하는 긴나Ginna라는 곡물저장소가 있다. 가옥은 출산과 결혼으로 가족이 늘어나도 같이 살 수 있도록 지었으며, 경제적 능력이 있는 사람은 5명까지 부인을 둘 수 있다.

그래서일까? 골목마다 아이들이 넘쳤다. 손 벌리는 아이들이 없었고, 얼굴에는 깔깔거리고 천진스러운 웃음이 떠나지 않는다. 세속화하고 타락한 문화의 차단과 격리, 무분별한 외부 환경 유입의 자제, 부족 공동체가 주는 정서적 안정, 혈연으로 이어진 끈끈한 관계로 인해 아이들의 인성과 덕성이 조화롭게 형성된 것이 아닌가 싶었다.

▲ 반디아가라에서 만난 아이들

▲ 전통을 지키며 사는 반디아가라

세계문화유산으로 등재된 수많은 전통 마을을 들렀지만, 이곳만큼 완벽하게 보존되고 유지되는 마을도 없다.

말리에서 두 번째로 큰 대도시 몹티Mopti로 간다. 니제르 강과 바니 강이 만나는 합수머리에 있는 몹티는 동서 아프리카의 옛 교역 도시다. 낙타 떼를 이끌며 사하라 사막의 모래 폭풍을 뚫고 온 대상과 니제르 강을 따라 뗏목 타고 도착한 무역상이 다음 여행을 준비하고 떠나는 도시였다.

100년 후에는 볼수 없을 가능성이 높은 세계 유산, 젠네 대모스크

▲ 몹티 시가지

몹티를 떠나 젠네Djenne로 간다. 사하라 사막 이남에 있는 도시 중에서 제일 오랜 역사를 가진 도시다. 강을 건너기 위해 바지선에 차를 실었다. 세계문화유산으로 지정된 젠네 유적은 서사하라에서 손상되지 않고 원형이 보존되는 몇 안 되는 역사 도시다. 기원전 250년경 바니 강가의 도시를 기반으로 하는 젠네는 기원후 9세기경 번성했으며, 수단과 기니에서 온 상인이 교역하는 무역도시였다.

그리고, 100개가 넘는 코란 학교가 세워져 니제르 강과 바니 강 유역에 사는 사람을 위한 학문과 교육의 중심지 역할을 했다.

그랜드 모스크는 90수의 야자수 나무와 진흙으로 만든 기둥으로 지탱하며, 그 사이는 기도실로 이용된다. 모스크 외벽에 세워진 미나레트는 다른 곳과 다르게

▲ 일사분란한 2000여 채의 점토로 만든 가옥

타조알로 장식했는데, 이는 다산과 순결을 상징한다. 그랜드 모스크를 중심으로 2층 높이의 고만고만한 2,000채의 고대 가옥이 젠네라는 도시를 이룬다.

중세와 고대를 막론하고 좋은 건축재료와 주변을 압도하는 웅장함, 화려하고 사치스러운 치장은 권력과 부를 동시에 가진 종교의 피할 수 없는 선택이었다. 그러나 젠네의 그랜드 모스크는 그렇게 도드라지게 건축되지 않았다. 주민들의 주택과 같은 재료로 지어진 모스크는 왜 종교가 주민과 함께해야 하는지를 보여주는 특별한 사례다. 낮은 자세로 검소하고 소박하게 지어진 모스크를 보는 것만으로도 커다란 행운이다.

▲ 그랜드 모스크

가이드를 따라 도심 곳곳을 돌아본다. 어린 꼬마들이 사진 찍어달라고 합창하며 따라온다. 코란 학교에서는 학생들이 코란이 적힌 나무패를 들고 사진 촬영에 응했다. 젠네는 천여 년 이상을 지속해 온 문화, 종교, 전통을 계승하는 도시다. 한 채의 건물조차 현재와 타협하거나 굴복하지 않고 오로지 과거에 종속되어 있었다.

▲ 길에서 만난 어린이들

조상들이 살아온 방식으로 사는 것이 운명인 것처럼, 세상이 변해도 그들만의 믿음과 신념으로 지켜온 도시가 젠네다. 앞으로 천년의 세월이 흘러도 젠네는 변하지 않을 것이라고 확신하는 것은 천년을 지켜온 주민들이 있기 때문이다.

▲ 젠네의 여인들

이제 수도로 간다. 너덜너덜 땜질로 만신창이가 된 포장도로를 뒤뚱거리고 덜컹거리며 달리기를 2시간여, 세구Ségou부터는 깔끔하게 새로 깔아 놓은 아스팔트 도로다. 수도 바마코Bamako에 도착했다.

다음날 코트디부아르 대사관을 방문해 비자를 발급받았다. 경찰이 차를 세우더니 자동차보험증을 보자고 하는데, 입국할 때 가입을 요구하지 않은 것이다. 경찰관은 보험에 가입하지 않은 것이 빅 프로블럼이라 한다. 궁여지책으로 국내 보험사에서 발급받은 영문 여행자보험을 보여주었다. 폴리스는 한참을 들여다본 후에 아주 좋은 보험에 가입했다며 가라고 한다. 말리에서 코트디부아르로 가는 육로 국경은 세 군데다. 메인 국경 세구아Zegoua를 코트디부아르에서는 포고Pogo라고 한다.

• 통합화폐를 사용하는 국가

CFA프랑은 프랑스의 구 식민지 또는 해외영토 국가에서 사용하는 현지 통화다. 해외 거주 프랑스인들의 환율상 손실과 타격을 방지하고, 식민지에 대한 경제적 영향력을 확보하려는 의도를 가지고 1945년 프랑스 프랑과 연동되는 CFA프랑을 도입했다. 현재 프랑스 식민지가 모두 독립 했음에도 아직까지 CFA프랑이 존속한다. 화폐가치가 안정적이라 인플레이션을 피할 수 있고, 또 독자적인 통화 금융정책을 쓰지 못하는 나라가 있으며, 돈을 무자비로 찍어내는 방만한 재정 편성을 막고, 프랑스 참여로 세련되고 유연한 경제정책을 펼 수 있기 때문이다. CFA프랑은 권역별로 여러 지역에서 사용된다. 서아프리카 CFA프랑은 베냉, 부르키나파소, 코트디부아르, 기니비사우, 말리. 니제르, 세네갈, 토고가 사용한다. 중앙아프리카 CFA프랑은 중앙아프리카공화국, 차드, 콩고, 카메룬, 가봉, 적도기니에서 유통된다. 폴리네시아 CFA프랑은 프랑스령 폴리네시아, 왈리스 퓌튀나, 뉴벨칼레도니에서 사용된다.

• 서부아프리카에도 유럽의 그린카드에 해당하는 ECOWAS가 있다

ECOWAS는 서아프리카 경제공동체의 약자다. 1975년 서부 아프리카 15개국이 역내 통합 증진을 위한 라고스 협약에 의거해 설립했다. 서부 아프리카 지역의 경제 및 화폐 통합, 국가간 협력 강화와 지속 가능한 개발을 도모한다. 현재 회원국은 가나, 감비아. 기니, 기니비사우, 나이지리아, 니제르, 베냉, 부르키나파소, 라이베리아, 말리, 세네갈, 시에라리온, 카보베르데, 코트디부아르, 토고로 총 15개 국가가 참여했다. 그리고 섬나라인 카보베르데를 제외한 14개국은 ECOWAS BROWN CARD BUREAUX 조약을 맺었다. 자동차를 가지고 권역으로 들어오는 모든 운전자는 60불을 내고, 제삼자 보상 책임보험에 가입한 후 Brown Card를 발급받아야 한다고 규정한다. 그리고 Process Fee 10불은 별도로 징수한다.

• 서부 아프리카는 우기를 피해라

세상에서 가장 비가 많이 내리는 도시 순위 10위는 어디일까? 라이베리아 수도 몬로비아의 연 평균 강수량은 5,131㎜로 1등이다. 기니 코나크리는 4,341㎜다. 그리고 카메룬의 두알라, 시에라리온 수도 프리타운, 세계 10개의 도시 중에 4개가 서부 아프리카 국가다. 비는 8월부터 10월에 집중되고 있으나, 지역이 방대하여 시기를 특정하기 힘들다. 또 갑작스런 호우로 인해 6월과 11월에도 도시가 침수되고, 도로가 끊어지며, 하천이 범람한다. 우기로부터 가장 안전한 시기는 우리의 겨울에 해당하는 12월에서 3월이다. 자동차 여행 중에 호우를 만나면 운행을 자제하고 안전한 곳에서 기다리는 것이 좋다.

서부 아프리카 종단

| 내 차로 가는 아프리카 여행 |

기니만에서 대서양으로 이어지는 서부 아프리카를 따라

• 코트디부아르, 가나 •

낭만과 풍류를 즐겼던 코트디부아르는 두 번의 장기내전으로 경제가 폭망하고 빈곤 국가로 전락했다. 가나에서는 흑인 노예무역의 참상을 본다. 자동차 여행자들이 가장 꺼리는 서부 아프리카는 어떤 모습으로 우리 앞에 펼쳐질까?

코트디부아르는 영어권에서는 아이보리 코스트라고 부른다. 출입국사무소는 나무로 기둥을 세우고 야자나무 잎으로 지붕을 얹은 전통 원두막이다. 처음에 들른 수도 야무수크로Yamoussoukro에 있는 바실리카 대성당은 세계에서 제일 큰 교회로 1989년 봉헌됐다. 바티칸의 성 베드로 대성당을 모델로 했으며, 7천㎡의 스테인드글라스가 아름답다.

▲ 야무스크로 대성당

아비장Abidjan으로 가는 길은 왕복 4차선의 잘 뚫린 하이웨이다. 프랑스가 서부 아프리카의 상공업 중심지로 건설한 도시 아비장은 1983년 수도가 야무수크로로 바뀌었어도 명실상부한 제1의 도시다.

1990년대 후반까지 놀라운 경제성장, 두 차례의 내전으로 폭망

1960년 독립한 코트디부아르는 세계 1위의 코코아 생산국이었다. 그리고 다이아몬드의 대량 보유로 1990년대 후반까지 정치와 경제적으로 안정기를 구가하며 놀라운 경제성장을 이뤘다.

코트디부아르 아비장

그러나 망하는 것은 잠깐이다. 쿠데타, 남북 부족 간의 갈등과 분열, 부정선거 등으로 2002년부터 5년간 1차 내전, 2010년 1년간의 2차 내전을 거쳤다. 두 차례의 내전을 거치며 정국은 혼란에 빠졌고, 경제는 쇠퇴했으며, 결국 서부 아프리카의 상공업 중심 국가에서 졸지에 후진국으로 전락했다.

코트디부아르의 내전도 멈춘 축구 스타 드로그바

"여러분, 우리 모두 서로를 용서하고 무기를 내려놓읍시다."

2006년 독일 월드컵 본선 진출이 결정된 후 축구선수 드로그바Drogba는 TV 중계카메라 앞에서 무릎을 꿇었다.

"내전이 지긋지긋하다. 제발 일주일만이라도 내전을 멈춰 달라."

그의 호소로 정부군과 이슬람 반군의 총성이 일주일 동안 멈추며 1차 내전의 종식으로 이어졌다.

그랑바상Grand Bassam으로 간다. 기니만 연안의 도시로 1893년부터 3년 동안 프랑스령 코트디부아르의 수도였다. 그리고 그랑바상 역사지구라는 이름으로 유네스코 세계 문화유산에 등재됐다.

비자를 발급받기 위해 가나대사관에 들렀다. 교민이 운영하는 정비소를 찾아 터보 과급기Turbo-charger를 교체하고, 도어 경첩을 고정했다. 내려앉은 뒤 범퍼를 고정하고 브레이크 패드를 교체했다. 식당Arirang을 겸한 한인 민박집에서 일주일 동안 푹 쉬며 한국 음식도 먹고, 자동차도 수리하며, 비자도 내는 등 많은 일을 하고 지냈다.

▲ 그랑바상 역사지구

이젠 떠날 시간, 채소 시장에서 부식거리를 구매했다. 배추, 무, 파, 양파, 고추, 감자 등 한국인이 필요로 하는 것은 다 갖췄지만, 가격은 한국보다 저렴하지 않았다. 빵집으로 이동해 크루아상을 간식으로 준비했다.

▲ Turbo Charger 교체

오랜 내전을 겪으며 국력을 엉뚱한 곳에 소모한 안타까운 나라 코트디부아르, 경제는 침체하고 외국인 투자자는 이 땅을 떠났다.

낭만과 풍류를 즐겼던 멋쟁이 흑인들, 절대빈곤에 빠지다

왕복 6차선 하이웨이를 달려 휴양지 아씨니Assinie에 도착했다. 대서양을 따라 25㎞에 걸쳐 실지렁이 모양의 사구가 이웃 나라 가나까지 연결되는 특이한 반도 지형이다. 바다와 강을 동시에 즐길 수 있는 자연, 아씨니, 바닷가 카페에 들러 진한 에스프레소 커피를 마시며 대서양을 넋 놓고 바라만 보아도 좋다. 이곳에는 대통령과 부유층들의 별장, 리조트와 고급 호텔이 바다와 강 사이의 사구에 밀집되어 있다.

▲ 민물과 바닷물이 만나는 아씨니 비치

마피아Mafia의 끝 마을에서 모터보트를 타고 건너편 사구로 넘어가면 아씨니 비치가 나온다. 바다의 거친 파도와 강물이 충돌하는 비치는 파도 하나 없는 잔잔한 민물 해변이다.

우리는 한국 교민 엄 사장이 경영하는 리조트형 호텔에서 숙박했다. 엄 사장은 호텔 요금을 극구 사양했다. 무료 숙박을 제공하고 그것도 모자라 프랑스 와인을 곁들인 생선요리, 대하 버터구이, 바닷가재로 저녁 식사까지 제공했다. 아침에는 프렌치 스타일의 갓 구워낸 브런치 크루아상과 달달한 팥 브레드에 아프리칸 스타일의 오믈렛, 파인애플 주스와 신선한 과일 디저트로 화려한 조식을 즐겼다. 이러고도 공짜니 고맙기가 이루 말할 수 없다.

가나국경 엘루보Elubo로 간다. 출입국사무소에서 비자와 여권을 확인하고 통관 수속을 마무리했다. 수도 아크라Accra로 가는 길에 백미러를 보니 머플러에서 시커먼 매연이 뿜어져 나온다. 보닛을 열어 이곳저곳을 만지고 조이고 하는 와중에 낯선 랜드크루저가 다가왔다.

차에서 내린 현지인이 "차에 무슨 문제가 있냐?"라며 자기들이 봐주겠다고 한다

국경에서 우리 차를 보았다고 한다. 그들은 엔진룸과 배기 쪽을 살피고는 카본이 많이 배출되고 촉매 효율이 저하되어 배기압이 발생한다는 나름 전문가다운 진단을 내렸다. 그리고 촉매로 연결되는 전단 배관의 조인트를 풀어 배기가스를 외부로 유출시키니 신기하게도 뿡뿡 날리던 시꺼먼 매연이 감쪽같이 사라졌다. 고맙다고 사례비를 주려 하자 극구 사양했다. 그리고는 문제가 생기면 어디서든 연락을 달라며 명함을 건네고는 휙 하니 가버렸다.

▲ 엘미나 성

케이프 코스트에 있는 엘미나Elmina Castle 성에 들렀다. 1482년에 포르투갈이 건설한 엘미나 성은 사하라 이남에 세워진 유럽 식민지 건축물 중에서 가장 오래된 것이다. 이때부터 유럽의 아프리카 식민 지배가 본격화되었다. 초기에는 금 무역에 주력하고 차츰 돈벌이가 짭짤한 노예무역을 위한 전진기지로 변했다. 흑인 노예들이 바깥세상을 내다보기 위해 벽을 파서 만든 작은 구멍은 흑인 인권의 상징이다. 성의 소유는 포르투갈로부터 네덜란드, 그리고 다시 영국령으로 넘어갔다.

흑인 노예선이 드나들던 포구는 천혜의 천연 항구다. 매일 아침에 이곳을 찾으면 밤새워 조업을 마친 수백 척의 소형어선이 만선기를 휘날리며 들어오는 일대

장관을 볼 수 있다. 먼 바다로 나간 남편과 자식이 탈 없이 돌아온 것에 감사하고 기뻐하는 가족의 기다림이 있는 곳이다.

▲ 조업을 마친 수백 척 어선의 입항

▲ 인산인해의 포구

아프리카에서 제일 먼저 독립한 가나는 골드 코스트의 중심이다. 1960년을 전후로 독립한 대부분의 아프리카 국가가 사회주의 노선을 걸었지만, 가나는 자유시장 경제체제를 도입했다. 코트디부아르의 오랜 내전과 나이지리아의 정치·사회적 불안으로 아프리카의 경제 중심은 자연스레 가나로 이동했다.

▲ 케이프 코스트 성

케이프 코스트Cape Coast 성을 찾았다. 성곽 위에 대포를 배치해 바다를 통한 외세의 침략에 대비했다. 요새는 해안가의 넓은 바위 위에 축조했으며, 우측은 모래 해변이고 좌측은 어촌마을이다. 마을 앞 해변에서는 파도와 맞선 어부들의 필사적인 사투가 벌어진다. 바다로 가자. 빠져나가는 파도를 따라 있는 힘을 다해 배를 밀고 바다로 나가야 한다. 1초의 차이로 밀려드는 파도를 만나면 배가 뒤집히고 어부들이 다친다.

▲ 유럽 제국이 구축한 성과 요새는 자원과 노예의 수탈 기지

수도 아크라로 간다. 기아 서비스에 들러 엔진오일과 연료필터를 교체하고 컴퓨터 진단을 받았다. 진단 결과는 OK. 그래도 마음이 늘 개운하지 않다. 자동차 고장이란 불시에 찾아오는 불청객 같은 녀석이며, 진단이라는 게 실상 예비적 대처보다는 이미 드러난 이상 증상의 확인에 불과하기에 그렇다.

▲ 평화스런 어촌

▲ Black Star Square

독립 광장은 국가의 주요 행사가 열리는 곳으로 블랙 스타 광장Black Star Square 이라고도 부른다.

교통법규 준수, 두개의 비상용 삼각대를 준비하자

코트디부아르로 돌아간다. 케이프 코스트 인근에 이르러 차량 검문이 있었다. 아니나 다를까 경찰이 차를 세운다. "소화기 있습니까?" 보여 주었다. "비상용 삼각대 있습니까?" "네" 힘차게 말하고 보여줬다. 경찰의 얼굴에 보일 듯 말 듯 미소가 흘렀다. '그래, 너 딱 걸렸어!' 가나에서는 두 개의 비상 삼각대를 가지고 다녀야 한다. 하나는 차 앞에, 다른 하나는 차 뒤에 세워야 한다. 고로 우리는 교통법규를 위반한 것이다. 고지서를 주면 은행에 가서 납부하겠다고 하니 종이를 꺼내서 뭐라고 적어준다. 차를 출발시키자 경찰이 뒤를 치며 세우라고 한다. "돈으로 해결하지, 이놈의 성질머리하고는…." 대충 이런 이야기다. 타코라디Takoradi에서 하루를 마감했다. 'Yaalex Executive Lodge', 가격 대비 만족도가 높은 게스트하우스로 아크라에서 케이프코스트 가는 중간지점에 있다.

코트디부아르 아비장으로 돌아와 기니대사관을 방문해 관광비자를 발급받았다. 야무수크로에서 일박하고 멍Man으로 간다. 외교통상부에서 보내온 메시지에 따르면 이곳을 포함한 북부 전체가 여행 자제 구역이다.

▲ 야외 학습을 다녀오는 어린이들

단체로 야외 학습을 다녀오는 어린이들을 만났다. 피부색이 다르고 말도 안 통하는 우리가 신기한 모양이다. 아동들의 티 없이 맑은 눈망울을 보는 것만으로 어행의 피로가 사라졌다. 잘 가라고 손 흔드는 꼬마들을 뒤로하고 길을 떠났다.

북서부 지역은 도로포장은 되었으나 유지보수를 하지 않았다. 아스팔트가 파여 속도를 줄이고 지그재그로 달려야 한다. 어김없이 움푹 파인 웅덩이를 메우고 봉사료를 받는 젊은 친구가 있었다. "그래 수고한다." 젊은 청년들에게 양질의 일자리를 제공하지 못하는 코트디부아르의 당면한 현실이 안타깝다. 다나네Danane에서 다시 일박했다.

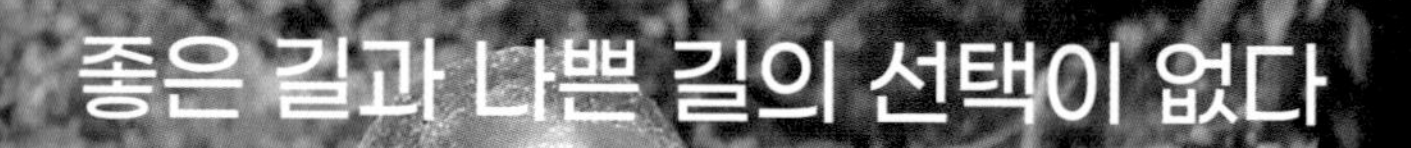

좋은 길과 나쁜 길의 선택이 없다

• 라이베리아 •

미국이 아프리카에 세운 해방 노예의 나라 라이베리아, 본격적으로 시작된 서부 아프리카, 역시 길은 길이로되, 길이 아니었다. 더구나 이렇게 억수로 내리는 비는 난생처음이다. 침수된 마을과 도로, 침수되느냐? 마느냐? 그것이 문제로다. 국경 도로는 돌아갈 수 없는 길이다.

점점 나빠지는도로, 점점 거세지는 비

라이베리아로 가기 위해 다나네Danané 삼거리에서 좌측으로 길을 들었다. 코트디부아르와 라이베리아 사이에는 주민 왕래와 물류 이동이 전혀 없어 국경 도로가 형편없이 관리되고 있었다. 함수율이 높은 실트질의 도로는 온통 진흙 웅덩이와 물구덩이 투성이다.

정글 속 도로 / 끊어진 도로

순간 돌파하지 않으면 물속에 빠지거나 침수될 지경으로 수심이 깊었다. 바닥 깊이가 가늠되지 않는 물웅덩이는 옷을 벗고 들어가 수심과 바닥 상태를 확인해야 했다. 거기에다 우기 시즌이라 비가 억수로 내리고 있어 저지대의 밀림을 통과하는 도로의 반이 물에 잠겼다.

코트디부아르 국경 빈타Gbinta에 도착했다. 차량도 없고 사람도 없다. 작은 다리를 건너니 바로 라이베리아 국경이다. 라이베리아는 공용어가 영어라 모든 국경 관리들이 영어를 자유롭게 구사했다.

▲ Liberia Immigration Officer

우리를 친철하게 맞아 준 이미그레이션의 여직원은 자신의 부모, 형제자매, 남편이 라이베리아 내전에서 사망했다고 말하며 눈물이 그렁그렁했다.

라이베리아 전역에서 일어난 내전은 국민들에게 깊은 상처와 아픔을 남겼다. 1990년부터 2003년까지 지속된 1·2차 내전을 통해 무려 20만 명이 사망하고 100만 명이 넘는 난민이 발생했다.

현지인에게 어느 길이 좋으냐 물으니 삼거리에서 아래로 가라 한다. 또 오토바이 택시 기사는 위로 가라고 한다. 좋은 길과 나쁜 길에 대한 판단은 서로 다르지만, 어차피 '나쁘거나 더 나쁘거나' 정도의 차이일 뿐이라고 생각하는 편이 옳다.

작은 하천에 걸쳐 놓은 다리는 밑이 숭숭 뚫린 나무다리다. 침수된 도로의 물 깊이를 알 수 없어 차를 세우고 한참을 심사숙고해야 했다. 비포장과 물웅덩이에 정신이 혼미하고 어질어질해질 즈음 간타Ganta에 도착했다. 기니의 은제레코레Nzérékoré 국경으로 가는 국도 분기점이다. 이곳부터 수도 몬로비아까지는 한국과 비교해도 뒤지지 않는 왕복 2차선의 훌륭한 아스팔트 포장도로다. 검문소마다 내려 차량등록을 하는 번거로움만 없다면 모든 것이 완벽한 도로다.

▲ 국도에 놓인 다리

▲ 타이어 펑크를 수리하는 어린이들

타이어 저압경고등이 점등해 타이어 펑크 집을 찾았다. 서부 아프리카의 타이어샵Tire Shop은 3개가 없다. 쟈키, 렌치, 컴프레서가 없어 운전자가 제공해 주어야 한다.

1847년 미국의 도움으로 건국된 '해방 노예의 나라', 라이베리아

라이베리아는 아프리카 최초의 독립 국가다. 1822년 미국에서 해방된 흑인 노예들은 라이베리아 몬로비아Monrovia로 돌아왔다. 미국과 끈적끈적한 관계를 지니고 태동한 나라가 라이베리아다. 국명은 'Liberty'에서 유래하고 국기는 성조기를 모방했다.

▲ 수도 몬로비아

하지만 미국 도움으로 스타트가 좋았던 라이베리아에 검은 먹구름이 드리우기 시작했다. 지역적 연고가 없이 정착한 해방 노예는 미국 백인들이 자신들에게 그랬던 것처럼 95%에 이르는 흑인 원주민을 노예로 부리며 지배층으로 군림했다. 구박받은 며느리가 못된 시어머니가 된다는 옛말이 하나도 틀리지 않았다.

▲ 몬로비아 다운타운

1970년 이후 실업률이 증대되고 소득 불평등이 심화했다. 거기에 더해 해방 노예의 후손과 원주민의 심한 갈등과 반목으로 사회 혼란이 가중됐다. 그리고 대통령 암살과 수차례의 쿠데타로 인해 내전이라는 깊은 수렁으로 점점 빠져들었다. 미국은 복잡한 양상으로 진행된 라이베리아 내전에 개입할 필요를 느끼지 못했으며, 너희들 문제는 스스로 해결하라는 입장을 견지했다.

죽으려 하면 살 것이요, 살려고 하면 죽을 것이다

• 시에라리온 •

최대 위기를 맞이했다. 정글의 침수된 하천을 지나다 차가 멈췄다. 자동차 수리에 실패하고 모하비를 트럭에 실어 기니로 간다. 레커차? 그런 차는 없었다. 모하비는 살아날 수 있을까? 자동차 세계 여행이 여기에서 끝나는 것은 아닐까?

라이베리아와 시에라리온 국경은 보 워터사이드Bo Waterside다. 국경에서 자동차 제3자 보험인 브라운 카드Ecowas Brown Card를 발급받았다. 돈이 아까웠지만, 바리케이드로 국경을 막고 차를 통과시켜 주지 않아 실랑이 끝에 가입했다.

마노Mano 강 위에 놓인 국경 다리를 건너 시에라리온으로 들어왔다. 마법의 다리라도 건넌 듯 갑자기 순도 100%의 비포장이 나타났다. 그리고 윈도 브러시가 휘도록 돌아도 앞이 안 보이는 폭우가 쏟아졌다. 이건 또 뭐지? 갑자기 앞이 훤했다. 물속에 잠긴 도로가 길게 나타났다. 얼마나 깊을까? 온종일 쏟아붓는 장대비로 길이 점점 나빠지고 있었다. 이런 길에도 어김없이 경찰 초소가 있었다.

"다시 갔다 오라구?"

경찰은 폴리스 확인서가 없으면 통과할 수 없다며 국경에 가서 받아서 가지고 오라 한다. 결국은 돈이다.

고난의 행군, 길이 아니라 바다다

8월부터 10월은 대서양을 접한 서부 아프리카의 우기다. 도로의 반이 침수됐다. 팬티만 입은 동네 꼬마가 물속으로 들어가 낮은 곳을 골라주면 그곳으로 따라가 통과했다. 오토바이가 소리를 질러 내려 보니 수압으로 뒤 범퍼가 떨어져 사라졌다.

▲ 서부 아프리카는 최대 강우 지역이다

중간마을 지미Zimmi에 도착했다. 좌측으로 가면 제2의 도시 보Bo로 가고, 우측으로 가면 제3의 도시 케네마Kenema로 가는 삼거리 마을이다. 보로 가려면 페리를 타고 모아 강을 건너야 하는데, 아쉽게도 우기에는 수위가 높고 유속이 빨라 운행하지 않았다. 검문소 직원에게 케네마로 가는 길이 좋으냐고 물어보니 한 사람은 길이 너무 나쁘다 하고 다른 사람은 사륜구동은 갈 수 있다고 한다. 이런들 가야하고 저런들 가야 한다.

▲ 수심과 바닥 상태를 직접 확인하는 것이 중요하다.

마을을 벗어나자 길이 심상치 않았다. 노면은 더 깊이 파였고, 물은 더 깊어졌다. 차체 롤링이 심해지고, 기울어지며, 미끄러졌다. 거기다가 날은 어두워지고 비는 더욱 세차게 내렸다. 그리고 지금까지와는 비교할 수 없는 침수된 도로가 등장했다. 물웅덩이 한편으로는 롱 카고트럭이 머리 부분을 하늘 향해 쳐든 채로 물속에 잠겨 있었다.

죽으려 하면 살 것이요, 살려고 하는 자는 죽을 것이다

'필사즉생, 필생즉사必死卽生, 必生卽死', 죽으려 하면 살 것이요, 살려고 하는 자는 죽을 것이다. 맞는 말이 아니다. 죽으려 해도 죽고, 살려 해도 죽어야 하는 도로다.

모하비의 사륜구동을 확인한 후 수동기어로 전환했다. 크게 심호흡을 하고 엑셀을 밟아 엔진 RPM을 올렸다.

"가즈아~!"

그리고 물속으로 뛰어들었다. 물은 보닛을 올라타고 윈도를 넘어 루프까지 넘실댔다.

"조금만 더 가자, 가자."

서부 아프리카의 우기시에는 스노클 장착이 필수다.

엉덩이를 들고 핸들을 움켜쥐며 악을 쓰고 물살을 헤쳤다. 찰랑찰랑 운전석까지 올라오는 깊은 물을 완벽하게 지나는 듯했다. 그런 찰나, 차의 선수가 들리며 땅 위로 올라서나 싶더니 갑자기 푸르륵 대며 시동이 꺼졌다. 그러더니 차가 뒤로 미끄러져 물속으로 들어갔다. 차 안으로 물이 들어오기를 기다려 도어를 열고 물속을 디디니 질퍽한 진흙땅이다. 앞 좌석의 시트까지 물이 들어오고 트렁크는 물속으로 잠겼다. 현지인들의 도움을 받아 차를 밀었지만 1㎝도 꼼짝하지 않았다. 순간 어디선가 교회 종소리가 들리는 듯했다. 아! 자동차 여행이 결국 서부 아프리카에서 종을 치는구나.

바로 옆에는 기니 국적의 롱 카고트럭이 빠져있었다. 운전자, 보조 운전자, 조수 등 모두 5명이 타고 있는데, 자세히 보니 타이어에 붉은 뻘이 묻어 있다. 이곳에 빠진 지 얼마 되었냐고 물어보니 열흘이 지났다고 한다.

물에 빠진 카고트럭

"뭐라고? 열흘?"

갑자기 무인도에 홀로 떨어진 듯한 외로움, 두려움, 공포가 밀려들었다.

인근 마을 지미Zimmi에서 기술자를 급하게 불러왔다. 뭔가 보여 줄 듯 이곳저곳을 마구 뜯어보던 그는 기계적인 문제가 아니라 전기 쪽의 트러블이라 하며 출장비 받아 챙기고 가버렸다.

▲ 지미에서 출장 온 Technician

달도 뜨지 않은 칠흑 같은 밤이 깊었다. 차주가 끌고 온다는 견인 차량을 열흘째 목 빠지게 기다리는 트럭 일행에게 칼국수와 떡볶이로 음식을 조리해 먹였다. 한 명은 빵을 캔 김칫국물에 찍어 먹더니 나중에는 김치까지 먹어 치웠다. 카고 트럭의 운명은 어떻게 될까? 이곳에서 빠져나간다고 해서 얼마나 더 갈 수 있을까? 오지랖 넓게도 우리는 다른 차를 걱정하고 있었다.

이튿날 아침에 온다던 전기기술자는 할 일이 있다며 오지 않았다. 자기가 와도 할 일이 없다는 것을 알았을 것이다. 방법은 하나다. 한시가 급하게 이곳을 빠져나가야 한다고 결정하니 마음이 급해졌다. 동네 주민을 통해 라이베리아 국경에 올라가 있는 차량을 수배했다.

운행불가 모하비

▲ 견인차량

▲ 엔진과열로 멈춰 선 랜드로버

모하비를 견인하기 위해 차량이 도착했다. 도착한 차량은 랜드로버다. 몇 년 식이냐고 물으니 30년은 넘은 것 같은데 잘 모르겠다고 한다. 디펜더 출시 이전의 차량이니 아마도 40년은 되어 보였다. 그들에게는 견인로프라는 말 자체가 존재하지 않았다. 조수가 근처 숲으로 들어가 긴 나무를 잘라 오고 파이프를 구해 왔다. 그리고 두 차를 연결하고 철사와 헝겊으로 둘둘 말아 견인고리와 결속했다. 하룻밤을 같이 지낸 카고트럭 운전자와 일행에게 뭐라도 사 먹으라고 용돈을 쥐여주고 작별을 고했다. 그리고 랜드로버 뒤꽁무니에 매달려 케네마로 향했다. 랜드로버는 가는 도중에 엔진 과열로 3번 멈췄다.

그때마다 라디에이터를 전부 비우고 도랑의 물을 채워 엔진을 냉각했다. 두 차를 연결한 나무는 몇 번이나 빠졌는지 셀 수도 없다. 경사진 언덕은 길이 미끄러워 올라가지 못했다. 차를 빼주지 않으면 다른 차량이 갈 수 없는 외길이니 운전자는 걱정하지도 않았다.

케네마까지 70㎞ 거리를 오후 4시에 출발하여 자정에 도착했다. 그들은 우리를 케네마 힐스 호텔Kenema Hills Hotel에 내려주고 돌아갔다.

다음날 차를 수리하기 위해 찾아간 정비공장을 보고 졸도할 뻔했다. 작업장은 노천이고 바닥은 흙바닥인데 빗물과 기름이 뒤섞여 보행이 불가능할 정도다. 다른 큰 도시로 차를 옮기기로 결정하고 레커차를 수배했다.

▲ 케네마 정비 공장

레커차가 뭡니까? 레커차를 불러 달라는 말에 뭔 소리 하느냐는 표정이다. 평생 레커차를 구경하지 못한 사람들이다. 케네마에는 레커차 자체가 없었다. 75km 떨어진 제2의 도시 보Bo에도 없었다. 수도인 프리타운에는 있다는데 여기까지 오기엔 거리가 너무 멀고 언제 올지는 완전히 레커차 마음이었다. 궁여지책으로 덤프트럭에 실어 가기로 했는데 3톤 중량의 모하비를 어떻게 적재함으로 올릴 것인지 그것이 문제였다. 되는 것도 없지만 안 되는 것도 없는 아프리카, 경사진 도로 아래로 덤프트럭이 세워졌다.

▲ 되는 것 없고, 안되는 것 없는 아프리카

"셀라 프리키, 여기는 아프리카입니다."

모하비를 적재함으로 끌어당기기 위해 두 줄의 널판이 설치됐다. 어딘지 아슬아슬해 보이고 어설프다. 체인블록으로 차량을 당기기 시작했다. 널판이 휘어지고 비틀어지자 차가 심하게 기울었다. 널판 밑을 돌로 받치고 다시 끌어 올렸다.

▲ 뒤에서 밀고.....

▲ 옆에서 밀고.....

▲ 꼬박 5시간이 걸렸다.

이들은 사전 준비를 하고 일하지 않았다. 문제가 생기면 그때마다 적당한 방법을 찾았다. 주변은 이 광경을 보기 위해 구경꾼이 구름같이 몰렸다.

"차 넘어간다."라고 누군가 소리치면 수십 명이 달려들어 차를 떠받쳤다. 널판이 휘어 차가 기울면 사람들이 차를 버티고, 누군가가 돌멩이를 채워 수평을 맞췄다. 일할 사람은 구할 필요가 없는 것이, 일이 생기면 누구나 달려들어 도와주었고, 주는 대로 대가를 받았다. 좋게 얘기하면 타인에 대한 관심과 배려이고, 나쁘게 말하면 노는 백수가 많은 것이다. 차를 적재함으로 올리는 데 5시간이 걸렸다. 그 긴 시간이 어찌 흘렀는지 우리도 모른다.

살아난 모하비, 정비사들의 열화와 같은 성원을 받으며 다시 떠난다

기니 •

기니로 옮겨 수리에 들어간 모하비. 여기서는 차를 못 고치니 한국으로 실어 가라는 교민들의 권고는 너무 터무니없다. 1박 2일에 걸쳐 수리를 완료했다. 일렬로 도열하여 환호하며 박수치는 정비사들을 뒤로하고 다시 길을 떠났다.

모하비, 수리가 안 되면 코나크리에서 배에 실어 한국으로 보내야 한다

▲ 기니 코나크리로 간다.

기니로 간다. 시에라리온의 수도 프리타운을 경유하려 했지만, 구글 어스Google Earth로 본 프리타운은 인구 50만의 작은 수도였다. 인구와 비례하여 자동차 수리를 장담할 수 있는 것은 아니다. 그러나 수리가 안 될 경우 한국으로 가는 해상선적을 염두에 두어야 했기에 기니의 수도 코나크리Conakry로 가는 것이 낫겠다고 판단했다.

파멜랍Pamélap 국경검문소로 들어갔다. 하나의 건물로 반은 시에라리온이고 나머지 반은 기니다. 반씩 나눠 사용한다면 대개 외국의 원조와 지원으로 건설된 것이다. 역시 이들 두 나라도 누구라 할 것 없이 가관인 것은 국경을 넘는 여행자로부터 금전을 취하는 것을 국가대항전 치르듯이 하고 있었다. 이런 상황에 익숙한 현지인은 너무나 자연스럽게 관리들에게 돈을 건네고 국경을 넘었다.

기니로 들어가니 해가 질 무렵이다. 국경 마을에서 숙소를 구하려 했으나 워낙 열악해 다음 도시로 이동하기로 했다. 도로가 좋지 않다는 말을 들었지만, 실제로 달려보니 파손된 포장과 포트홀에도 불구하고 이 정도라면 서부 아프리카에서 수없이 접하는 평범한 도로다.

수도 코나크리로 가는 국도에는 울트라 급의 체크 포스트 3곳이 있었다. 20명에서 30명은 되어 보이는 경찰이 떼로 근무하는 대형 검문소다.

'왜 이렇게 경찰관이 많을까?'

국가는 쥐꼬리만큼의 월급을 주고 나머지는 알아서 보충하라고 하는지도 모른다. 어떤 검문소는 적지 않은 돈을 국가에서 책정한 공식적인 금액인 양 당당하게 요구했다.

▲ Check Post의 Policeman

가끔 상황에 따라 이런 멘트도 필요했다. "지금 대사관에 볼일 보러 가고 있는 중이야." 그러면 반 정도는 대사관 직원으로 오해하기도 했다. "얘…, 외교관이래, 그냥 보내." 대사관 직원이라고 하지는 않았으니 공무원 사칭은 아닐 것이다.

경찰은 통과하는 차량으로부터 백 퍼센트 돈을 뜯었다. 일부는 자기 주머니에 슬쩍 집어넣고 나머지를 상자에 넣어 공동 배분의 몫으로 넘겼다. 이 차에서 저 차로 돈을 손에 쥐고 뛰어다니는 경찰을 통탄스럽고 비통한 심정으로 한참이나 지켜봤다. '도대체 이 나라는 어디로 가고 있는 것일까?' 정치는 실종되고, 관료는 부패하고, 민생은 도탄인데 쿠데타가 안 일어날 수 있을까? 반군이 안 생길 수가 있을까? 내전이 안 일어날 수 있을까? 테러, 폭동, 내전, 반군 등 정치·사회적으로 불안한 아프리카의 현실이 정상적인 국가로 가기 위한 민주화 과정일지도 모른다는 생각까지 이르렀으니, 우리도 점점 반군이 되어가고 있는 모양이다.

트럭에 실린 모하비는 2박 3일을 달려 코나크리에 도착했다

수도 코나크리는 대서양을 향해 코끼리 코 형상으로 길게 뻗은 일자형의 좁고 긴 도시다.

모하비를 싣고 먼 길을 달려온 트럭은 낮에는 시내 진입이 제한되어 외곽의 주차장에서 밤이 오길 기다렸다.

코나크리에 도착한 모하비

한국대사관 홈페이지를 통해 기니 한인회장의 연락처를 알았다. 교민회장으로부터 소개받은 자동차 정비공장은 델타 로그Delta Log이다. 5시간 걸려 차를 상차할 때의 조바심이나 불안감 없이 트럭에 실린 모하비를 대형 레커로 수평이동시키고 무사히 바닥에 내렸다. 모하비를 싣고 2박 3일을 달려온 트럭기사와 조수들에게 사례를 하고, 며칠 동안의 인연을 마음속에 간직한 채 헤어졌다. 자신의 승용차에 우리를 태우고 기니까지 따라온 트럭 차주와도 아쉬운 이별을 했다. 자기 고향에 꼭 다시 들러달라고 하는데, 우리는 빈말이라도 그렇게 하겠다고 했다. 그는 한국이라면 벌써 폐차장으로 갔을 3대의 트럭으로 기니와 시에라리온을 오가며 물류 운송을 하는 사업가다.

▲ 맨 좌측이 차주, 가운데가 운전기사, 나머지는 조수들

보닛을 열고 정비가 시작됐다. 에어클리너가 젖었고, 연결 덕트에서는 물이 발견됐다. 엔진오일을 체크하고 물의 흡입을 확인했다. 인젝터에서 물을 제거하고 차체를 기울여 머플러 안의 물을 빼냈다. 무식하니 용감했고 차량 구조를 모르니 무모했다. 만약 모하비가 하천 중간에서 멈추었다면 여행이고 뭐고 한국으로 가야 했을 것이다. 정비사 스테판은 코트디부아르 출신으로 10살 때 프랑스로 이주해 기술학교를 졸업하고, 7년 동안 프랑스 남부에 있는 정비공장에서 일했다. 지금은 기니로 돌아와 직원을 교육하고 근무하는 정비사다.

▲ Delta Log, 정비에 들어간 모하비, 제일 좌측이 Stephan.

한인 식당을 찾았다. 갑자기 여주인이 현지인 종업원을 큰소리로 혼냈다. 그가 환율을 잘못 계산해 한화 1,000원을 우리에게서 덜 받았다는 이유다. 기가 막혔다. 무식하고 몰상식한 것은 둘째다. 공식 환율도 아니고 제멋대로 정한 식당 환율에 단 1,000원이 틀렸다는 이유로 손님 면전에서 종업원을 억수로 야단치는 주인을 보며 "아, 이런 사람도 있구나?" 싶었다. "여보세요, 1,000원 드릴 테니 야단치지 마세요." 여주인은 코나크리에 있는 동안 매일 들러 매상을 올려 줄 손님을 발로 걷어 내찼다.

또 다른 사례가 있었다. 식당에서 만난 교민들이 이구동성으로 말했다. "기니에서는 자동차 수리를 하면 안 된다. 차를 더 망가뜨린다. 부속을 훔쳐간다. 한국으로 가져가라. 컴퓨터 진단 비용을 330불 주어야 한다." 우리는 그들의 말을 믿지 않았다. 아프리카를 여행하며 많은 현지의 사설 정비업소에 들렀지만, 기술이 현저하게 떨어지거나 부품을 빼돌리는 등의 몰상식한 짓을 전혀 하지 않았다. 이 사람들은 도대체 어떻게 기니에서 살아온 것인가? 30년 이상을 기니에 살면서도 변변한 정비업소 한 곳을 소개하지 못하는 그들의 처지가 안타깝고 한심스러웠다.

다음 날 교민이 전화를 걸어왔다. "자동차 선적을 위한 관세사를 소개해 주겠다."라고 하는데, 전후 맥락을 보면 우리를 소개하고 중개료를 챙기고자 하는 것으로 의심받기에 충분했다. 그에게는 남의 어려운 처지가 금전상 이득을 취할 좋은 기회가 될 수도 있는 것이다. 더구나 곤경에 처한 불쌍하고 처량한 자동차 여행자의 등골을 빼 먹으려는 악질적인 교민이다.

우리가 그들에게 물어보지 못한 말이 있었다. "너희들은 자동차가 고장 나면 한국 가서 고쳐 오냐?"

아프리카에서는 차량 연식이 20년이면 새 차다. 30년도 훨씬 지난 차량이 대세다 보니 수도를 제외한 정비업소는 전자 장비를 탑재한 차량을 수리한 경험도 없고, 진단 장비도 없었다. 그나마 코나크리는 명색이 수도인지라 10년 이내의 벤츠도 있고, 레인지로버도 보인다. 어딘가에 있을 하이테크 정비소를 찾아내는 것이 자동차 수리를 원하는 여행자들이 해야 할 일이다. 델타 로그Delta Log가 그중의 한 곳이다.

모하비는 1박 2일 걸려 수리가 완료됐다. 정비사들이 마당 앞으로 길게 도열했다. 다시는 만나지 못할 순진하고 따뜻한 심성의 정비사들과 일일이 악수하고 포옹했다. 그리고 박수와 환호를 받으며 다시 여행길에 올랐다.

▲ 수리 완료, 다시 시작되는 자동차여행

정비 스태프들의 박수와 열화 같은 성원 속에 다시 여행길에 올랐다

자동차 점검과 수리로 여행이 지체되는 것은 여행자의 숙명과도 같은 일이다. 세네갈로 가는 길을 물어보니 카운다라Koundara 국경으로 가는 길이 제일 좋다고 한다. 과연 그럴까? 코나크리에서 보케Boke까지는 그런대로 아스팔트 포장도로다. 중간중간으로 체크포스트가 있지만, 통과하는데 아무런 문제가 없었다. 시내를 통과하며 마주친 오토바이 탄 경찰이 유턴하여 따라왔다. 자동차 영문 번호판 밑에 왜 한국 번호판이 있냐며 생트집을 부리며 시비를 붙더니, 급기야는 여기까지 따라왔으니 휘발유 값은 줘야 하는 것 아니냐 한다.

그럭저럭 달릴 만하던 도로는 보케Boke 시내를 벗어나자 비포장으로 급격하게 돌변했다. 가우알Gaoual로 가는 190㎞ 구간은 B29 폭격기의 포탄을 맞았어도 이렇게 파이지는 않았을 것이다. 또 퍼붓는 비로 구덩이에는 차창 유리까지 올라오는 물이 고였다. 한술 더 떠 돌밭길이 수십 킬로미터씩 진절머리나게 이어졌다. 거기에다 웬 놈의 비가 그렇게 쏟아붓는지…. 윈도 브러시를 최대로 돌려도 앞이 보이지 않았다.

▲ 보케에서 가우알 가는 길

날이 어두워졌다. 비가 세차게 오는 길을 달리던 중 차체를 치는 큰 충격에 급하게 차를 세웠다.

'어떻게 이런 일이 일어날 수 있단 말인가?'

루프캐리어에 올려져 있는 루프박스와 예비 타이어가 땅바닥에 내동댕이쳐졌다. 비포장의 반복되는 요동과 충격을 견디지 못하고 가로바와 루프박스의 조인트 결속이 끊어진 것이다. 황당한 일을 겪으니 무기력해지고 만사가 귀찮아져 땅바닥에 대자로 드러눕고 싶은 심정이었다. 차 루프의 한쪽에 매달린 채로 땅바닥에 내동댕이쳐진 루프캐리어와 루프박스의 뒤처리가 난감했다. 그때 장에 다녀오는 사람을 가득 태우고 달려오는 랜드크루저가 있었다. 20여m를 지나치더니 차를 세우고 사람들이 몰려들었다. 그들의 도움으로 루프캐리어, 루프박스, 타이어를 차체에서 분리하고, 루프캐리어는 다시 장착할 수 없어 그들에게 기증했다.

다시 길을 떠났다. 비가 억수로 오고 날은 어두워지고 길은 더욱 나빠졌다. 길의 끝은 지옥인가 천당인가? 우리는 어디쯤 가고 있을까? 우리는 우기의 최정점에 서부 아프리카를 통과하고 있었다.

▲ 강이 범람해 도로가 침수되었다.

멀리서 보니 길이 하얗게 넓어졌다. 아니 이건 또 뭐지? 강이 범람해 70m 남짓의 도로가 침수됐다. 옷을 벗고 물속으로 들어가 수심을 확인한 후 노면 상태를 파악했다. 얕은 곳은 60㎝이고 깊은 곳은 1m다. 모하비 제작사의 스펙에 따른 도하 가능 수심은 51㎝다. 우기에는 도로 침수가 다반사인 듯했다. 밤늦은 시간인데도 차를 밀어주고 돈을 받기 위해 젊은이들이 나와 있었다. 시동을 끄고 머플러를 천으로 막았다. 그리고 차를 밀어 도로를 건넜다.

▲ 트럭이 외길에서 진흙에 빠졌다.

밤 12시 넘어 길에서 일어난 일이다. 9시간 걸려 도착한 가우알Gaoual에서 일박을 했다. 제대로 된 저렴한 호텔이지만 전기가 들어오지 않아 새벽 2시까지 발전기를 돌렸다. 동고동락한 캐리어가 없어지니 호텔 마당에 있는 모하비가 낯설다. 캐리어가 떨어지며 차체를 때리는 통에 여기저기 찌그러지고 스크래치가 생겼다. 뒤 펜더의 휠 하우스라이너도 사라져 버렸다. 범퍼 장식도 없어졌고, 언더커버도 떨어져 나갔다. 기니 도로에서 모하비는 그놈의 루프캐리어 때문에 만신창이가 되었다.

흑인 노예의 생애를 그린 대하소설 『뿌리』의 주인공 쿤타킨테의 조국

• 감비아 •

주푸레 마을, 쿤타킨테의 8대손 할머니는 사진 찍으려면 돈 내라고 호통치는 고약한 노인이다. 감비아 남부는 카페리를 놓치면 밤새도록 항구에서 기다려야 한다. 새치기를 알선하고 돈을 받는 사람들, 지겐쇼르에서 까자망스를 지나 세네갈로 간다.

아침이 밝았다. 가우알Gaoual부터 세네갈 국경은 아스팔트 포장이다. 부지런히 달려 카운다라Koundara 국경을 통과했다. 그리고 10㎞ 떨어진 세네갈 칼리푸루Kalifourou 국경으로 입국했다. 국경부터 꺄올락끄Kaolack로 가는 길은 양호한 포장도로다. 세네갈은 사회 간접 자본시설이 제법 갖추어져 있어 국도만큼은 비포장이 보이지 않았다. 꺄올락끄를 흐르는 살룸Saloum 강에는 세계 어디에도 뒤지지 않는 휴양시설이 있다. 이곳에서 일박했다.

서부 아프리카의 경제 중심은 동부로는 가나이고, 서부는 세네갈이다. 대통령 중심제의 세네갈은 민의에 의해 정권교체가 이루어지며 정치·사회적으로 안정된 나라다. '아프리카의 파리'라고 불리는 다카르를 수도로 하고 있으나 꺄올락끄는 아프리카 어디서나 볼 수 있는 지방 도시 이상도 이하도 아니다. 남쪽으로 달려 감비아 까랑Karang 국경으로 향했다.

흑인 노예의 일생을 그린 대하 소설 『뿌리Roots』의 실존 주인공 쿤타킨테의 고향

감비아는 세네갈로 둘러싸인 국가이다 보니 상호 물류와 인적교류가 많을 수밖에 없다. 국경을 지나 에사우Essau에서 좌회전하면 타이완 하이웨이다. 다시 우회전하여 비포장을 달리면 쿤타킨테Kunta Kinteh 고향 주프레Juffureh가 나온다. 알렉스 헤일리가 집필한 소설 『뿌리』를 통해 미국으로 팔려 간 흑인 노예 쿤타킨테의 스토리가 세상에 알려졌다. 제임스 섬으로 가려면 조그만 선박에 올라야 한다. 눈에 잡힐 듯 가깝지만, 바닷길은 육지에서의 눈대중과 다르다.

1456년, 포르투갈 탐험가 앤드류에 의해 처음 발견된 섬은 독일과 네덜란드의 소유를 거치며 1661년에 제임스 아일랜드로 이름이 바뀌었으며, 지금은 쿤타킨테 섬으로 불린다. 일대는 유럽이 최초로 개척한 무역항로이며, 아메리카 대륙과 근접한 이유로 흑인 노예무역이 성행했다.

쿤타킨테 섬

섬 안에는 노예 무역회사, 정부 관리의 사무실, 노예 수용 시설의 흔적이 남아있다. 노예선은 3주마다 한 차례씩 900명의 흑인을 싣고 섬을 떠났다. 무려 200년에 걸쳐 노예무역이 이루어졌으니 그 숫자는 산술적으로 계산하면 900만 명이다.

노예전시관으로 이동했다. 노예를 포박했던 장신구, 노예 문신을 새겼던 브랜딩 아이언Branding Iron, 비참했던 선상생활, 노예 사냥꾼과 수집상의 활약 등에 대한 기록과 사진이 전시된 소박한 박물관이다.

근처의 산 도밍고San Domingo에도 노예무역의 유적이 있다. 노예 수집상에 의해 잡혀 온 흑인들은 4일 동안 이곳에 갇혀 있다가 작은 배에 실려 쿤타킨테 섬으로 들어갔다.

▲ 흑인 노예 조형물

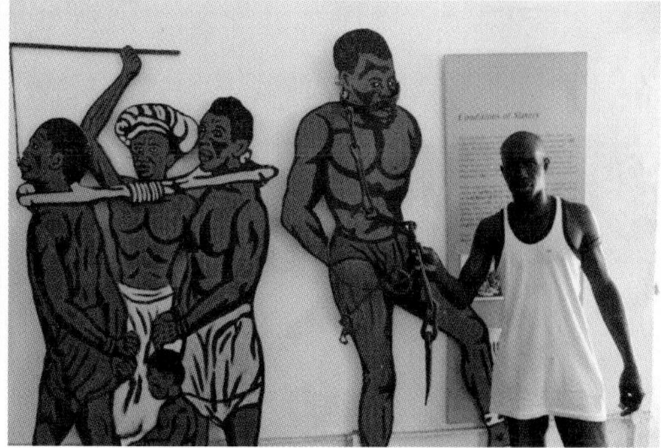

▲ 노예전시관

주푸레 마을에는 쿤타킨테의 8대손인 할머니가 산다. 아주 고약한 할머니다. 사진 찍으려면 돈을 내라고 때릴 듯이 호통을 치는 통에 도망쳐 나왔다.

쿤타킨테가 백인 노예 사냥꾼에게 잡혀 마을을 떠나기 전에 살았던 토담집 생가는 아무도 찾지 않은 듯 무너져 방치되었다.

▲ 쿤타 킨테 생가 들어가는 길

▲ 바라에서 수도 반줄 가는 카페리

수도 반줄Banjul로 가려면 바라Barra에서 카페리를 타고 감비아 강을 건너야 한다. 항구에는 카페리를 타기 위한 자동차 줄이 1㎞가 넘게 장사진을 이뤘다. 이곳에서 만난 한국인 선교사는 아침 10시부터 기다리다 저녁 8시가 되어서야 반줄로 넘어갔다. 사전예매 없이 오는 순서대로 아니면 새치기하는 대로 타고 가는 배다. 새치기를 주선하고 돈을 받는 사람도 있다. 앰뷸런스가 들어오는 바람에 간발의 차이로 오후 8시 배를 놓치고, 밤 11시에 떠나는 마지막 카페리에 첫 번째로 모하비를 실었다. 이마저도 못 탄 차량과 승객은 다음날 아침까지 기다려야 한다.

온통 보이는 것은 푸르른 하늘과 흘러가는 것을 잠시 잊은 고요한 감비아 강

감비아 강

보트 투어를 위해 라민 롯지Lamin Lodge로 간다. 감비아 강이 대서양과 만나는 하류 지역은 거대한 맹그로브 습지대다.

온통 보이는 것이라고는 너무나 푸른 하늘과, 흐르는 것을 잠시 잊고 고요한 호수가 되어버린 감비아 강, 하늘과 강을 굳이 나눈다면 그것은 초록의 울창한 맹그로브 숲이 있어서다. 아프리카와 유럽을 잇는 철새 도래지로 유명하여, 조류

학자와 사진가들이 즐겨 찾는 조류 탐조지역이다. 프랑스, 영국, 독일, 벨기에, 터키에서 온 다국적 요트가 맹그로브 나무로 둘러싸인 강에 정박해 있는 모습은 한 폭의 그림이다.

▲ 유럽에서 온 요트

유럽으로부터 먼 바다를 항해한 요트는 마을 원로를 찾아 식량, 의약품, 물품을 기부하고 강에서 머물 수 있는 체류 허가를 얻는다. 조그만 모터보트는 독일인 소유로, 그는 이곳에서 만난 22살의 감비아 여성과 딸을 낳고 세 식구가 보트 안에서 오순도순 살아간다.

▲ 맹그로브 숲

배를 타고 강을 가로질러 맹그로브가 우거진 숲으로 들어갔다. 맹그로브 나무와 강물이 맞닿은 줄기는 굴 서식지다. 갯벌의 바위에서 채취하는 굴이 여기에서는 맹그로브 나무 밑동에서 자란다. 1월부터 굴 채취에 들어가니, 그때 찾으면 자연산 굴을 실컷 먹을 수 있다. 맹그로브가 서로 맞닿아 생겨

▲ 모 심는 여인들

난 터널 끝에 있는 커다란 나무는 코끼리를 닮아 코끼리 나무라고 불린다. 인근의 논은 모심기가 한창이었다. 여자들이 모를 심고 있는데, 우리네 농사 방식과 별반 다르지 않다. 대체로 남자들은 놀고 여자들이 일했다.

감비아에서 제일 흔한 과일은 애플망고다. 집안 마당과 마을 빈터에는 어김없이 애플 망고나무를 심었다. 한국에서 매일 배 터지도록 애플망고를 먹으려면 얼마나 벌어야 할까? 여기서는 돈이 별로 안 든다.

카치칼리 악어풀Kachikally Crocodile Pool에는 100마리 악어가 서식한다. 제한된 공간에서 살다 보니 야성을 잃어 도마뱀이 되었다. 올라타고, 잡아끌고, 뒤집기를 시도해도 악어는 꿈쩍도 하지 않았다.

Diouloulou Bolon과 까자망스Casamance강이 대서양과 만나는 하류 유역 역시나 거대한 맹그로브 습지다. 찰랑대는 바다를 옆으로 두고 저지대의 해안도로를 달려가면 항구도시 지겐쇼르Ziguinchor가 나온다. 다시 세네갈로 들어왔다. 이곳에 온 이유는 캡 스커링Cap Skirring을 보기 위해서다. 지겐쇼르와 수도 다카르 사이에는 정기적으로 카페리가 운항한다. 외교통상부에서 안전 문자메시지가 도착했다. 까자망스 지역은 여행을 자제하라는 여행경보 2단계이고, 그 외 지역은 여행을 유의하라는 것이다. 호텔 카운터에 물어보니 가짜뉴스라고 일축한다. 누구 말이 맞는지 모르지만, 외교통상부의 문자메시지를 충실히 따르면 아프리카 여행은 불가능하다.

세네갈 세노바Senoba와 감비아 소마Soma 국경을 통과했다. 역시 까자망스 지역이다. 감비아 국토는 감비아 강을 따라 길이가 길고 폭이 좁으며 세네갈에 둘러싸였다. 그래서 소마 국경에서 불과 26㎞ 떨어진 위치에 또 세네갈 국경이 나온다.

▲ 감비아 강을 건너는 바지선

감비아 강에서는 카페리를 승선해야 한다. 한강에 교량이 한 곳도 없다면? 감비아는 감비아 강으로 북부와 남부가 나뉘지만, 교량이 한 곳도 없다.

아프리카는 더디지만 변화한다. 당연하다고 여겼던 불편함이 해소되고 있었다. 기다림에 익숙했던 이들에게 빠른 세상이 찾아오고 있었다. 다행히도 스페인 건설업체가 교량을 건설하고 있었다. 멀지 않아 감비아를 찾는 자동차 여행자는 다리 건너 남으로 갈 수 있게 될 것이다.

아프리카대륙의 서쪽 끝에 서다

• 세네갈 •

문화 수준이 높은 세네갈, 다카르에서 고레 섬을 다녀오고 세네갈 갈치를 한국으로 수출하는 교민 회장님을 만나 가공공장을 견학했다. 비교적 안전한 나라, 그리고 과거 프랑스 식민지, 르네상스 기념비는 북한 만수대 창작사의 작품이다. 오 마이 갓? 엔진오일 Cap이 사라졌다.

감비아 파라페니Farafenni 국경을 지나 까올락끄에서 하루를 묵고 수도 다카르로 간다. 도심은 교통체증이 심했다. 또 폭우로 도심이 침수되어 2㎞ 통과하는 데 2시간이 걸렸다. 골목길과 이면도로는 물로 가득 차 수영장이 따로 없었다. 다카르로 들어오니 왕복 6차선의 하이웨이도 침수됐다. 온종일 시야에 들어온 것은 물바다로 변한 세상이었다.

▲ 고레섬 전경

다카르 항구에서 3㎞ 떨어진 대서양 앞바다에 고레Goree 섬이 있다. 노예무역이 번성했던 섬으로 유네스코 세계문화유산으로 지정됐다. 섬으로 놀러 가는 현지인이 많았는데, 티켓을 파는 곳부터 탑승에 이르기까지 질서라고는 손톱만치도 없었다. 섬은 1444년 포르투갈에 점령되어 고무 등을 수출하는 상업기지로 건설되었으며, 15세기부터 약 300년에 걸쳐 노예무역의 중심지가 되었다. 섬의 곳곳에는 유럽풍의 건축물, 고전주의의 가톨릭 성당, 서구 열강의 패권을 보여주는 요새, 노예를 가뒀던 감금 시설 등이 훼손되지 않고 보존되어있다. 노예 사냥꾼이 육지에서 수집한 흑인 노예는 고레 섬으로 옮겨졌다. 그리고 노예선에 실려 카리브와 브라질의 사탕수수 농장, 미국 남부로 팔려 갔는데, 그 숫자만도 2천만 명이었다. 가장 비싸게 팔린 노예는 젊은 여자고, 남자 노예는 몸무게로 판매가격이 결정되었다. 백인 무역상과의 성관계로 임신한 여성은 노예에서 풀려날 수 있어 그들에게 간택되는 것이 유일한 희망이자 탈출구였다. 일부 노예들은 섬을 탈출하기 위해 바다에 몸을 던졌는데, 경비대가 쏜 총에 맞아 죽거나 상어 먹이가 되었다. 또 노예선에서 질병과 기아로 죽거나, 아프거나 다쳐 상품 가치가 없다고 판단되면 바다로 던져 상어 밥이 되게 했다. 그 숫자는 30%에 달했으며, 노예선을 따라가는 상어 떼가 있을 정도였다.

포르투갈인이 거주했던 옛 건물은 현재도 1,000여 명의 원주민이 살고 있다. 유럽 국가에 의해 자행된 흑인 노예 무역에 대한 당시 교회 입장은 이런 것이었다.

"이교도를 노예로 삼는 것은 종교에 반하지 않는 정상적인 상업 활동이다."

▲ 옛 포르투갈인 거주지

아직도 유럽은 흑인 노예에 대한 진정한 사과, 통렬한 반성, 적절한 보상을 하지 않았다. 오로지 과거는 지나간 일일 뿐이라는 유럽 열강의 억지와 논리로 불행했던 과거사가 묻히고 있는 것이다. 다카르로 돌아왔다.

르네상스 기념비는 북한의 기술과 지원으로 건립

르네상스 기념비는 1960년을 전후로 독립한 아프리카 국가들의 힘찬 도약과 발전을 기원하기 위해 건립한 49m 높이의 대형 기념탑이다. 북한 만수대 창작사와 현지 건설회사가 합작으로 세운 기념비는 자유의 여신상보다 높고 동상의 손가락은 대서양과 미국을 가리킨다. 외세로부터의 독립을 외친 아프리카가 북한의 도움을 받아 기념탑을 건설한 것은 아이러니한 일이다.

▲ 르네상스 기념비

세네갈에 거주하는 한국 교민은 수산업에 종사하는 분들이 많았다. 원산지 표기가 세네갈로 되어 있는 수산물은 현지 수산업에 종사하는 교민들이 생선을 수집하고 가공하여 한국으로 수출한 것이다. 수산업에 종사하시는 김점봉 사장님은 30년 경력을 가진 교민으로, 후에 교민회장으로 추대되었다고 연락을 주셨다. 그리고 다카르를 떠날 때 보름 동안 먹고도 남을 갈치, 조기, 조개를 주셔서 부식 조달에 따른 비용과 수고를 덜 수 있었음은 물론이고, 조기와 갈치를 밥처럼, 밥을 반찬처럼 먹으며 풍부한 단백질을 섭취했다.

알라메디 곶Pointe des Alamedies은 아프리카와 유라시아 대륙의 최서단이니 포르투갈의 로가 곶보다 한 수 위다. 지리적 위치와 상징적 의미가 큰 곳임에도 변변한 기념비조차 없다. 또 알라메디 호텔Alamedies Hotel의 사유지로 일반인 출입이 금지되어 호텔 숙박을 하지 않으면 서쪽 끝을 밟을 수 없다.

▲ 대서양은 서핑의 최적지

나시옹 광장Place de la Nation에는 오벨리스크가 있고, 주체할 수 없는 젊음을 가진 청춘들의 놀이터다. 소비적이고 향락적이지 않은 아프리카의 젊음은 지극히 역동적이다.

다카르에도 기아모터스가 있다. 다른 나라와 달랐던 것은 벤츠, 시트로엥, 미쓰비시, 기아차를 동시에 취급하는 복합매장이다. 자동차 점검을 받기 위해 찾아갔지만, 자기네가 팔지 않았다는 이유로 반기는 분위기가 아니었다. 매니저는 프랑스 사람이다. 그는 자동차의 점검을 마친 후 놀랄 만한 이야기를 했다. 모하비 엔진과 서스펜션에 큰 문제가 발견됐는데, 자기네들은 수리와 보증을 하지 않겠다고 한다.

급하게 자동차 보닛을 열어보니 어떻게 세상에 이런 일이?

"오 마이 갓" 어떻게 세상에 이런 일이, 엔진오일 마개가 사라졌다. 엔진에서 뿜어낸 오일로 차량 내부가 온통 기름으로 범벅이 됐다. 엔진오일을 찍어보니 체크봉 하단을 겨우 적신다. 정비 반장은 엔진오일을 넣어본 후 시동이 걸리면 다행이고, 아니면 엔진을 교체해야 한다고 한다.

생 루이 다리

엔진 교체라는 것은 우리에게는 차를 버려야 한다는 것에 다름아니다. 휴, 다행히 엔진이 돌았다. 하지만 안도감은 잠시, 또 쇽업쇼바가 부러졌다. 그나마 차체가 주저앉지 않은 것은 스프링이 이 대신 잇몸으로 버티고 있는 것이다. 그럼 또 이렇게 가는 것이 운명이고 숙명이다. 다카르를 떠나 북으로 간다.

▲ 사하라 사막에서 불어온 모래의 마지막 종착지

서부 아프리카 대부분의 국가는 과거 프랑스 식민지였다. 호텔이나 레스토랑에는 백인과 흑인의 커플이 많이 보인다. 백인과의 이성 교제로 경제적 이득을 취하고자 하는 흑인과 그들의 경제적 빈곤을 이용하는 백인의 이해관계가 절묘하게 맞아떨어진 결과다. 나이 든 백인 남자와 젊은 흑인 여자, 나이 든 백인 여자와 젊은 흑인 남자, 때로는 동성끼리, 프랑스의 현대판 식민지배가 남녀 간의 이성 교제를 연결고리로 한쪽에서 지속되는 것이다.

생 루이Saint Louis는 자연 지형이 만들어낸 도시다. 대서양과 세네갈 강이 만나는 곳에 쌓인 모래섬 위에 1659년 프랑스가 건설했다. 생 루이 다리를 건너면 엿가락처럼 기다란 사구가 나온다. 생 루이에 간다고 하면 이곳으로 오는 것이다. 사하라 사막의 열풍에 실려 수천 리를 날아온 모래의 마지막 종착지가 생 루이다. 『어린 왕자』를 집필한 생텍쥐페리가 묵은 호텔도 이곳에 있다. 프랑스의 절대군주 루이 14세의 이름을 가진 도시 생 루이, 다카르와 생 루이 중 하나를 선택하라면 단연 생 루이다.

북부 아프리카 종단
| 내 차로 가는 아프리카 여행 |

여행자들이 최악으로 꼽는 국경

• 모라타니, 서사하라, 모로코 •

타락한 국경 관리들, 마주치는 놈들은 다 도둑놈이다. 불법 썬팅 과태료가 80만 원이라고? 뚱뚱해야 미인이고 남편과 가문의 체면이 선다고 하니 다이어트가 필요 없는 나라 모리타니. 사하라 사막의 열풍에 날린 모래가 살랑살랑 도로를 넘는다. 폴리사리오 해방 전선의 거점 국가 서사하라Western Sahara는 50개국이 국가로 인정한다.

세네갈에서 모리타니 로소Rosso 국경으로 가려면 바지선으로 세네갈 강을 건너야 한다. 모리타니는 국경 통과하기가 까다로운 나라다. 여행자에게 악명 높은 이유는 공무원이 타락했기 때문이다. 하이에나가 비호감인 것은 생긴 모습이 아니라 남의 먹이를 도둑질하고 부패한 사체까지 탐하는 무지막지함과 몰염치 때문이다. 하이에나 같은 모리타니의 국경 공무원은 외국 여행자의 호주머니에 들어있는 돈과 카드를 마치 자기 것 인양 호시탐탐 노렸다. '하늘을 우러러 한 점의 양심'도 포기한 사람들이 모여 있는 국경이었다. 도착비자 발급 비용은 45유로이나, 국경 관리는 양해도 구하지 않고 55유로를 받았다. 이 정도면 어여쁘다. 세관의 행태는 점입가경이다. 담당자가 배정되어 차량, 폴리스, 통관, 게이트 통과에 이르는 절차를 안내했다. 그리고 차량의 키를 손에 쥐고 과감한 배팅을 시도했다. 여행자는 나름의 적정한 예산을 세우고 이를 고수해야 한다. 그리고 국경사무소 바깥에는 현금인출기가 있으니 카드가 있다고 하면 안 된다.

▲ 강 건너 보이는 모리타니 로소 국경

모리타니 세관은 다 계획이 있구나…

모리타니 행정 관청에 국경세관원의 악랄한 금품갈취를 고발하기 위해 하이에나 같은 Custom 직원과 어깨동무를 하고 사진을 찍었다. 이런 일이? 사진 파일을 열어보니 그놈이 없었다. 그는 사진 찍는 동료에게 아랍어로 이렇게 말했을 것이다.

▲ 팔만 남기고 사라진 모리타니 Custom Officer

"나는 안 나오게 잘라라."

뛰어가는 우리 위로 그놈은 날아갔다. 우리가 이길 수 없는 강자다.

강 건너 나라가 바뀌자 세상이 변했다. 풍요를 상징하던 열대 초원이 모래로 덮인 황무지 사막으로 변했다. 아프리카 흑인에서 백인 피부의 무어인으로 바뀌었다. 그리고 거북이 등껍질처럼 스크래치가 된 아스팔트 도로가 나타났고 검문이 많아졌다.

모리타니 국토의 99.8%는 경작할 수 없는 황무지다. 우리나라보다 10배나 큰 땅을 가지고 있지만, 인구는 고작 350만 명에 불과하다. 모래사막에 지어진 관공서와 거주지는 강한 바람을 견뎌야 하기에 단층의 낮은 건물이다. 아스팔트를 타고 넘는 모래는 사하라로부터 바람에 실려 수천km를 날아왔다. 초원이었던 모리타니는 가랑비에 옷 젖듯이 조금씩 모래로 덮여 사막이 된 것이다. 모래는 살아 움직이는 생명체다. 바람에 실려 온 모래가 길을 덮으면 마냥 기다려야 한다. 사막에는 제설장비가 아니라 제사장비가 있다. 때때로 강한 스콜이 지나지만, 서부 아프리카 우기는 세네갈에서 이미 끝났다.

▲ 사하라 사막에서 날아온 모래가 도로를 넘는다.

경찰이 차를 검문하고 있기에 슬쩍 지나치니 뒤늦게 발견하고는 세우라고 한다. 짐짓 그냥 내빼려고 했지만, 검문소 옆에 경찰 차량이 보였다. 경찰은 왜 정지하지 않았느냐고 한다. 너희들이 세우지 않아 그냥 갔다고 하니 모리타니에서는 검문소 진입 전에 세워 놓은 정지Halte 표지판 앞에서 정지한 후 경찰의 수신호에 따라 움직여야 한다고 한다. 결론은 검문소 법규 위반으로 범칙금을 납부해야 한다는 것이다. 고지서를 주면 은행에 가서 성실히 납부하겠다고 하니 자기

사막에도 Check Post가 있다.

에게 현장 납부하라고 한다. 얼마냐고 물으니 6,000우기야다. 환율조회기를 급히 돌리니 무려 한화 19만 원이다. "ATM이 어디 있냐?" 사막 한가운데에서 현금지급기를 찾으니 경찰은 기가 막힌 듯했다. 돈 없다고 박박 우기니 천하장사라도 어찌해 볼 도리가 없는 법이다. 돈은 절약했지만, 시간은 허비했다.

▲ 수도 누악쇼트

늦은 밤, 수도 누악쇼트 시내로 진입하는데 경찰 순찰차가 따라오더니 차를 세웠다. 깜깜한 밤에 썬팅으로 적발되기는 핸들을 잡아본 이후 처음이다. 또 과태료를 현장 납부하라고 한다. 과태료 25,000우기야를 환율조회기로 확인하니 한화 80만 원이다. "우와, 말도 안 돼" 이번에는 돈도 없고, 카드도 없다고 버텼다. 시내에는 ATM기가 있었기 때문이다. 동양인이 경찰과 실랑이를 벌이는 광경은 이 나라 사람들이 쉽게 볼 수 있는 일이 아니다. 지나치는 버스와 승용차가 우리를 구경하느라 일대 도로 교통이 마비됐다. 그러나 어떤 경우라도 쪽팔림을 80만 원과 바꿀 수는 없는 일이다. 한 시간을 버틴 결과는 돈 없고 카드 없는 불쌍한 우리의 승리였다.

여자가 뚱뚱해야 부모와 남편의 체면이 서고 가문의 영광이다!

이슬람교도가 100%인 모리타니에서는 타 종교로 개종하거나 선교활동을 하다 걸리면 경찰에 구금되거나 추방당한다. 재미있는 점은 미인의 기준이 뚱뚱함에 있다는 사실이다. 여자가 비만해야 부모와 남편 체면이 유지되고 가문이 부유한 것이다. 여자는 활동을 최소화하고 많이 먹어 살을 찌워야 한다.

▲ 사헬지역을 통과해 북으로 올라 가는 길

남부 사하라 사막의 동서 방향으로 길게 놓인 지역이 사헬Sahel이다. 사하라 사막의 건조한 기후가 열대 우림지역으로 넘어가는 점이지대다. 일 년 내내 고온건조한 날씨를 보이며, 중부 이북의 연평균 강수량은 125㎜에 불과하다. 고대 모리타니는 하마, 코끼리, 코뿔소가 서식하는 초원지대였으나, 사하라 사막의 영향으로 사막화가 되었다. 최근 지구 온난화로 가뭄과 사막화가 빠르게 진행돼 목초지가 점점 줄자 많은 젊은이들이 수도 누악쇼트로 몰려든다. 이들을 기후 난민Climate Refugees이라고 하는데, 앞으로는 발길을 북으로 돌려 유럽으로 향할 것이다.

사막에도 나무없는 산이 있고, 물 흐르지 않는 강이 있다.

멀리 모리타니 국경이 보이기 시작한다. 모리타니와 모로코의 궤르궤랏Guerguerat국경에는 4㎞의 완충지대가 있다. 이곳에는 오래된 차들이 버려져 있어 자동차의 무덤으로 불린다. 이 완충지대는 서사하라, 모로코, 모리타니의 분쟁지역으로, 어느 국가의 주권도 미치지 않는 무주공산 같은 곳이다.

▲ 자동차 무덤

아프리카 라운드 트립의 마지막 국가, 모로코로 간다. 서부 아프리카에 대한 아무런 지식과 정보도 없이 용감무쌍하게 시작된 여행의 엔딩에 가까이 다가섰다. 예상치 못한 에피소드, 만나고 스쳤던 순박하고 정감 가는 사람들, 모르는 곳에서 적응해야 했던 추억이 어제 일처럼 생생하기만 하다.

▲ 우리가 몰랐던 국가, 사하라 아랍 민주공화국

모리타니를 떠나 모로코 국경으로 들어왔다. 일부 국가는 서사하라를 사하라 아랍 민주공화국이라고 하며 다른 국가는 모로코라고 한다. 한 지붕 아래 두 가족이 사는 것이다. 1960년대 유럽의 식민지 종식은 무책임하고 주먹구구식이었다. 스페인령이던 서사하라는 1976년 마드리드 협정으로 2대 1의 비율로 분할되어 모로코와 모리타니로 이양됐다. 이 협정은 원주민 사흐와리와 독립투쟁단체 폴리사리오 전선을 배제함으로써 분쟁의 단초를 제공했다.

서사하라 주민은 서사하라의 독립을 선포하고, 무장단체 폴리사리오 전선을 앞세워 게릴라전을 통한 무장 독립투쟁에 돌입했다. 현재 세계 약 50여 개국이 서사하라를 독립 국가로 승인했다. 1979년 모리타니는 서사하라에 대한 영유권을 포기했다. 폴리사리오 전선은 서사하라의 독립 여부를 결정하기 위한 국민투표를 UN과 모로코에 강력하게 요구하고 있다. 사하라 아랍 민주공화국이라는 국명을 가진 서사하라는 자체의 수도가 있고, 주민 투표에 의해 선출되는 대통령도 있다. 그리고 자치정부를 구성하여 독자적으로 통치한다. 다만 미국, 유럽, 일부 국가의 반대로 인해 정식 국가로 인정받지 못하고 있을 뿐이다. 세계에는 멀쩡하고 엄연한 별개의 국가를 인정하니 못하니 하는 소모적인 일이 너무 만연되어 있다.

▲ 독립투쟁단체 폴리사리오 전선이 세운 나라

모로코 가는 길은 대서양 따라가는 노선으로 세계에서 가장 긴 단층대가 720㎞에 걸쳐 아름답게 펼쳐진다. 트루 드 디아블Trou du diable에서는 단층대가 원형으로 함몰돼 뻥 뚫린 큰 구멍으로 대서양 바닷물이 들락거린다. 사하라 아랍 민주공화국은 인구 60만의 소국이다. 사막이 99.98%이니 영토 대부분이 황폐한 불모지다. 수도 엘아이운El Aaiun은 놀랄 정도

▲ 세계에서 가장 긴 단층대

로 깨끗하게 잘 정돈된 도시다. 독립을 요구하는 폴리사리오 해방 전선의 거점이지만 도시는 지극히 평화롭다. 길가로는 야자수 나무가 도열하고 도처에 이슬람 사원이 보인다. 직접 선거로 선출된 대통령은 폴리사리오 해방 전선을 이끈 의장 출신이다. 모로코, 유럽, 미국은 마르크스 사회주의를 표방하는 서사하라의 독립이 서방에 반감을 갖는 이슬람 무장세력이 주도하는 테러국의 탄생이 되지 않을까 우려한다.

▲ 아프리카 대륙을 바라보며....

아프리카 대륙의 일주를 마치며...

진정한 아프리카는 서부다. 아프리카는 과거로의 회귀 여행이다. 오즈의 마법사에 나오는 양탄자에 올라 60년대쯤으로 돌아간 시절에 그들이 머물러 있었다. 카페리를 이용하여 스페인의 알헤시라스로 간다. 알제리와 튀니지를 거쳐 프랑스로 가려 했지만, 유일하게도 알제리는 여행자 안전을 이유로 비자 발급을 거부했다. 멀어지는 아프리카 대륙을 돌아보니 감개무량하다.

내 차로 가는 아프리카여행

초판 1쇄 2022년 2월 10일

지은이 김홍식, 성주안
발행인 김재홍
총괄/기획 전재진
마케팅 이연실
디자인 박효은

발행처 도서출판지식공감
브랜드 문학공감
등록번호 제2019-000164호
주소 서울특별시 영등포구 경인로82길 3-4 센터플러스 1117호{문래동1가}
전화 02-3141-2700
팩스 02-322-3089
홈페이지 www.bookdaum.com
이메일 bookon@daum.net

가격 18,000원
ISBN 979-11-5622-660-4 03980

© 김홍식, 성주안 2022, Printed in South Korea.
- 이 책은 저작권법에 따라 보호받는 저작물이므로 무단전재와 무단복제를 금지하며, 이 책 내용의 전부 또는 일부를 이용하려면 반드시 저작권자와 도서출판지식공감의 서면 동의를 받아야 합니다.
- 파본이나 잘못된 책은 구입처에서 교환해 드립니다.